U0288841

危险化学品安全丛书
（第二版）

"十三五"
国家重点出版物出版规划项目

NRCC

应急管理部化学品登记中心
中国石油化工股份有限公司青岛安全工程研究院　组织编写
清华大学

化工过程安全评估

卫宏远　白文帅　郝　琳　等 编著

化学工业出版社

·北 京·

内 容 简 介

《化工过程安全评估》是"危险化学品安全丛书"（第二版）的一个分册。本书力图简洁地阐述化工过程安全评估领域的基础知识以及当前最新评估技术与方法，包括最新颁布的反应过程热风险评估方法、计算机辅助分析方法等。本书共七章：第一章介绍了化工过程安全中的专业术语以及化工安全评估的发展史；第二章和第三章详细论述了化工过程风险识别方法和不同事故后果的分析模型；第四章对定性和定量风险评估方法及过程进行了系统的阐述，其中主要介绍了事件树分析方法、故障树分析方法、保护层分析（LOPA）以及定量风险分析（QRA）；第五章着重介绍了反应过程热风险评估的基本理论、评估流程以及实验和计算估算方法；第六章对整个化学品的生命周期——小试、中试以及工业化阶段中各个环节安全评估进行了系统的介绍；最后一章通过一个个典型案例将前几章的理论知识应用于实践，并为读者提供一些风险评估报告的参考范本。

《化工过程安全评估》是多项国家和省部级成果的系统总结，提供了大量新方法和技术。本书可作为从事化工安全评估专业人员，以及化学、制药和所有流程工业的工程技术人员以及安全管理人员阅读。本书还可作为高等院校化工类、制药类、轻工类及相关专业教材。

图书在版编目（CIP）数据

化工过程安全评估/应急管理部化学品登记中心，
中国石油化工股份有限公司青岛安全工程研究院，
清华大学组织编写；卫宏远等编著. —北京：化学
工业出版社，2020.11（2023.6 重印）
（危险化学品安全丛书：第二版）
"十三五"国家重点出版物出版规划项目
ISBN 978-7-122-37653-4

Ⅰ.①化…　Ⅱ.①应…②中…③清…④卫…　Ⅲ.①化
工过程-安全评价-高等学校-教材　Ⅳ.①TQ02

中国版本图书馆 CIP 数据核字（2020）第 165406 号

责任编辑：孙凤英　杜进祥　高　震　　　　装帧设计：韩　飞
责任校对：宋　玮

出版发行：化学工业出版社（北京市东城区青年湖南街 13 号　邮政编码 100011）
印　　装：涿州市般润文化传播有限公司
710mm×1000mm　1/16　印张 21　字数 364 千字
2023 年 6 月北京第 1 版第 4 次印刷

购书咨询：010-64518888　　　　　　　　售后服务：010-64518899
网　　址：http://www.cip.com.cn
凡购买本书，如有缺损质量问题，本社销售中心负责调换。

定　　价：96.00 元

"危险化学品安全丛书"（第二版） 编委会

主　任： 陈丙珍　清华大学，中国工程院院士

　　　　　 曹湘洪　中国石油化工集团有限公司，中国工程院院士

副主任（**按姓氏拼音排序**）：

　　　　　 陈芬儿　复旦大学，中国工程院院士

　　　　　 段　雪　北京化工大学，中国科学院院士

　　　　　 江桂斌　中国科学院生态环境研究中心，中国科学院院士

　　　　　 钱　锋　华东理工大学，中国工程院院士

　　　　　 孙万付　中国石油化工股份有限公司青岛安全工程研究院/应急管理部
　　　　　　　　　 化学品登记中心，教授级高级工程师

　　　　　 赵劲松　清华大学，教授

　　　　　 周伟斌　化学工业出版社，编审

委　员（**按姓氏拼音排序**）：

　　　　　 曹湘洪　中国石油化工集团有限公司，中国工程院院士

　　　　　 曹永友　中国石油化工股份有限公司青岛安全工程研究院，教授级高
　　　　　　　　　 级工程师

　　　　　 陈丙珍　清华大学，中国工程院院士

　　　　　 陈芬儿　复旦大学，中国工程院院士

　　　　　 陈冀胜　军事科学研究院防化研究院，中国工程院院士

　　　　　 陈网桦　南京理工大学，教授

　　　　　 程春生　中化集团沈阳化工研究院，教授级高级工程师

　　　　　 董绍华　中国石油大学（北京），教授

　　　　　 段　雪　北京化工大学，中国科学院院士

　　　　　 方国钰　中化国际（控股）股份有限公司，教授级高级工程师

　　　　　 郭秀云　应急管理部化学品登记中心，主任医师

　　　　　 胡　杰　中国石油天然气股份有限公司石油化工研究院，教授级高级
　　　　　　　　　 工程师

　　　　　 华　炜　中国化工学会，教授级高级工程师

稽建军　中国石油和化学工业联合会，教授级高级工程师

江桂斌　中国科学院生态环境研究中心，中国科学院院士

姜　威　中南财经政法大学，教授

蒋军成　南京工业大学/常州大学，教授

李　涛　中国疾病预防控制中心职业卫生与中毒控制所，研究员

李运才　应急管理部化学品登记中心，教授级高级工程师

卢林刚　中国人民警察大学，教授

鲁　毅　北京风控工程技术股份有限公司，教授级高级工程师

路念明　中国化学品安全协会，教授级高级工程师

骆广生　清华大学，教授

吕　超　北京化工大学，教授

牟善军　中国石油化工股份有限公司青岛安全工程研究院，教授级高
级工程师

钱　锋　华东理工大学，中国工程院院士

钱新明　北京理工大学，教授

粟镇宇　上海瑞迈企业管理咨询有限公司，高级工程师

孙金华　中国科学技术大学，教授

孙丽丽　中国石化工程建设有限公司，中国工程院院士

孙万付　中国石油化工股份有限公司青岛安全工程研究院/应急管理部
化学品登记中心，教授级高级工程师

涂善东　华东理工大学，中国工程院院士

万平玉　北京化工大学，教授

王　成　北京理工大学，教授

王　生　北京大学，教授

王凯全　常州大学，教授

卫宏远　天津大学，教授

魏利军　中国安全生产科学研究院，教授级高级工程师

谢在库　中国石油化工集团有限公司，中国科学院院士

胥维昌　中化集团沈阳化工研究院，教授级高级工程师

杨元一　中国化工学会，教授级高级工程师

俞文光　浙江中控技术股份有限公司，高级工程师

袁宏永　清华大学，教授

袁纪武　应急管理部化学品登记中心，教授级高级工程师

丛书序言

　　人类的生产和生活离不开化学品（包括医药品、农业杀虫剂、化学肥料、塑料、纺织纤维、电子化学品、家庭装饰材料、日用化学品和食品添加剂等）。化学品的生产和使用极大丰富了人类的物质生活，推进了社会文明的发展。如合成氨技术的发明使世界粮食产量翻倍，基本解决了全球粮食短缺问题；合成染料和纤维、橡胶、树脂三大合成材料的发明，带来了衣料和建材的革命，极大提高了人们生活质量……化学工业是国民经济的支柱产业之一，是美好生活的缔造者。近年来，我国已跃居全球化学品第一生产和消费国。在化学品中，有一大部分是危险化学品，而我国危险化学品安全基础薄弱的现状还没有得到根本改变，危险化学品安全生产形势依然严峻复杂，科技对危险化学品安全的支撑保障作用未得到充分发挥，制约危险化学品安全状况的部分重大共性关键技术尚未突破，化工过程安全管理、安全仪表系统等先进的管理方法和技术手段尚未在企业中得到全面应用。在化学品的生产、使用、储存、销售、运输直至作为废物处置的过程中，由于误用、滥用，化学事故处理或处置不当，极易造成燃烧、爆炸、中毒、灼伤等事故。特别是天津港危险化学品仓库"8·12"爆炸及江苏响水"3·21"爆炸等一些危险化学品的重大着火爆炸事故，不仅造成了重大人员伤亡和财产损失，还造成了恶劣的社会影响，引起党中央国务院的重视和社会舆论广泛关注，使得"谈化色变""邻避效应"以及"一刀切"等问题日趋严重，严重阻碍了我国化学工业的健康可持续发展。

　　危险化学品的安全管理是当前各国普遍关注的重大国际性问题之一，危险化学品产业安全是政府监管的重点、企业工作的难点、公众关注的焦点。危险化学品的品种数量大，危险性类别多，生产和使用渗透到国民经济各个领域以及社会公众的日常生活中，安全管理范围包括劳动安全、健康安全和环境安全，危险化学品安全管理的范围包括从"摇篮"到"坟墓"的整个生命周期，即危险化学品生产、储存、销售、运输、使用以及废弃后的处理处置活动。"人民安全是国家安全的基石。"过去十余年来，科技部、国家自然科学基金委员会等围绕危险化学品安全设置了一批重大、重点项目，取得了示范性成果，愈来愈多的国内学者投身于危险化学品安全领域，推动了危险化学品安全技术与管理方法的不断创新。

自 2005 年"危险化学品安全丛书"出版以来，经过十余年的发展，危险化学品安全技术、管理方法等取得了诸多成就，为了系统总结、推广普及危险化学品安全领域的新技术、新方法及工程化成果，由应急管理部化学品登记中心、中国石油化工股份有限公司青岛安全工程研究院、清华大学联合组织编写了"十三五"国家重点出版物出版规划项目"危险化学品安全丛书"（第二版）。

丛书的编写以党的十九大精神为指引，以创新驱动推进我国化学工业高质量发展为目标，紧密围绕安全、环保、可持续发展等迫切需求，对危险化学品安全新技术、新方法进行阐述，为减少事故，践行以人民为中心的发展思想和"创新、协调、绿色、开放、共享"五大发展理念，树立化工（危险化学品）行业正面社会形象意义重大。丛书全面突出了危险化学品安全综合治理，着力解决基础性、源头性、瓶颈性问题，推进危险化学品安全生产治理体系和治理能力现代化，系统论述了危险化学品从"摇篮"到"坟墓"全过程的安全管理与安全技术。丛书包括危险化学品安全总论、化工过程安全管理、化学品环境安全、化学品分类与鉴定、工作场所化学品安全使用、化工过程本质安全化设计、精细化工反应风险与控制、化工过程安全评估、化工过程热风险、化工安全仪表系统、危险化学品储运、危险化学品消防、危险化学品企业事故应急管理、危险化学品污染防治等内容。丛书是众多专家多年潜心研究的结晶，反映了当今国内外危险化学品安全领域新发展和新成果，既有很高的学术价值，又对学术研究及工程实践有很好的指导意义。

相信丛书的出版，将有助于读者了解最新、较全的危险化学品安全技术和管理方法，对减少化学品事故、提高危险化学品安全科技支撑能力、改变人们"谈化色变"的观念、增强社会对化工行业的信心、保护环境、保障人民健康安全、实现化工行业的高质量发展具有重要意义。

中国工程院院士　陈丙珍

中国工程院院士

2020 年 10 月

丛书第一版序言

　　危险化学品，是指那些易燃、易爆、有毒、有害和具有腐蚀性的化学品。危险化学品是一把双刃剑，它一方面在发展生产、改变环境和改善生活中发挥着不可替代的积极作用；另一方面，当我们违背科学规律、疏于管理时，其固有的危险性将对人类生命、物质财产和生态环境的安全构成极大威胁。危险化学品的破坏力和危害性，已经引起世界各国、国际组织的高度重视和密切关注。

　　党中央和国务院对危险化学品的安全工作历来十分重视，全国各地区、各部门和各企事业单位为落实各项安全措施做了大量工作，使危险化学品的安全工作保持着总体稳定，但是安全形势依然十分严峻。近几年，在危险化学品生产、储存、运输、销售、使用和废弃危险化学品处置等环节上，火灾、爆炸、泄漏、中毒事故不断发生，造成了巨大的人员伤亡、财产损失及环境重大污染，危险化学品的安全防范任务仍然相当繁重。

　　安全是和谐社会的重要组成部分。各级领导干部必须树立以人为本的执政理念，树立全面、协调、可持续的科学发展观，把人民的生命财产安全放在第一位，建设安全文化，健全安全法制，强化安全责任，推进安全科技进步，加大安全投入，采取得力的措施，坚决遏制重特大事故，减少一般事故的发生，推动我国安全生产形势的逐步好转。

　　为防止和减少各类危险化学品事故的发生，保障人民群众生命、财产和环境安全，必须充分认识危险化学品安全工作的长期性、艰巨性和复杂性，警钟长鸣，常抓不懈，采取切实有效措施把这项"责任重于泰山"的工作抓紧抓好。必须对危险化学品的生产实行统一规划、合理布局和严格控制，加大危险化学品生产经营单位的安全技术改造力度，严格执行危险化学品生产、经营销售、储存、运输等审批制度。必须对危险化学品的安全工作进行总体部署，健全危险化学品的安全监管体系、法规标准体系、技术支撑体系、应急救援体系和安全监管信息管理系统，在各个环节上加强对危险化学品的管理、指导和监督，把各项安全保障措施落到实处。

　　做好危险化学品的安全工作，是一项关系重大、涉及面广、技术复杂的系统工程。普及危险化学品知识，提高安全意识，搞好科学防范，坚持化害为利，是各级党委、政府和社会各界的共同责任。化学工业出版社组织编写的"危险化学品安全丛书"，围绕危险化学品的生产、包装、运输、储存、营销、使用、消防、事故应急处理等方面，系统、详细地介绍了相关理论知识、先进工艺技术和科学管理制度。相信这套丛书的编辑出版，会对普及危险化学品基本知识、提高从业人员的技术业务素质、加强危险化学品的安全管理、防止和减少危险化学品事故的发生，起到应有的指导和推动作用。

李毅中

2005 年 5 月

前　言

化工安全需要科学系统的安全评价。早在1962年，美国首次公布了有关军事工业的系统安全理论应用说明书——《空军弹道导弹系统安全工程》，是最早可查阅到的系统安全评价体系；1974年，英国帝国化学工业公司（ICI）在原有的"火灾、爆炸指数评价法"基础上加入了毒性指标，提出了"火灾、爆炸、毒性指标评价方法"，使装置潜在的危险性初期评价更切合实际。1976年，日本劳动省提出一种综合性评价方法"化工厂六阶段安全评价法"；1982年，欧共体（EC）颁布了《关于工业活动中重大危险源的指令》，并依此制定了相关的法律法规；1988～1992年，国际劳工组织（ILO）先后颁布了《重大事故控制指南》《重大工业事故预防实用规程》《工业中安全使用化学品实用规程》等。20世纪80年代，机械、化工、冶金等行业才将故障树分析（FTA）、事件树分析（ETA）、安全检查表（SCL）、危险与可操作性（HAZOP）分析、预先危险性分析（PHA）等方法引入我国；1991年，国家"八五"科技攻关课题中，将安全评价方法研究列为重点攻关项目。2002年，国家颁布了《中华人民共和国安全生产法》，规定生产必须实施"三同时"：同时设计、同时施工、同时生产；颁布了《危险化学品安全管理条例》，对危险化学品的生产、储存、使用等过程应每两年进行一次安全评价。随后的十几年中，国家及各省安全局又陆续颁布了一系列的法规和条例，逐步加强化工生产安全。2017年1月5日，国家安全生产监督管理总局颁布了《国家安全监管总局关于加强精细化工反应安全风险评估工作的指导意见》，要求各精细化工企业充分认识开展精细化工反应安全风险评估的意义，准确把握精细化工反应安全风险评估范围和内容，充分强化精细化工反应安全风险评估结果的运用，完善风险管控措施。

本书编写的目的是应国家化工生产安全日益增长的需求，指导化工工艺危险性的分析人员、新工艺的研发人员或生产部门的管理人员科学性、系统性地对化工过程中存在的风险进行识别、评估以及事故后果分析。同时，本书也可以作为化工、制药以及其他流程工业的相关专业教材，为将来有志从事化工安全工作的人员提供系统的专业知识。

本书的主要特色在于集中介绍了当前常用的化工安全评估方法和新理论，包括最新颁布的反应过程热风险评估方法、最新的计算机辅助的HAZOP分析方法等。同时，从化学品全生命周期这一视角，介绍如何在不同阶段有效采用不同评估方法。最后，对于后果模拟的定量评估方法亦做了较详细的阐述。本书的编写汇聚了编著者团队多年来在过程安全评估和本质安全研究方面的积累；同时，也集成了编著者团队所承担的国家自然科学基金委员会对应"8·12天津港爆炸重大事故"应急专项——"时空变化条件下危化品污染物次生反应的构建"[2016BEM-0006]、国家重点研发计划——"氟化工自聚失控反应敏感参数检测与工艺安全评定技术研究"[2018YFC0808601]、多项国防科工局基础科研专项的部分成果，以及为中外企业做过的几百项化工安全评估工作的经验。

本书的出版首先要感谢英国阿斯利康制药公司（原英国ICI的制药部，本质安全理论的发源地），是他们支持我们建立了国内第一家过程本质安全研究与评价平台——"天津大学-阿斯利康过程安全联合实验室"。感谢David Haywood博士、Mark Hoyle先生十多年来坚持不懈的指导与帮助，可以说没有他们的支持，我们很难保持在安全领域的"初心"。本书在编写和出版过程中得到了国内外众多学者和专家的指导与斧正，愿借本书问世之机，对他们的帮助表示衷心感谢！要特别感谢化学工业出版社在本书整个编写和出版过程中自始至终的鼓励与支持，没有他们的帮助，这本书不可能这么快和读者见面。由于时间限制，本书不可避免地还存在一些问题需要修正，敬请读者批评，我们将在未来进一步修订和完善。

卫宏远　白文帅　郝　琳
于天津大学北洋园校区

目 录

第四章　风险评估　108

第五章　化学反应风险分析与评估　　165

第一章

绪　论

随着人类发展进入工业化社会，整个人类社会一直在享受着化学工业给日常生活带来的美好和巨大福利，衣食住行一刻都离不开合成纤维、化肥、染料、涂料、洗涤剂、高性能材料、汽油、柴油、医药等化学品。在化学工业诞生的 200 多年时间里，以石油化工为代表的现代化学工业迅猛发展，使得 50％的世界财富都来自化学品。在我国，化工行业已经成为国民经济的支柱性行业。随着化石能源的枯竭，开发各种清洁的可持续利用的能源已经成为新趋势。无论是太阳能所用的多晶硅电池板，还是存储风能用的储能材料，或是汽油添加的组分燃料乙醇等都是化工过程的产物。因此，新能源、新材料工业仍然离不开化学工业。

第一节　化学工业的安全状况

由于化工生产具有易燃、易爆、易中毒，高温、高压，有腐蚀等特点，一旦发生事故往往容易造成较大的生命财产损失和恶劣的社会影响。在化学工业快速发展的 200 多年里，全球化工行业经历了难以计数的安全事故。随着化工装置规模和复杂程度的不断提高，所发生的事故越来越难以控制在工厂范围内，容易导致生态灾难，给人民生活带来了深远影响。下面列出几起典型事故。

1976 年 7 月 10 日，位于意大利 Seveso 小镇的一家生产杀虫剂和除草剂的化工厂反应器发生了意外的放热反应，产生的压力冲破了安全阀，通向安装在屋顶上的放空管道，大量含有剧毒物质二噁英的毒气由此喷向高空，然后散落在西南约 $100km^2$ 的地区。事故造成大量鸟、兔等动物死亡，许多儿童面部出现痤疮等症状，约 700 人被迫疏散，2000 多人中毒。

1984 年 12 月 3 日，位于印度博帕尔市的美国联合碳化物公司发生剧毒化学品异氰酸甲酯（MIC）泄漏事故，致使 2 万多人死亡、20 万人伤残，这是人类工业史上发生的最大的灾难。后来该公司进入破产程序，被美国陶氏化学公司收购。

1991 年 9 月 3 日，江西省上饶县一辆甲胺货车违反规定驶入人口稠密的沙溪镇后，由于甲胺槽罐车进气口阀门被 2.5m 高的树枝碰断，造成甲胺泄漏特大中毒事故，致使周围约 23 万平方米范围内的居民和行人中毒，结果 39 人死亡，近 600 人中毒。

2005 年 3 月 23 日，位于美国 Texas 的英国石油公司炼油厂的碳氢化合物车间发生大规模爆炸事故，导致 15 名工人死亡、180 人受伤，造成数十亿美元的经济损失。

2006 年 7 月 28 日，江苏省盐城市射阳县某化工有限公司临海分公司一号厂房在投料试车过程中在没有冷却水的情况下，持续向氟化反应釜内通入氯气，并打开导热油阀门加热升温，氯化反应釜发生爆炸事故，致使 22 人死亡、29 人受伤，其中 3 人重伤。

2008 年 8 月 26 日，位于广西壮族自治区河池市的某化工股份有限公司有机厂发生爆炸事故，导致 21 人死亡、59 人受伤，厂区附近 3km 范围内的 18 个村及工厂职工、家属共 11500 多名群众疏散，直接经济损失达 7500 多万元人民币。

2014 年 8 月 2 日，江苏省昆山市某金属制品有限公司汽车轮毂抛光二车间发生特别重大铝粉尘爆炸事故。事故车间除尘系统较长时间未按规定清理，铝粉尘集聚。除尘系统风机开启后，打磨过程产生的高温颗粒在集尘桶上方形成粉尘云。一号除尘器集尘桶锈蚀破损，桶内铝粉受潮，发生氧化放热反应，达到粉尘云的引燃温度，引发除尘系统及车间的系列爆炸。事故致 97 人死亡、163 人受伤，直接经济损失 3.51 亿元人民币。

2015 年 8 月 12 日，位于天津市滨海新区天津港的瑞海公司危险品仓库发生火灾爆炸事故。事故的直接原因是：瑞海公司危险品仓库运抵区南侧集装箱内硝化棉由于湿润剂散失出现局部干燥，在高温等因素的作用下加速分解放热，积热自燃，引起相邻集装箱内的硝化棉和其他危险化学品长时间大面积燃烧，导致堆放于运抵区的硝酸铵等危险化学品发生爆炸。事故造成 165 人遇难，8 人失踪，798 人受伤，304 幢建筑物、12428 辆商品汽车、7533 个集装箱受损，直接经济损失 68.66 亿元人民币。

2017 年 12 月 9 日，江苏省连云港堆沟港镇化工园区某生物科技有限公司四号车间内发生爆炸，爆炸引发邻近六号车间局部坍塌。该事故导致 10 人死亡、1 人受伤。

2019 年 3 月 21 日 14 时 48 分，位于江苏省盐城市响水县陈家港化工园区内的某化工有限公司发生特大爆炸事故，并波及周边 16 家企业。造成 78 人死亡、76 人重伤、640 人住院治疗，直接经济损失达 19.86 亿元人民币。

第二节　危险辨识和风险评估概述

一、背景

正式的风险评估已经在化学工业中实行了 40 多年[1]。其他非正式的安全审查实行了更长的时间。多年来，人们用不同的名字来称呼风险评估，表 1-1 中列出了大部分与风险评估相类似的术语[2]。

表 1-1　风险评估术语

过程危险分析 (Process Hazard Analysis)	预先危险评估 (Predictive Hazard Evaluation)	危险和风险分析 (Hazard and Risk Analysis)
过程危险审查 (Process Hazard Review)	危险评估 (Hazard Assessment)	危险辨识和风险分析 (Hazard Identification and Risk Analysis)
过程安全审查 (Process Safety Review)	过程风险调查 (Process Risk Survey)	危险辨识和风险评估 (Hazard Identification and Risk Assessment)
过程风险审查 (Process Risk Review)	危险研究 (Hazard Study)	

进行风险评估的一个重要前提或起点是确定过程危险。本书第二章将描述常用的危险辨识方法，并讨论它们在风险评估工作中的应用，第四章将介绍常用的风险评估方法，第五章将重点阐述化学反应过程的风险评估方法。一个有效的、系统的危险辨识和风险评估工作，可以极大地提高管理者在管理工厂设施时的信心。

风险评估通常关注意外事件如火灾、爆炸和计划外的有害物质的泄漏等发生的潜在原因或后果。此外，风险评估通常不考虑涉及职业健康和安全问题的情况，尽管在风险评估过程中发现的任何新问题都不会被忽视，并通常会提交给适当的负责人。历史上，这些问题都是由良好的工程设计和操作实践来处理的。相比之下，风险评估也关注设备故障、软件问题、人为错误和外部因素等可能导致火灾、爆炸和有毒物质或能量的泄漏的因素。

风险评估有时可以由一个人进行，这取决于分析的具体需要、技术选择、所分析的事故场景以及可获取的资源等。然而，大多数高质量的风险评估需要多学科团队的共同努力。风险评估小组利用其成员的综合经验和判断以及现有数据来确定问题是否严重到需要做出改变。如果是这样，他们可能会建议一个特别的解决方案进行进一步的研究。

二、基本概念

危险：一种可能造成人员伤害、职业病、财产损失、作业环境破坏的内部和外部的潜在状态[3]。

危险辨识：一项有组织的工作，目的是识别和分析与过程或活动相关的危险情况的重要性。具体地说，危险辨识是用来查明设施设计和操作中可能导致有害物质泄漏、火灾或爆炸的缺陷[4]。

风险：潜在损失的度量，用频率和后果表述。

频率：一个事件在单位时间内发生的次数，在反应风险评估中称为可能性。

后果：某一特定事件的结果，在反应风险评估中称为严重度。通常包括人员伤亡、财产损失、环境污染、声誉影响等。

风险矩阵：以事件发生后果和相应的频率进行组合，可划分为可接受风险、有条件接受风险和不可接受风险。

风险评估：综合评估事件发生的频率和后果，基于工程评价和数学技术进行定性、定量风险估算，采取相应等级的风险控制策略，或者与风险设定值进行比较，从而将风险分析的结果用于决策的过程[5]。

可接受风险：一种低于某设定值的风险，该设定值是考虑到法律、技术、经济或道德等因素而预先确定的。

反应工艺危险度：工艺反应本身的危险程度，危险度越大的反应，反应失控后造成事故的严重程度就越大。

安全数据：用于安全评估的数据，一般来源于风险分析实践，如物质安全数据表、数据库、公司内部数据库和各种报告等。

本质安全：严格意义上说，通过化学和物理方法，从源头的工艺、设计上"主动"最小化危害发生，而不是依靠控制系统、联锁、冗余、特殊的操作程序来被动预防事故。

三、化工过程危险分类

化工过程的危险指工艺系统或相关设施中存在的化学或物理条件，可能导致化学品或能量泄漏，并进而导致人员伤害、财产损失或环境污染。通常来自两个方面，即化学品相关的危险和工艺流程本身具有的危险。

化学品相关的危险[6-12]是指由化学品本身的物理和化学特性造成的易燃易爆、高温高压、有毒有害等特点给化工过程带来的危害。例如光气法合成3,4-二氯苯基异氰酸酯过程中需要用到光气，而光气是一种剧毒气体，因此使用光气给生产过程中带来光气中毒的危险。

工艺流程危险[1,2,13-20]是指由于工艺过程中操作不当造成的危害。例如利用甲醛和苯酚反应合成酚醛树脂的过程中，由于催化剂碳酸钠加料速度过快，加上反应釜过载，导致反应器冷却能力不够，温度控制不当造成反应失控。

危险辨识通常集中于过程安全问题，如意外泄漏的化学物质对工厂人员或公众的急性影响。这些研究补充了更传统的工业健康和安全活动，例如防止滑倒或跌倒，使用个人防护设备，监测雇员接触工业化学品的情况，等等。许多危险辨识技术也可以用来帮助满足相关的需求。虽然危险辨识通常分析可能导致事故的潜在设备故障和人为错误，但这些研究也可以突出组织过程安全计划管理系统中的缺陷。例如，对现有过程的危险辨识可能会揭示设施变更计划管理中的缺陷或其维护实践中的缺陷。

四、化工事故的过程特征

化工事故往往遵循一些典型的模式。为了预测可能发生的事故类型，研究这些模式是非常重要的，其中火灾最常见，其次是爆炸和毒物泄漏。在死亡方面，以上顺序将倒置，即毒物泄漏对死亡具有最大的潜在危险性。

涉及爆炸的事故造成的经济损失很高，爆炸的大多数破坏形式是无约束蒸气云爆炸，即大量易挥发、易燃蒸气云团释放出来，并扩散穿越整个厂区，然后被点燃，继而发生蒸气云爆炸，根据世界范围内的事故数据，对大量化工事故分析后可得到图1-1[21]。图1-1中的其他包括洪水和暴风导致的损失。

毒物泄漏基本不会破坏重要的装置，但导致的个人受伤、员工损失、法定赔偿和事故清理责任是值得注意的。

图1-2所示为造成严重损失的化学事故的原因。到目前为止，化工厂中造成损失的最大原因是机械失效，如由于腐蚀、侵蚀、超压、密封面或垫片失效等原因引起的管道失效。该类型失效通常由缺少维护或缺乏利用本质安全原则和过程安全管理引起。如果未能得到正确的维护，则泵、阀门和控制设备就会失效。第二大原因是操作失误，如阀门未能按照正确的顺序开启或关闭，或者反应物未能按照正确的顺序投放到反应器中。由诸如能量或冷却水失效造成的

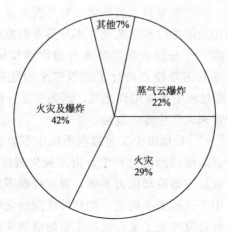

图 1-1　大型石油化工厂事故损失类型

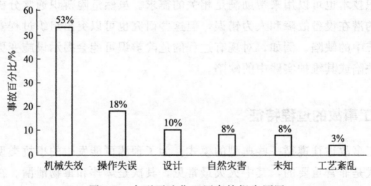

图 1-2　大型石油化工厂事故损失原因

工艺紊乱占损失的 3%。

　　人为失误经常被用来解释损失发生的原因，除由自然灾害引起的事故外，几乎所有的事故都能归因为人为失误。例如，机械失效可以归结于未能正确维护或检查的人为失误。图 1-2 中的操作失误就包括直接导致损失的人为失误。

　　图 1-3 是对大型事故相关装备类型的调查结果。由管道系统失效引起的事故占大多数，其次是反应器和储罐，此项研究得出的一个有趣结论是那些非常复杂的机械零部件（泵和压缩机）并不是造成重大损失事故的主要原因。

　　将 1972～2001 年发生的石油类加工和化学工业事故的损失分布以 5 年为间隔进行统计的结果见图 1-4。损失的次数和大小在此期间是连续增加的，这主要与建筑物越来越高大和工业过程越来越复杂有关。

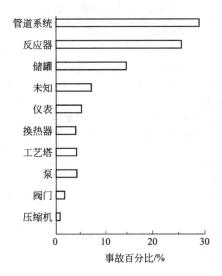

图 1-3 与大型石油化工厂事故相关的装备

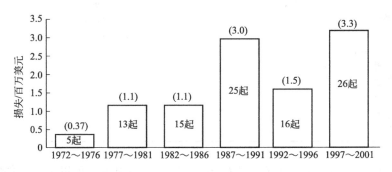

图 1-4 1972～2001 年大型石油化工厂事故损失分布

五、化工事故的剖析

防止化工事故的发生，必须了解它们是如何发生的。使用风险评估方法可以帮助组织更好地了解与过程相关的风险，以及如何降低潜在事件的频率和严重性。下面分析化工事故的演变。

化工过程的危险主要是对人、财产和环境的威胁，表 1-2[22] 给出了工艺危险的实例。只要涉及危险化学品和危险工艺流程，化工过程就会存在危险。在正常情况下，这些危险都是可控的，只有当危险失控时，才会导致事故。事故被定义为有可能导致不利影响的意外事件或事件序列。事件序列是一系列事件，它们可以将流程风险造成的威胁转化为实际发生的事件。

表 1-2 化工过程事故要素

工艺危险	初始事件(原因)	事件后果
大量库存的	**容器故障**	**损失事件**
易燃材料	管道、通风管道、储罐、容器、集装箱、软	排放或泄漏
可燃材料	管、视镜、垫圈/密封件	火灾:池火、喷射火、闪火、火球
不稳定材料	**设备故障**	爆炸:
腐蚀性材料	泵、压缩机、搅拌桨、阀门、仪表、传感器、	受限爆炸
窒息剂	控制器、误跳闸、泄放装置、安全阀	无约束蒸气云爆炸
撞击敏感材料	**公用工程失效**	容器爆破片爆炸
高反应性材料	电力、氮气、水、制冷、空气、传热流体、蒸	沸腾液体扩展蒸气云爆炸
有毒材料	汽、通风	粉尘爆炸
惰性气体	**人为错误**	爆轰
易燃粉尘	操作、维护	凝聚相爆炸
自燃材料	**外部事件**	**影响**
工艺条件	车辆影响	毒性、腐蚀性、高热、超压、抛射
高温	极端天气条件	物和其他影响
低温	地震	社区
高压	附近事故影响	劳动力
真空	恐怖袭击	环境
压力循环		公司资产
温度循环		生产
振动/液体锤击		
电离辐射		
高压电流		
大容量存储		
物质运动		
液化气		

　　事件序列中的第一个事件称为初始事件或初始原因。可以引发事件序列的初始事件类型通常是设备或软件故障、人为错误和外部事件,见表 1-2 的实例。如图 1-5 所示,在正常的操作模式下,所有的过程危险都得到了控制,工厂设施都在规定的范围内按照规定的操作程序进行操作。在正常运行期间的操作目标可以概括为优化生产及保持在正常操作程序和限制范围内运行。维持正常操作的关键系统包括工艺设备(如管道、反应釜、泵和蒸馏塔等)、基本过程控制系统和操作流程等。这些关键系统由诸如检查、功能测试、预防性维护、操作人员培训、变更管理和设施访问控制等活动提供支持。

　　一旦操作偏离了既定的操作程序或安全操作限度,初始事件就会导致从正常操作模式转变为异常操作模式。在风险评估程序中,这种异常操作模式称为偏差。例如,放热反应系统的冷却水失效可能是导致反应失控事件序列的初始事件。一旦冷却水供应(压力和流量)低于设定的最低限度,就可以认为是初

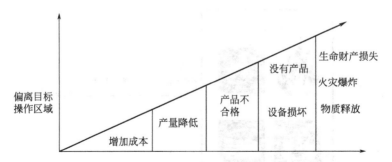

模式	正常		异常		紧急	
工厂状态	最佳	约束	脱离目标	失控	停车	释放
运营目标	最优生产	保持工厂正常运行	回到正常	建立控制	回到安全状态	损失降到最小
关键系统	工艺设备控制系统控制程序操作程序		安全停车保护措施紧急程序		物理和机械抑制系统	紧急响应系统
运营和技术支持活动	预防监控和测试		手动控制、排除故障		隔离、旁路和部分关闭	疏散、消防、急救

图 1-5　灾难性事故的剖析[22]（注：此图仅用于帮助理解与正常、异常和紧急操作模式
相关的初始事件和损失事件，以及突出显示的关键操作目标）

始事件，工厂就处于异常状态。当检测到异常情况时，工厂的操作目标会发生
变化。运行目标不再是使工厂在正常范围内运行，而是在可能的情况下使工厂
恢复正常运行；如果不可能，则使其进入安全状态，如在发生损失事件之前紧
急停车。

如果异常状态不加以纠正继续发展，则可能导致失控反应。若系统没有配
置紧急泄放系统，反应釜可能由于超压发生破裂。此时工作模式从一个可能被
纠正和控制的异常情况转变为一个紧急情况。紧急情况下的操作目标也会发生
变化，现在的目标是尽可能地降低伤害和损失（减轻损失事件的影响）。

在事故分析中，紧急情况的开始被称为损失事件（图 1-6），因为一旦发
生了损失事件，就可能造成一定程度的损害。损失事件是指在事件序列中发生
的具有潜在损失和危害影响的不可逆物理事件的时间点。例如，爆破片的开启
向环境释放有害物质，可燃蒸气或可燃粉尘云的着火，以及反应釜或储罐的超
压破裂。表 1-2 给出了示例。一个事故可能涉及多个损失事件，例如易燃液体
泄漏（第一个损失事件），随后引发闪火和池火（第二个损失事件），使相邻的
反应釜或储罐升温升压发生破裂（第三个损失事件）。

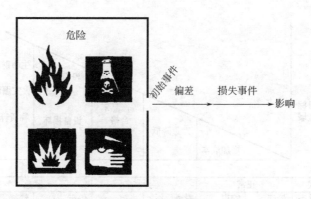

图 1-6　不存在防护措施时的基本事件序列

图 1-6 可能有助于确定事件序列中的初始事件和损失事件。初始事件处于正常运行方式向异常运行方式的过渡阶段，损失事件处于异常运行方式向紧急运行方式的过渡阶段。

如果没有干预性的防护措施或者初始事件异常迅猛，防护措施来不及发生作用时，初始事件可能直接导致损失事件。典型的一个例子是当槽车卸料时，槽车意外溜车可能导致卸载软管脱落，有害物质发生泄漏。更常见的情况是，由于存在一系列的防护措施，一系列的中间事件将初始事件与损失事件联系起来。

损失事件后果的严重程度称为影响（见图 1-6）。影响是用来衡量损失事件最终的损失和危害。影响通常为可以用数字来表示的损伤和死亡、环境破坏程度、财产损失、材料损失、生产损失、市场份额的损失和成本损失等。

对可能的事件序列的完整描述是一个场景。场景是导致损失事件及其相关影响的意外事件或事件序列，包括事件序列中所涉及的防护措施。因此，每个场景都以初始事件开始，并以一个或多个损失事件结束。可使用后果分析方法进行评估来确定损失事件的影响。

风险评估方法可以帮助用户了解与过程或活动相关的潜在事件序列的重要性，是帮助用户辨识减少潜在事件发生频率和严重程度的方法，从而提高过程操作的安全性。

六、防护措施

在风险评估程序中，任何可能中断初始事件向损失事件发展的设备、系统或行动都被称为防护措施。不同的防护措施可能具有不同的功能，取决于它所保护的事件处于事件序列的哪个位置，如图 1-7 所示。

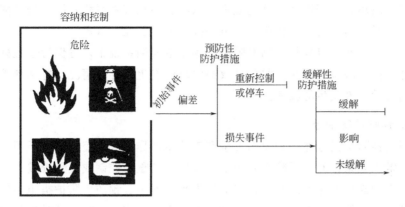

图 1-7　预防和缓解性防护措施在初始事件发生后发挥作用

根据位置的不同，传统防护措施通常分为 3 类：容纳和控制、预防性防护措施和缓解性防护措施。容纳和控制是避免或减少初始事件的发生；预防性防护措施是在初始事件发生后介入，阻止损失事件的发生；缓解性防护措施是在损失事件发生后采取行动，减少损失事件的影响。因此，容纳和控制影响初始事件发生的可能性，预防性防护措施影响损失事件发生的可能性，而缓解性防护措施则减轻损失事件后果的严重性。

特别需要说明的是，在风险评估的最新策略中，已经将本质安全设计作为最内层、最源头的防护措施，本章第四节将对本质安全理论进行阐述。

1. 容纳和控制

过程危险的容纳和控制在避免或减少初始事件和随后事件场景的可能性方面起着关键作用。请注意，这里的容纳是由管道、容器和其他工艺设备组成的主要容器系统，其设计目的是将有害物质和能量保存在容纳设备中。二级防护系统，如堤防区和护堤，是缓解性防护措施。

典型的容纳和控制包括：

（1）基本容纳系统的正确设计和安装，以及检查、测试和维护，以确保基本容纳系统的持续机械完整性；

（2）保护和栅栏，以减少外部力量的影响，如维修活动或车辆交通影响工艺管道或设备；

（3）基本过程控制系统的设计、安装、管理和维护，以确保控制系统能够对预期的变化和趋势做出正确的响应，如公用工程的变化，蒸汽和冷却水的温度、环境条件的变化，换热器逐渐结垢等；

（4）操作人员培训，以减少错误执行程序的可能性；

（5）隔离、专用设备和其他规定，以减少不相容材料相互接触的可能性；

（6）对材料、设备、程序、人员和技术方面的变更管理。

容纳和控制的目标是将物料限制在其基本容纳系统中，且保持过程处于安全设计和操作限制中，从而避免导致损失事件发生的异常情况。容纳和控制能够影响初始事件发生的频率。

2. 预防性防护措施

预防性防护措施在初始原因发生和工艺条件异常或失控后进行干预。当检测到异常工艺条件时，预防性防护措施采取行动重新控制或使系统进入安全状态，从而中断事件序列的传播，避免损失事件发生。预防性防护措施不影响初始事件发生的概率，但是会影响损失事件发生的概率。因此，预防性防护措施影响事故场景的频率。

典型的预防性防护措施包括：

（1）操作人员应在安全操作范围内把异常状态重新调整为正常状态；

（2）操作人员对安全警报或异常情况做出响应，在可能发生损失事件之前手动停车；

（3）仪表保护系统在检测到特定的异常情况时自动使系统进入安全状态；

（4）在可燃混合气存在的情况下，为降低可燃混合气着火的可能性而实施的点火源控制，防止火灾、粉尘爆炸、受限蒸气爆炸或蒸气云爆炸等损失事件的发生；

（5）紧急泄放系统，用于缓解容器超压，防止容器爆炸造成的损失；

（6）其他最后一节预防性安全系统，如手动倾泄或骤冷系统等。

预防性防护措施的前提是发生了初始事件，目标是避免损失事件或更严重的损失事件的发生。避免更严重的损失事件的一个例子是，如果管道系统密封失效，立即会导致易燃液体的泄漏（这既是一个初始原因，也是一个损失事件，因为没有预防性防护措施的干预），火源控制可以避免更严重的火灾或蒸气云爆炸等损失事件的发生。

预防性防护措施应被视为必须设计、维护、检查、测试和操作的系统，以确保它们在特定事件场景下有效。

3. 缓解性防护措施

缓解性防护措施旨在降低损失事件后果的严重程度，即火灾、爆炸、有毒物质泄漏或其他不可逆物理事件造成的安全、商业、社区和环境影响的总和。

典型的缓解性防护措施包括：

（1）开启式紧急泄放系统，如安全阀，可减少危险物质泄漏损失事件的持续时间；

  （2）二次包容（如双壁系统，双外壳）；

  （3）爆炸和抛射物防护结构/围堰；

  （4）火焰/泄漏探测和报警系统；

  （5）自动或远程控制隔离阀；

  （6）灭火器、自动喷淋系统和消防水监控器；

  （7）洪水、泡沫和蒸气缓解系统；

  （8）耐火支架和钢结构；

  （9）储罐隔热；

  （10）建筑物的防爆施工；

  （11）损失事件专用个人防护设备（如防溅护目镜、阻燃服、逃生呼吸器）；

  （12）应急响应和应急管理计划。

  缓解性防护措施的目标是发现和应对紧急情况，与没有防护措施的未缓解影响相比，减少损失事件的影响。

七、风险评估与过程安全管理的关系

  20 世纪末，国外化工企业在将过程安全管理（Process Safety Management，PSM，又称工艺安全管理）程序制度化方面取得了显著的进展，这是由多种因素引起的，包括：

  （1）重大工业事故的发生；

  （2）积极的立法和监管过程安全；

  （3）模型 PSM 项目的演变和出版。

  更重要的是安全意识的提高。化工企业逐渐意识到，从长远来看，更安全的工厂会带来更多的经济利益，也能更好地维系与社区和监管机构的关系。1985 年成立的美国化工过程安全中心（Center for Chemical Process Safety，CCPS）在 1989 年出版了具有里程碑意义的过程安全管理指南 *Guidelines for Technical Management of Chemical Process Safety*，概述了一个包含 12 个要素的安全策略。在 1992 年出版了 *Plant Guidelines for Technical Management of Chemical Process Safety*，并于 1995 年进行了修订，该书对以上策略进行了更为深入的论述与研究。此后几年，又陆续出版了几本指南 *Guidelines for Auditing Process Safety Management Systems*（1993 年）、*Guidelines for Implementing Process Safety Management Systems*（1994 年）、*Guidelines for Integrating Process Safety Management，Environment，Safety，Health，and*

Quality（1996 年）等。

从第一本指南出版开始，许多公司进行了过程安全实践，实施了过程安全管理系统，但仍有许多机构与组织面临着管理体系效率不理想、资源不足以及过程安全顽疾等问题。为推广并促进有效的过程安全管理，实现工业的持续完善与改进，针对新一代的过程安全管理，CCPS 在 2007 出版了 *Guidelines for Risk Based Process Safety*[22]，提出了以风险为基础的过程安全框架理论（即基于风险的过程安全——RBPS）。

RBPS 的理论认为各类危险和风险是不相同的，呼吁人们将更多资源集中投入到那些较为重大的危险与风险上，该理论的四大基础原则如下：

（1）对过程安全的承诺；

（2）理解危险及风险；

（3）管理风险；

（4）总结经验教训。

上述四大原则又进一步分为 20 个要素（表 1-3），这 20 个要素是在 1989

表 1-3　基于风险的过程安全要素

对过程安全的承诺
◇ 营造过程安全文化氛围
◇ 遵守各项标准
◇ 过程安全能力
◇ 人员参与
◇ 与风险承担者沟通
理解危险及风险
◇ 过程知识管理
◇ 危险辨识及风险分析
管理风险
◇ 操作程序
◇ 安全操作规程
◇ 资产完整性及可靠性
◇ 承包商管理
◇ 培训与绩效考核
◇ 变更管理
◇ 开车准备
◇ 运行/操作管理
◇ 应急管理
总结经验教训
◇ 事故调查
◇ 衡量及指标
◇ 审查
◇ 管理审核及持续改进

年首次形成的 12 个要素基础上建立并衍生出来的，这些要素全面反映了各行业在过程安全管理方面的实践经验以及形成的最佳惯例做法。

其他行业组织和政府机构也制定了过程安全管理框架，典型的有欧盟委员会制定的 Seveso Ⅰ 指令（1982 年）和 Seveso Ⅱ 指令（1997 年），美国职业安全与健康管理局（OSHA）在 1992 年制定的 *Process Safety Management of Highly Hazardous Chemical*，美国石油协会（API）在 1990 年制定的 *Management of Process Hazards*，英国健康与安全管理体系（COMAH）在 1999 年制定的 *The Control of Major Accident Hazards Regulation* 等。此类管理框架在组织结构上基本类似，包含相同或类似的安全管理系统要素，且所推荐采取的过程安全工作也大体一致。OSHA 制定的标准是人们广泛接受和使用的 PSM 版本之一，该标准将 PSM 划分为 14 个基本要素。

风险评估和风险控制方案的选择贯穿整个设施的生命周期。其他要素，如变更管理、事故调查、资产完整性和可靠性，也包括使用风险评估技术，实施 PSM 计划可以帮助公司在设施的整个生命周期中管理设施的风险。管理人员必须在不同的时间能够发展和提高他们对造成设施运行风险的因素的理解。

开发对风险的理解需要处理三个特定的问题：

（1）会出现什么问题？

（2）潜在的影响是什么（潜在的损失事件后果有多严重）？

（3）损失事件发生的可能性有多大？

发展这种对风险的理解所需要的努力将取决于：

（1）企业对于潜在事件的信息了解多少？

（2）确定企业是否需要更多具体信息用来更好地管理风险。

在任何情况下，管理者应该首先利用他们的经验和知识来了解他们的单位在运营一个设施时所面临的风险。如果单位在主要过程或操作方面有大量相关的、密切相关的经验，那么可能不需要特别正式的危险辨识和风险评估方法。相反如果没有相关或足够的经验基础，一个单位可能不得不依靠分析技术来开发三个风险问题的"答案"，以满足单位的风险管理需求。

八、风险评估的局限性

风险评估无论使用基于经验的方法还是预测方法，都受到许多理论和实践上的限制。管理人员应认识到，他们根据风险评估结果做出的任何风险管理决定的质量将直接关系到他们对这种研究的认识的局限性大小。表 1-4 列出了风险评估方法的五个局限性。

表 1-4 风险评估方法的传统局限性

问题	说明
完整度	无法保证所有的事故情景、原因和影响都被考虑进去
复现性	风险评估的各个方面对分析人员的假设都很敏感;不同的专家使用相同的信息,在分析同一问题时可能产生不同的结果
不可预测性	一些风险评估技术的固有性质使其结果难以理解和使用
相关经验	风险评估小组可能没有适当的经验基础来评估潜在事件的重要性
主观性	当从经验中推断一个问题是否重要时,风险分析人员必须使用他们的判断

第三节 国内外风险评估发展状况

一、国内外发展状况

美国化学工程师协会（AIChE）近 50 年来一直在密切参与化工及相关行业过程安全和问题。通过与工艺设计师、施工人员、操作工、安全专业人员和学术界成员加强沟通,促进了行业高安全标准的持续改进。AIChE 的出版物和专题讨论会已成为致力于安全和环境保护的相关人士的信息资源。

在印度的博帕尔灾难后,AIChE 于 1985 成立了 CCPS（化工过程安全中心）。CCPS 专门开发和传播用于预防重大化学事故的技术信息。该中心得到了 150 多家赞助公司的支持,为其技术委员会提供必要的资金和专业指导。CCPS 的主要产品是一系列的参考指南,用来帮助过程安全和风险管理系统各要素的实施。

CCPS 于 1985 年出版了第一本用于化工过程风险评估的指南 *Guidelines for Hazard Evaluation Procedures*。这个开创性项目的目标是编写一本有用、全面的指南,以促进工程师在化工厂安全领域的个人、专业和技术的持续发展,提升行业的安全性能,并将作为其他相关主题（如风险管理）的基础。

由于 1985 年以来在使用风险评估方面取得的经验,以及各公司越来越多地参与进行这些研究的动力,CCPS 决定对指南进行更新。在 1992 年编制了一个大幅度增订和扩大的版本 *Guidelines for Hazard Evaluation Procedures, Second Edition with Worked Examples*。在 2001 年编制了 *Revalidating Process Hazard Analysis*。任何成功的过程安全计划的基础是针对其每个过程的当前过程风险分析,重新验证过程危险分析,使其保持最新性和适用性。该书源自许多公司的化学品和石油加工行业经验，并提出了有效的危险分析重新验证的简明方法。它包括流程图、清单和工作表，为重新验证过程提供了宝贵的经验。

由于认识到各种方法在风险评估和改进方面的进一步变化，CCPS 技术指导委员会于 2008 年对指南进行了第三次修订，出版了 *Guidelines for Risk Based Process Safety*。除了大量更新术语，特别是与事件场景的元素相关的术语外，主要还包括以下内容：

（1）新增了本质安全审查，将本质安全的概念融入到了风险评估方法中。

（2）风险评估方法被分成两类：基于场景和非场景方法。基于场景的识别方法可以结合风险矩阵等辅助方法来确定合适的防护措施及后续行动的优先级。

（3）新增了定性和定量情景风险评估方法，广泛用于确定合适的防护措施。

（4）新增了保护层分析方法，描述了保护层分析方法与其他风险评估技术的联合使用。

（5）新增了对基于流程操作的评估，用于评估可编程系统的危害，以及处理与设施选址相关的问题。

（6）新增了人为因素内容，用于人类可靠性分析技术。

（7）新增了化工工艺生命周期的概念，包括了变更管理的风险评估，将风险评估与可靠性和安全性等方面进行综合考虑。

这本指南成为了化工过程风险评估领域的经典专著。对有效处理安全需求的方法进行了更新，书中列举了大约 200 页的工作示例以便于读者理解。

CCPS 分别于 2001 年和 2010 年对两种新的风险评估方法进行了介绍，出版了 *Layer of Protection Analysis*，*Simplified Process Risk Assessment* 和 *Guidelines for Chemical Process Quantitative Risk Analysis*。此外，CCPS 还针对事故后果和防护措施出版了一系列的指南。

Daniel A. Crowl 和 Joseph F. Louvar 教授出版的书籍 *Chemical Process Safety：Fundamentals with Applications* 是国外化工安全领域的优秀书籍之一。该书于 1990 年、2002 年和 2011 年陆续出版了第 1 版、第 2 版和第 3 版，较为系统地介绍了化工过程安全领域相关的基本原理及工业应用。书中对于化工过程危险辨识和风险评估进行了多个章节的介绍。此外，最新的第 3 版对化学反应过程的风险分析也做了相关介绍。国内专家蒋军成和潘旭海对第 2 版进行了翻译，赵东风等对第 3 版进行了翻译。

1993 年，英国学者 John Barton 和 Richard Rogers 出版了 *Chemical Reaction Hazards* 一书。尽管该书提供了一些热安全参数的获取方法，但更多地被视为化学反应热危险性控制指南，书中给出了化学反应危险性的评估实践，结合当时员工健康安全的法规要求与评估结果，帮助人们如何设计并实现化工企业的安全操作，并介绍了如何识别与处置化工企业生产过程出现的危险性。该书于 1997 年进行了第二次修订。

1994 年，Theodor Grewer 出版了专著 *Thermal Hazards of Chemical Reactions*。在其出版专著前的二十年间，他不断参与相关事故的调查，亲身开展各种实验测试，并探索实验方法。因而在其即将离开企业工作之际，出版了该专著。与 John Barton 及 Richard Rogers 的专著重在指导人们如何对化学反应进行安全处置不同，该专著的目的在于告知人们如何理解放热反应的危害，传递基于安全操作为目的的物料安全特性及相关测试方法。

1999 年德国学者 Jorg Steinbach 出版了 *Safety Assessment for Chemical Processes*。以过程安全概念为重点，首先叙述了系统地获取化工过程和物理单元操作过程中的损害评价的基本方法，然后介绍了安全评价的概念。随后，又介绍了物质和混合物安全性研究的实验方法，并对实验结果进行了解释和讨论。该书的主要部分是对处于常态下的和处于非稳态条件下的化学反应进行评价和研究。该书具有具体问题具体分析和突出问题的新颖性的特点，从化工实际过程中常见的问题、最新出现的问题入手，挑选了最为典型的化工安全事例对安全评价进行系统的介绍。

2008 年，瑞士学者 Francis Stoessel 教授出版了 *Thermal Safety of Chemical Processes—Risk Assessment and Process Design*，介绍了热风险评估的理论、方法和实验方面的内容，对与化学反应工业实践相关的风险进行了概述，回顾了基本理解失控反应所需的理论背景，并回顾了化学反应的热力学和动力学方面，提出了一套系统的热风险评估方法，由于这种评估是基于数据的，专门讨论安全实验室中最常用的量热方法。讨论了二次反应的特性，以及避免触发它们的技术，回顾了二次反应失控后果的确定和风险评估，专门讨论自催化反应的重要范畴、特性和控制的关键技术。该专著对工艺研发、工程设计、风险评估等领域的工作人员来说，有很好的参考价值，并可以从中获得一些新的理念和方法。国内专家陈网桦教授等对该书进行了翻译。

国内对于化工工艺风险评估的研究开展较晚。笔者所在团队在化学反应热风险评估领域开展了一系列的研究。典型的包括，杨晓武和王睿等对化学品和工艺流程的危险性进行了相关研究，Yang 等[23]利用 ARC 评估了纯二甲基亚砜（DMSO）和 DMSO 掺杂不同杂质（N,N-二甲基甲酰胺、NaOH、KBr 和 FeCl$_3$）的热分解反应，Wang 等[24]通过 RC1 和 Simular 量热实验法及基团贡献法（GCM）评估了包括 11 种常见反应类型在内的 33 个化学反应。

Z. C. Guo、W. S. Bai 和 B. Zhang 等[25-31]在化学反应热风险评估方面开展了研究，开发了一系列的临界判据，用于快速识别均相和非均相反应体系的本质安全操作工艺。Z. C. Guo 等[25]联立半间歇反应器的质量和热量衡算方程推导出了一个新的绝热判据，证明了当表达反应体系的物料与能量衡算常微分方程组的离散度 $cri_{ad} > 0$ 时，反应体系处于潜在的热失控状态下。W. S. Bai 等[28,29]研究了恒温半间歇均相反应体系 MTSR 和反应体系的动力学、工艺条件之间的定量关系，在此基础上提出了一个新的临界判据，开发了一个新的能够快速识别本质安全工艺条件的新方法，只需通过几个简单的量热实验，就能保证反应体系处于本质安全操作区域。B. Zhang 等[30,31]将该方法扩展到了动力学控制的液-液非均相反应体系。

J. X. Zhu 等[32]开发了模型化的 HAZOP，并应用到草酸二乙酯生产工艺流程的安全评估中，该模型 HAZOP 分析通过动态模拟可以获得由偏差引起的动态响应，从中可以得出温度、压力等重要变量的瞬态值和变化趋势，并根据定量结果进行危险性的识别和分析，进而提出相关的安全建议和防护措施。此外，还可以观察温度和压力的峰值，并且结合 MSDS 监测其是否处于设备设计和工艺要求的安全阈值之内。对于具有多股循环物流的连续反应-分离化工生产过程，各操作单元之间存在较强的集成效应和相互作用，如雪球效应，通过该方法也可以进一步研究偏差对上下游乃至整个工艺过程的影响，从而观察其他工段不同节点处偏差干扰的传播状况，以便于对整体过程进行综合分析。此外结合流程模拟软件的稳态及动态仿真，开发出一个通用框架，该程序框架可应用于化工过程的工艺设计与改进，动态模拟和控制，经济、环境和安全性评估。另外，该框架可以进一步被编程为通用算法，并且与人工智能深度学习和数据分析等技术手段结合，从而使化工过程的安全性分析更加智能、精准、便捷。

二、我国相关的法律法规

我国于 1997 年颁布了 SY/T 6276—1997《石油天然气工业健康、安全与环境管理体系》[33]，并于 2010 年和 2014 年进行了修订；于 2000 年制定了重大危险源辨识标准 GB 18218—2000，并于 2009 年和 2018 年进行了修订，将标准名称调整为《危险化学品重大危险源辨识》[34]；于 2002 年颁布了《危险化学品安全管理条例》和《中华人民共和国安全生产法》，并分别于 2011 年和 2014 年进行了修订；于 2010 年颁布了 AQ/T 3034—2010《化工企业工艺安全管理实施导则》[35]，将 OSHA 发布的 PSM 标准中 14 个要素调整为 12 个相互关联的不同要素。

2009～2012 年间，国家安全生产监督管理总局先后确定了两批重点监管的危险化工工艺目录[36,37]和危险化学品名录[12,13]，制定了《危险化学品重大危险源监督管理暂行规定》[38]，并要求涉及目录中的危险工艺和危险化学品的化工装置都必须装备自动控制系统和紧急停车系统。2012 年 8 月国家安全生产监督管理总局发布《危险化学品企业事故隐患排查治理实施导则》[39]，明确要求涉及重点监管危险化工工艺、重点监管危险化学品和重大危险源的危险化学品生产、储存企业定期开展危险与可操作性（HAZOP）分析，用先进科学的评估管理方法系统排查事故隐患。

2013 年颁布了 AQ/T 3046—2013《化工企业定量风险评价（QRA）导则》[40]、AQ/T 3049—2013《危险与可操作性分析（HAZOP 分析）应用导则》[41]，2015 年颁布了 AQ/T 3054—2015《保护层分析（LOPA）方法应用导则》[42]。

2017 年 1 月 5 日，国家安全生产监督管理总局颁布了《国家安全监管总局关于加强精细化工反应安全风险评估工作的指导意见》[43]，要求各精细化工企业充分认识开展精细化工反应安全风险评估的意义，准确把握精细化工反应安全风险评估范围和内容，充分强化精细化工反应安全风险评估结果的运用，完善风险管控措施。

2019 年 8 月 12 日，应急管理部印发《化工园区安全风险排查治理导则（试行）》和《危险化学品企业安全风险隐患排查治理导则》的通知[44]，深入排查化工园区和危险化学品企业安全风险，提高化工园区和危险化学品企业安全管理水平，有效防范危险化学品重特大安全事故，保护人民群众生命财产安全。

第四节　风险评估最新策略

传统的分析评估策略往往是在工艺研发和设计工作之后，在已有的工艺装置基础上对工艺过程的危险进行识别、评估以及后果分析，然后采取相应的防护措施将风险降到最低。自 1977 年英国帝国化学工业公司（ICI）的安全专家 Trevor Kletz 教授首次清晰地提出化工过程本质安全理念以来，本质安全的观念逐渐取代了传统安全工作理念在人们心中的地位。本质安全的理念[45]认为要将风险评估与安全设计贯穿整个化工工艺的生命周期；尤其是实验室研发和工艺设计阶段，该理念提出越早地开展风险评估工作，越是能够降低安全工作的成本；越是到后来的环节，改变原有设计或建设的成本越高，实施也越困难。

一、本质安全

实际上，化学工业最安全的策略就是本质安全策略，正如 Kletz 教授对本质安全核心理念的精彩形象的阐述"What you don't have can't leak"，其核心理念是在工艺过程的开发、设计与建设中根本性地消除隐患，才不会有风险，而不是后期试图采用被动控制与防护措施。

目前，很多公司将本质安全设计评审集成到现有的风险评估中，尽管有些公司进行单独的评审。本质安全审查应在化工工艺生命周期的关键阶段进行：在实验室研发和工艺设计阶段，以及在常规操作期间。

1. 本质安全的概念

本质安全理念自提出以来，其内涵便不断丰富发展，第二节中也给出了基本的定义，即通过选用更合理的物料、工艺、设备等，尽可能从源头上消除危险。而在这一节，将引导大家从更多的角度来思考这一理念[46]。

首先可以关注本质安全设计（Inherently Safer Design）的原文表述。Inherently 指"永久地、不可分割地存在于事物中"。当通过本质安全的方法消除或减小过程中的风险时，这样的改进应该是"永久的""不可分离的"，不会因为操作人员的熟练度或精神状态而发生变化。使用 Safer 而非 Safe 也有其考虑，一项符合本质安全理念的设计绝不应该被认为是"绝对安全"，甚至不能认为已经"足够安全"。通过本质安全的方法可以消除或减小危险，但消除所有危险显然是一个不现实的目标。在消除某项危险的过程中，还可能引入别的危险，或者对设备提出新的要求。

其次可以结合本章第二节所讲述的防护措施进行理解。传统意义上的防护措施包括控制系统、操作人员的干预、预警系统、缓和系统等，可以将它们归纳为三类：容纳和控制、预防性防护措施和缓解性防护措施。当事故发生时，这些防护措施依次生效，以避免危险的扩大，改善生产过程的安全状况。但与此同时，潜在的危险并没有被消除，多个防护措施同时失效的可能性仍然存在，额外防护措施的添加可能是费时费力而且成本高昂的。

最新的评估策略普遍将本质安全设计作为最内层、最源头的防护措施[47]。一个好的本质安全设计，可以有效降低对附加防护装置和人为干涉的要求，在改善安全状况的同时，往往还能起到降低成本的作用。本质安全是一项改善化工过程安全的有效工具，但不是唯一的工具，当它与其他防护措施结合使用时，可以发挥更大的功效。

还可以通过对本质安全层次的区分来理解这个问题。最严格意义上的本质安全，即那些彻底消除了某一项危险，而没有引入别的危险的措施，可以划分为一级本质安全。这样的改进往往涉及整个工艺路线的变更，很多时候是非常困难的。降低危险严重性或者发生的可能性的措施，可以归类为二级本质安全。而从最广义的角度上讲，本质安全的思想也可以应用到传统防护措施的改进中。

2. 本质安全策略

本质安全理念提出以来，在长期的研究和实践中，逐渐形成了一套系统的设计和改进方法。被誉为"本质安全之父"的 Trevor Kletz，将本质安全设计最主要的策略[48]概括为如下几项：

强化（Intensification）/最小化（Minimization）。装置中危险物质的存量应尽量做到最小化，无论是在生产、分离、储存还是输送环节。理想状况下，即使全部泄漏，也不会引发严重的后果。而这往往要通过对各个单元操作效果的强化来实现。

替代（Substitution）。使用较安全的物质来替换危险的物质。例如使用不具有可燃性的制冷剂和传热介质，选择原料和中间产物更安全的生产工艺，以及推广生产工艺更安全的同类最终产品。

弱化（Attenuation）/缓和（Moderation）。当危险物质的使用不可避免时，应该尽量在较不危险的条件下使用它们，无论是在生产还是储运过程中。

简化（Simplicity）。与复杂的装置相比，简单的装置可能发生故障的环节更少，人为误操作的可能性更低。同时，很多设备的复杂化可能并不是必要的，只是由于片面推崇新技术，或者为了满足不合理的评估标准。因此，合理的"简化"也是本质安全设计中的重要一环。

除上述四条基本策略外，Trevor Kletz 还提出了一些补充性的方法，如避免多米诺效应（Avoiding Knock-on Effects）、防止错误装配（Making Incorrect Assembly Impossible）、标识清晰（Making Status Clear）、容错（Tolerance of Mistakes）、便于控制（Ease of Control）、被动安全（Passive Safety）等。

在各本专著和各项化工企业的实践中，对于上述策略的划分有或多或少的不同，如将限制影响从弱化中独立出来等；对各种补充性方法是否属于本质安全的范畴同样存在很多不同意见。在这一节中，不会专注于字面定义的区分，而是通过丰富的示例来加强对各项策略的理解。

（1）最小化　在本质安全理念中，最小化意味着减少生产过程和装置中物质和能量的存量。很多时候，过程存量的减少需要通过工艺或技术创新来实现，在这个意义上最小化又常常被称为强化。近几年来，过程强化受到越来越多的重视，在反应器、精馏、换热、液-液分离等诸多环节取得了重要成果，表 1-5 中对它们进行了简要总结。

表 1-5　过程强化技术

设备创新	反应器:旋转盘反应器、静态混合反应器、微反应器等
	非反应设备:静态混合器、紧凑式换热器、离心吸收器等
方法创新	多功能反应器:热集成反应器、反应分离、反应挤出、燃料电池等
	分离技术创新:膜分离技术、膜精馏技术、吸收精馏技术等
	替代能源:离心流体、超声、太阳能、微波、电场、等离子体技术
	其他技术:超临界流体、过程合成技术等

（2）替代　替代是指用危险性较小的物质代替原工艺中危险性较大的物质。可以是参加反应的物质，如反应物、催化剂；也可以是不参加反应的物质，如溶剂、制冷剂等。通过工艺路线的改进，避免一些高危险性中间产物的出现，也可以归入此类方法的范畴。强化的方法往往可以在提高工艺安全性的同时降低生产成本，但如果只考虑消除危险，替代的方法一般是最有用的。

替代的方法应该尽量在最初工艺研发的环节就纳入考虑。尤其是对参加反应的物质进行替代时，往往会涉及整个工艺路线的改变。投产运行后，想要在不变更生产工艺的条件下，单独更换其中一种物质是非常困难的。

反应方式的创新为通过替代的方法实现本质安全提供了新的可能。一些通过传统单元操作难以进行的反应，可以通过新的反应技术，如电化学技术、光催化技术、生物化学技术等实现。又比如超临界技术的使用，使得一些高毒性或高易燃性的溶剂可以被更安全的溶剂（如二氧化碳或水）替代。

对不参加反应的物质进行替代时，要特别注意对物质特性和生产条件进行综合考量。操作环节不同，生产条件不同，对物质安全性和其他方面性质的要求也就不同。例如从工作能力的角度，冷却系统要求冷却剂应该具有高饱和蒸气压、高热容、低闪点，但满足这些要求时，往往在安全性上无法令人满意。分析冷却剂安全性时，要综合考虑物质在现场的可行性、冷却系统维修的难易、冷却剂用量等因素。从替代的角度考虑，应该积极开发兼具安全性和高性能的代用品。

生产条件的影响在溶剂的选择中体现得更加明显。至少应该考虑如下因素：

① 物质本身的危险性，如毒性、可燃性等，溶剂在反应体系中一般用量较大，高温条件下可燃性溶剂可能是火灾危险的主要来源；

② 对生产过程的影响，如可能发生的副反应、对反应速率和选择性的影响等，这一点在选择有机溶剂时要尤其重视；

③ 其他理化性质，例如低沸点的溶剂可能成为反应失控时压力的主要来源，溶剂替代的一些例子包括用水性涂料代替溶剂型涂料、用研磨料代替有机溶剂进行脱漆工作等。

替代的策略与绿色化学的理念可谓异曲同工。虽然绿色化学主要是针对环境问题提出的，但同样追求生产有效而无害的产品，设计不使用对环境或人体有毒害作用的物质的合成过程。很多绿色化学项目的研究成果也可以用于本质安全设计。

（3）弱化　弱化，又称缓和，是指在相对缓和安全的条件下使用物质。条件的缓和可以通过物理方法实现，如更低的温度、浓度的稀释等；也可以通过化学方法实现，如使用更温和的合成路线，使操作条件尽可能接近常温常压。这里主要讨论物理方法。

工业中会用到很多常压下沸点低于常温的物质，这些物质通常以加压方式储存。使用沸点较高的溶剂对其进行稀释，可以有效降低储存过程中的危险性。稀释降低了储罐内的静压力和储罐与外界的压差，因而也降低了泄漏发生时物质的泄漏速率。反应过程中有时也需要对反应物进行稀释，主要是为了避免反应速率过高，放热太快难以控制。

基于类似的考虑，冷冻储存也是一种值得考虑的弱化方法。它同样可以降低储存压力。当泄漏发生时，虽然泄漏的质量速率不会降低，但温度低于常压沸点的物质不会立即闪蒸，汽化或形成小液滴后快速扩散的危险较小，便于应急处理。因此一般认为低温常压储存比常温高压储存更符合本质安全的理念。

二级安全容器（Secondary Containment），如火塘、防溢堰等，虽然一般被认为属于被动防护的一部分，但也可以从本质安全的角度进行考虑。这些措施无法消除或降低泄漏发生的可能性，但可以有效地弱化泄漏造成的影响。

二级安全容器在降低泄漏对外界的影响时，增大了容器内的物质浓度，这可能对系统内的工作人员造成危险。因此在设计二级安全容器系统时，需要在容器内外的安全间进行平衡，尤其是涉及可燃物和有毒物质时。可以采取的措施包括：二级安全容器内危险物质浓度的实时监控，尽可能使用远程操作而非现场人工处理，以及更合理的个人防护装备等。

（4）简化　在本质安全理念中，简化意味着在设计中消除不必要的复杂过程和设备，进而减少犯错和误操作的可能。例如，简单地加强反应器的结构强度，提高耐压能力，往往比为耐压能力低的反应器设计复杂的泄放和后处理系统更可靠。

根据 Trevor Kletz 的看法，过程设计中复杂因素的引入往往是因为以下原因：

① 风险控制的需要。传统的安全设计只是工艺设计的下游工作，通过不断添加控制、警报和防护设备来控制风险，而不是设法从源头上消除危险，将不可避免地使系统变得越来越复杂。此外，为了防止设备失效造成严重的后果，装置中还应包括一定量的备用设备，这也会增加整个系统的复杂性。

② 对技术的追求。在一些设计者看来，简单意味着粗糙或者落后，因而倾向于在没有充分比较的情况下使用新技术或者更复杂的技术。

③ 过程风险分析不合理或不及时。风险分析或类似的工作直到设计工作晚期甚至更晚时才开展的话，往往会产生更多的防护措施而非本质安全措施。

④ 不合理的标准和规定的限制。在一些设计和工程领域的规定中，仍然强制性要求对风险的主动防护设备。

⑤ 生产装置灵活性的需求。尤其是在精细化工生产中，不同批次间的操作条件可能会有较大不同，生产过程中温度、压力等也可能会有比较大的变化，很难做出恰到好处毫无冗余的设计。

由此也可以看出，对于化工设计，不应该片面追求新颖复杂的技术，一些简单的甚至比较陈旧的技术，有时可以达到更好的效果。Kletz 也提出了一些简单技术可以收到更好效果的例子。在火情监测上有很多新技术，可以测量现场放热量的变化、烟雾对光线的吸收、火焰放出的紫外线等，但很多时候，还是简单的熔阻丝和电回路的组合更加可靠，警报的启动则可以靠气动控制。

使用更加坚固耐用的设备是一项非常有效而又经常被人们忽略的简化思路。如果设备的强度足以承受最坏情况下的压力，那么泄放系统、急冷系统、火炬等的设计安装都将是不必要的，控制系统的设计也可以大大简化。虽然生产设备的成本有所上升，但考虑到配套设备的减少和操作的简化，总体消耗往往是合算的。这一思路可以概括为"本质坚固设备"。

（5）其他本质安全策略　除了上述四条核心策略外，人们在长期的实践中，还提出了一些补充性的方法。下面将对其中一些进行介绍。

避免多米诺效应。多米诺效应（有时又称全局风险）是指事故的影响在装置之间、区域之间不断蔓延，后果不断加强。为了避免多米诺效应，可以从以下几方面考虑：

① 合理的设备布局。为了避免火灾的蔓延，已经建立了很多关于厂区设备间距的标准。

② 二级安全容器系统，一般被视为属于限制影响的范围，但它防止了泄漏的液体或气体蔓延到其他区域，也可以理解为一种避免多米诺效应的措施。

③ 设备失效的情况应该在设计时便纳入考虑，保持基本的限制物料流动和移除能量的能力，例如当控制系统失效时，所控制的阀门应该处于相对安全的状态（一般情况下是关闭状态）。

④ 尽可能避免共模失效，这样部分系统或设备的故障不会导致整个装置的多重失效。

防止错误装配。即通过设备连接处的设计或标识，使错误的装配变得不可能或非常困难。例如将软管接头设计成特殊的形状，只能和配套的接头连接，这样可以避免软管连接错误导致的物料误加或误排放。其他零件如过滤器等的设计也可以按同样的思路进行优化。

标识清晰。即设计控制系统、报警系统、现场指示物及其他人机交互界面时，都应该注意表达清晰，不会引起误解。特别是在事故和紧急响应期间，这样一些简单的改进将发挥非常大的作用。现场指示应该逻辑清楚而且鲜明可辨，方便操作人员迅速判断设备状态，如通过指示灯判断泵是否正在运行、通过一些小标识判断阀门的开闭等。控制系统的设计应该方便操作，使警报和信息提示清楚醒目，并尽量避免信息过载对中控人员的判断造成干扰。

无论四条基本策略还是其他补充性策略，本质安全的理念本身并不复杂，但要在实际应用中取得良好效果，还需要对具体工艺的深入掌握和反复衡量，除了技术上的可行性外，很多时候不同的策略之间还可能产生冲突[49]。本节中所举的一些例子可能并不符合从源头上消除危险这一本质安全最核心的定义，但它们确实可以给生产过程的安全性带来提高，而且这些提高与装置紧密结合，不会随人员或其他条件变化而消失。

二、化工过程生命周期

化工过程生命周期[45,50,51]主要包括以下六个阶段：

（1）研发阶段；

（2）详细设计阶段；

（3）施工和开车阶段；

（4）运行维护阶段；

（5）停车阶段；

（6）废置处理阶段。

其中，每个阶段由许多子阶段组成。例如，研发阶段可以包括概念设计、实验室研究和中试阶段，详细设计阶段包括过程规范和设计、安全系统开发和控制仪器的选择。

许多组织已经发布了过程安全管理（Process Safety Management，PSM）的模型程序[52]。所有这些PSM方法都包含一个一致的主题：风险评估应该在化工工艺的整个生命周期中执行[53,54]。作为PSM计划的一个组成部分，各单位可以使用风险评估的结果来帮助管理过程活动的每个阶段的风险。从研发的最初阶段，在详细设计和施工阶段，在调试和启动阶段，在整个运行寿命周期内，直到设备退役和拆除，都可以有效地进行风险评估[55]。此外，本质安全策略也强调要将风险评估与安全设计贯穿整个化工过程的生命周期。本书第六章将详细阐述基于化工过程生命周期的风险评估。

在实验室研发阶段只需进行一个初步的风险评估工作，由于可获取的资料很少，所能利用的评估方法也很有限。在这一阶段，本质安全设计、文案筛选和实验手段能发挥较大作用。在详细设计阶段，在工艺规程和主要设备规范确定之后，需尽快完成全面的风险评估，这使人们有机会以最低的成本对工艺设计或过程审查中发现的任何重大健康和安全缺陷进行调整[56]。

虽然本质安全理念在研发和设计阶段可以取得最好的效果，但也可以在整个生命周期的其他各阶段发挥作用，以改善生产项目的安全性、经济效益，乃至产品质量和污染防治。因此，对于不同的阶段，采取相应的风险评估[57,58]以及根据评估采用相对应的防护措施[59-62]是非常有必要的。

在对设备的整个生命周期进行风险评估的一个重要部分是了解哪种评估技术最适合这一阶段。影响分析人员选择哪种评估技术的最重要因素之一是有多少信息可用于执行工作。由于过程信息不充分，一些评估方法可能不适合或不可能在特定的生命阶段进行。

表1-6列出了在化工过程生命周期的不同阶段最常使用的评估技术。表中列出的评估方法将在本书的第二章和第四章进行详细阐述。

表1-6 化工过程生命周期不同阶段常用的评估方法

项目	SCL	What-if	HAZOP	SR	陶氏指数法	FMEA	ETA	FTA
研发		√			√			
概念设计	√	√			√			
中试	√	√	√			√	√	√
详细设计	√	√	√			√	√	√
施工/开车	√	√		√				
正常运行	√	√	√	√		√	√	√

续表

项目	SCL	What-if	HAZOP	SR	陶氏指数法	FMEA	ETA	FTA
扩产或变更	√	√	√	√	√	√	√	√
事故调查		√	√			√	√	√
废置处理	√	√		√				

参考文献

[1] Crowl D A, Louvar J F. Chemical Process Safety, Fundamentals with Applications [M]. 3rd ed. Boston: Pearson Education, 2011.

[2] Stoessel F. Thermal Safety of Chemical Processes Risk Assessment and Process Design [M]. Weinheim, Germany: Wiley-VCH, 2008.

[3] Mannan S. Lee's Loss Prevention in the Process Industries [M]. 3rd ed. Oxford: Elsevier Butterworth-Heinemann, 2005.

[4] Hammer W. Handbook of System and Product Safety [M]. New York: Prentice Hall, 1972.

[5] Dupont R. Accident and Emergency Management [M]. New York: John Wiley & Sons Inc., 1991.

[6] Urben P G, Pitt M J. Bretherick's Handbook of Reactive Chemical Hazards [M]. 8th ed. Amsterdam: Elsevier, 2017.

[7] 化学品分类和危险性公示通则: GB 13690—2009 [S].

[8] 化学品分类和标签规范: GB 30000—2013 [S].

[9] 危险化学品目录 [Z]. 安监总厅管三 [2015] 80 号.

[10] 重点监管的危险化学品名录 [Z]. 安监总管三 [2011] 95 号.

[11] 化学品安全技术说明书 内容和项目顺序: GB/T 16483—2008 [S].

[12] Carson P A, Mumford C J. Hazardous Chemicals Handbook [M]. 2nd ed. Singapore: Elsevier, 2005.

[13] Barton J, Rogers R. Chemical Reaction Hazards, a Guide to Safety [M]. 2nd ed. Texa: Gulf Houston Publishing Company, 1997.

[14] Varma A, Morbidelli M, Wu H. Parametric Sensitivity in Chemical Systems [M]. Cambridge: Cambridge University Press, 1999.

[15] Fawcett H W, Wood W S. Safety and Accident Prevention in Chemical Operations [M]. 2nd ed. New York: John Wiley & Sons Inc., 1982.

[16] Westerterp K R, van Swaaij W P M, Beenackers A A C M. Chemical Reactor Design and Operation [M]. New York: John Wiley & Sons Inc., 1984.

[17] CCPS. Guidelines for Chemical Reactivity Evaluation and Application to Process Design [M]. New York: John Wiley & Sons Inc., 1995.

[18] Johnson R W, Rudy S W, Unwin S D. Essential Practices for Managing Chemical Reactivity

Hazards [M]. New York: John Wiley & Sons Inc., 2003.

[19] CCPS. Guidelines for Process Safety in Batch Reaction Systems [M]. New York: John Wiley & Sons Inc., 1999.

[20] Grewer T. Thermal Hazards of Chemical Reactions [M]. London: Elsevier, 1994.

[21] The 100 Largest Losses, 1972-2001: Large Property Damage Losses in the Hydrocarbon-Chemical Industries [M]. London: Marsh Global Energy Risk Engineering, 2010.

[22] CCPS. Guidelines for Hazard Evaluation Procedures [M]. 3rd ed. New Jersey: John Wiley & Sons Inc., 2008.

[23] Yang X W, Zhang X Y, Guo Z C, et al. Effects of Incompatible Substances on the Thermal Stability of Dimethyl Sulfoxide [J]. Thermochimica Acta, 2013, 559: 76-81.

[24] Wang R, Hao L, Yang X W, et al. Systematic Verification and Correction of the Group Contribution Method for Estimating Chemical Reaction Heats [J]. Acta Physico-Chimica Sinica, 2016, 32 (6): 1404-1415.

[25] Guo Z C, Hao L, Bai W S, et al. Investigation into Maximum Temperature of Synthesis Reaction and Accumulation in Isothermal Semibatch Processes [J]. Industrial & Engineering Chemistry Research, 2015, 54 (19): 5285-5293.

[26] Wei H Y, Guo Z C, Hao L, et al. Identification of the Kinetic Parameters and Autocatalytic Behavior in Esterification via Isoperibolic Reaction Calorimetry [J]. Organic Process Research & Development, 2016, 20 (8): 1416-1423.

[27] Guo Z C, Bai W S, Chen Y J, et al. An Adiabatic Criterion for Runaway Detection in Semibatch Reactors [J]. Chemical Engineering Journal, 2016, 288: 50-58.

[28] Bai W S, Hao L, Guo Z C, et al. A New Criterion to Identify Safe Operating Conditions for Isoperibolic Homogeneous Semi-batch Reactions [J]. Chemical Engineering Journal, 2017, 308: 8-17.

[29] Bai W S, Hao L, Sun Y Z, et al. Identification of Modified QFS Region by a New Generalized Criterion for Isoperibolic Homogeneous Semi-batch Reactions [J]. Chemical Engineering Journal, 2017, 322: 488-497.

[30] Zhang B, Hou H R, Hao L, et al. Identification and Optimization of Thermally Safe Operating Conditions for Single Kinetically Controlled Reactions with Arbitrary Orders in Isoperibolic Liquid-liquid Semibatch Reactors [J]. Chemical Engineering Journal, 2019, 375: 121975.

[31] Zhang B, Hao L, Hou H R, et al. A Multi-feature Recognition Criterion for Identification of Thermally Safe Operating Conditions for Single Kinetically-controlled Reactions Occurring in Isoperibolic Liquid-liquid Semibatch Reactors [J]. Chemical Engineering Journal, 2020, 382: 122818.

[32] Zhu J X, Hao L, Bai W S, et al. Design and Plantwide Control and Safety Analysis for Diethyl Oxalate Production via Regeneration-coupling Circulation by Dynamic Simulation [J]. Comp Chem Eng, 2019, 121: 111-129.

[33] 石油天然气工业健康、安全与环境管理体系: SY/T 6276—1997 [S].

[34] 危险化学品重大危险源辨识: GB 18218—2018 [S].

［35］ 化工企业工艺安全管理实施导则：AQ/T 3034—2010［S］.

［36］ 首批重点监管的危险化工工艺目录［Z］. 安监总管三［2009］116号.

［37］ 第二批重点监管危险化工工艺目录［Z］. 安监总管三［2013］3号.

［38］ 危险化学品重大危险源监督管理暂行规定［Z］. 安监总管三［2011］40号.

［39］ 危险化学品企业事故隐患排查治理实施导则［Z］. 安监总管三［2012］103号.

［40］ 化工企业定量风险评价（QRA）导则：AQ/T 3046—2013［S］.

［41］ 危险与可操作性分析（HAZOP分析）应用导则：AQ/T 3049—2013［S］.

［42］ 保护层分析（LOPA）方法应用导则：AQ/T 3054—2015［S］.

［43］ 国家安全监管总局关于加强精细化工反应安全风险评估工作的指导意见［Z］. 安监总管三［2017］1号.

［44］ 关于印发《化工园区安全风险排查治理导则（试行）》和《危险化学品企业安全风险隐患排查治理导则》的通知［Z］. 应急［2019］78号.

［45］ Hurme M, Rahman M. Implementing Inherent Safety throughout Process Lifecycle［J］. Journal of Loss Prevention in the Process Industries, 2005, 18（4-6）: 238-244.

［46］ Kletz T A, Amyotte P. Process Plants—A Handbook for Inherently Safer Design［M］. 2nd ed. Boca Raton, Florida: CRC Press, 2010.

［47］ Kletz T A. Inherently Safer Design, Its Scope and Future［J］. Process Safety & Environmental Protection, 2003, 81（6）: 401-405.

［48］ Hendershot D C. An Overview of Inherently Safer Design［J］. Process Safety Progress, 2006, 25（2）: 98-107.

［49］ Hendershot D C. A Summary of Inherently Safer Technology［J］. Process Safety Progress, 2010, 29（4）.

［50］ Walter K, Birgit G. Life Cycle Assessment（LCA）: A Guide to Best Practice［M］. Weinheim: Wiley-VCH, 2014.

［51］ CCPS. Guidelines for Inherently Safer Chemical Processes: A Life Cycle Approach［M］. 3rd ed. New York: John Wiley & Sons Inc., 2019.

［52］ CCPS. Guidelines for Chemical Process Quantitative Risk Analysis［M］. New York: American Institute of Chemical Engineers, 1999.

［53］ Henley E J, Kumamoto H. Reliability Engineering and Risk Assessment［M］. Englewood Cliffs, New Jersey: Prentice-Hall, 1981.

［54］ Pohanish R P, Greene S A. Wiley Guide to Chemical Incompatibilities［M］. 3rd ed. Weinheim: John Wiley & Sons Inc., 2009.

［55］ Sutton I S. Process Reliability Using Risk Management Techniques［M］. New York: Van Nostrand Reinhold, 1991.

［56］ Crawley F, Tyler B. HAZOP: Guide to Best Practice Guidelines to Best Practice for the Process and Chemical Industries［M］. 3rd ed. Amsterdam: Elsevier, 2015.

［57］ CCPS. Layer of Protection Analysis, Simplified Process Risk Assessment［M］. New York: AIChE, 2010.

［58］ CCPS. Guidelines for Consequence Analysis of Chemical Releases［M］. New York: AIChE, 1999.

[59] CCPS. Guidelines for Pressure Relief and Effluent Handling Systems ［M］. New York: John Wiley & Sons Inc. , 1998.

[60] Fisher H G, Forrest H S, Grossel S S, et al. Emergency Relief System Design Using DIERS Technology, the Design Institute for Emergency Relief Systems Project Manual ［M］. New York: AIChE, 1992.

[61] Etchells J, Wilday J. Workbook for Chemical Reactor Relief System Sizing ［M］. Norwich: HSE, 1998.

[62] Prugh R W, Johnson R W. Guidelines for Vapor Release Mitigation ［M］. New York: AIChE, 1988.

第二章

危险辨识

在化工厂的每个过程中都要不断地提出以下问题：

(1) 危险是什么？

(2) 什么地方会出错？是如何出错的？

(3) 概率有多高？

(4) 后果是什么？

第一个问题指的是过程危险辨识（Process Hazard Identification，PHI），也称为过程危害分析（Process Hazard Analysis，PHA)[1,2]。其余的三个问题与风险评估有关，问题（2）通常被称为事故场景辨识，问题（3）和（4）通常是确定事故发生的概率和后果，关于这三个问题，将在第三章和第四章介绍。

图 2-1 给出了用于危险辨识和风险评估的基本程序[2]。在对过程进行有效

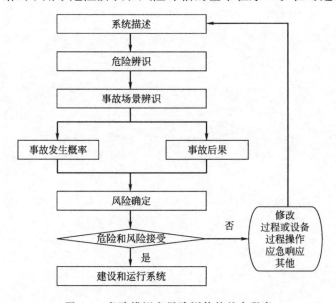

图 2-1　危险辨识和风险评估的基本程序

描述后，即可进行危险辨识，接着是确定事故发生的各种场景，然后对各种场景下事故发生的概率和后果进行研究，分析得到的信息归入最终的风险评级。如果风险在可接受的范围内，则建设和运行系统；如果风险不可接受，则系统必须改进且重新执行该流程。

危险辨识和风险评估可以在工厂的概念设计、详细设计、施工或操作运行期间的任何阶段进行。推荐在早期设计阶段进行，这样就易于将修改部分纳入最终设计。

危险辨识可以独立于风险评估来实施，但是两者同时完成会更好。有许多方法可以用来进行危险辨识，这里只介绍一些使用较为普遍的方法。针对某一个具体问题，并没有哪种方法必然是最佳的，选择最适合的方法是需要经验的。

本章所介绍的危险辨识方法如下：

（1）安全检查表（Safety Checklists，SCL)[3-5]。它是过程中必须要检查的项目和可能发生问题的列表。

（2）故障假设分析（What-if)[6,7]。是一种非正式的危险辨识方法，应用于多种调查领域，分析人员通过假设故障，确定潜在的可能后果。

（3）危险与可操作性分析（Hazards and Operability Analysis，HAZOP)[8-14]。这种方法是采用头脑风暴的方式，对过程的任一特定节点提出多种偏差，确定偏差发生的可能性和严重度，最终确定事故发生的风险等级。

（4）安全审查（Safety Review，SR)[14,15]。这是一种有效但不如 HAZOP 正式的研究，其结果高度依赖于小组的经验。

（5）陶氏化学指数[16-24]。包括两种指数：陶氏化学火灾、爆炸指数（Dow Chemical Fire and Explosion Index，Dow F & EI）和陶氏化学暴露指数（Dow Chemical Exposure Index，Dow CEI）。陶氏化学指数是正式的评级体系，其针对危险进行安全"惩罚"，针对安全设备和程序进行安全"补偿"，主要用于与设备设计、布局、物质储存等有关的危险辨识。

（6）失效模式及影响分析（Failure Mode and Effect Analysis，FMEA)[25-30]。该方法对系统中的每一设备或元件列出所有可能的失效模式，需考虑与过程有关的某一失效的影响。

（7）本质安全指数法。基于本质安全的理念，是一类新型的并在不断发展的评估方法，包括本质安全原型指数法、本质安全指数法、集成的本质安全指数法等。主要用于过程设计的早期阶段。

第一节 安全检查表

安全检查表（SCL）仅仅是要检查的潜在问题和领域的列表。该表提醒检查人员和操作人员存在潜在问题的方面。该表可在设计过程中使用以确定设计的不足，也可以在工艺操作前使用。

表 2-1 是一个典型的安全检查表，表中提供了三个检查选项：第一项用于确定这些项目已经被彻底调查过；第二项用于标记不适用于当前特殊过程的项目；最后一项用于标记需要进一步研究的项目。

表 2-1 典型的过程安全检查表

项目	完成	还未应用	需进一步研究
总体布置			
1. 区域被完全弄干？	—	—	—
2. 提供过道吗？	—	—	—
3. 必须的防火墙、堤防和专门的护栏？	—	—	—
4. 危险的地下障碍物？	—	—	—
5. 危险的上部约束？	—	—	—
6. 紧急通道和出口？	—	—	—
7. 足够的头顶空间？	—	—	—
8. 紧急车辆通道？	—	—	—
9. 原料和最终产物的安全储存间距？	—	—	—
10. 足够的安全维护操作平台？	—	—	—
11. 正确设计和安全防护的起重机和电梯？	—	—	—
12. 头顶输电线的清除？	—	—	—
建筑物			
1. 足够的梯子、楼梯和逃生通道？	—	—	—
2. 需要的防火门？	—	—	—
3. 对主要的障碍物进行标记？	—	—	—
4. 足够的通风？	—	—	—
5. 到达屋顶所需的梯子或楼梯？	—	—	—
6. 在需要处的指定安全玻璃？	—	—	—

续表

项目	完成	还未应用	需进一步研究
7. 需要防火结构钢？	—	—	—
过程			
1. 考虑了暴露于临界操作的后果？	—	—	—
2. 需要专门的烟气或粉尘罩？	—	—	—
3. 不稳定的物质被正确地储存？	—	—	—
4. 过程失控操作条件的实验室检查？	—	—	—
5. 防爆准备？	—	—	—
6. 可能因失误或污染造成的危险性反应？	—	—	—
7. 完全被理解和检查的化学过程？	—	—	—
8. 准备在紧急情况下对反应物进行快速处置？	—	—	—
9. 机械设备失效可能引起危险？	—	—	—
10. 可能来自管道或设备内的逐渐或突然堵塞的危险？	—	—	—
11. 可能来自泡沫、烟气、薄雾或噪声的公共责任风险？	—	—	—
12. 为处置有毒物质所做的准备？	—	—	—
13. 涉及下水道中物质的危险？	—	—	—
14. 具有所有化学物质的安全数据表？	—	—	—
15. 两个或更多公用设备同时损失带来的危险？	—	—	—
16. 设计的修改改变了安全系数？	—	—	—
17. 大量的最坏事件或事件结合产生的后果，检查了吗？	—	—	—
18. 过程图表的改正和更新？	—	—	—
管道系统			
1. 所需的安全淋浴和洗眼器？	—	—	—
2. 所需的自动喷水系统？	—	—	—
3. 热膨胀的防备？	—	—	—
4. 所有溢出管线接至安全区域？	—	—	—
5. 泄压管道朝向安全吗？	—	—	—
6. 遵循管道施工说明了吗？	—	—	—
7. 需要冲洗软管吗？	—	—	—
8. 按要求安装需要的止回阀了吗？	—	—	—
9. 考虑了易碎管道的保护和辨识吗？	—	—	—
10. 管道的外表可能会因化学品而遭到破坏？	—	—	—

项目	完成	还未应用	需进一步研究
11. 安全阀容器受影响？	—	—	—
12. 长而大的通风管道有支撑吗？	—	—	—
13. 蒸汽冷凝管道进行了安全设计？	—	—	—
14. 安全阀管道被设计成防阻塞的吗？	—	—	—
15. 连接所有的过程泄压排放泵及减压抽吸泵排放系统怎样？	—	—	—
16. 城市供水管道是否与过程管道连接在一起？	—	—	—
17. 在火灾或其他紧急情况下，在较安全的距离处关闭可燃流体输送单元？	—	—	—
18. 提供个人绝缘保护？	—	—	—
19. 热的蒸汽管线进行绝缘？	—	—	—
设备			
1. 针对最大操作压力的设计修改？	—	—	—
2. 考虑了允许腐蚀吗？	—	—	—
3. 专门隔离危险设备？	—	—	—
4. 传送带、滚筒、皮带轮和齿轮的防护装置？	—	—	—
5. 检查保护装置的时间表？	—	—	—
6. 任一储罐的堤防？	—	—	—
7. 储罐的防护围栏？	—	—	—
8. 与过程化学品兼容的建筑材料？	—	—	—
9. 改造过的和替换的设备的结构检查和过程压力检查？	—	—	—
10. 泄压泵及其他设备的独立管线符合要求吗？	—	—	—
11. 关键机械的自动润滑？	—	—	—
12. 必需紧急备用设备？	—	—	—
通风			
1. 需要安全阀或防爆膜吗？	—	—	—
2. 结构材料耐腐蚀吗？	—	—	—
3. 正确的设计通风(尺寸、方向、结构)？	—	—	—
4. 泄压管道上有所需的阻火器吗？	—	—	—
5. 减压阀有防爆膜吗？	—	—	—
6. 压力表安装在防爆膜和安全阀之间吗？	—	—	—
仪器和电器			
1. 所有控制器都是失效安全的吗？	—	—	—

续表

项目	完成	还未应用	需进一步研究
2. 需要过程参数的两重指示吗？	—	—	—
3. 所有设备都贴有适当的标签吗？	—	—	—
4. 管道运行受到保护？	—	—	—
5. 当仪器必须被移走停止服务时,提供安全装置来进行过程控制？	—	—	—
6. 反应滞后影响过程安全？	—	—	—
7. 对所有的启停开关进行标记？	—	—	—
8. 设备被设计为允许停工保护？	—	—	—
9. 电器失效引起不安全的情形？	—	—	—
10. 内部和外部操作具有充足的照明？	—	—	—
11. 为所有的观察孔、淋浴和洗眼器提供照明？	—	—	—
12. 保护电路的充足的断路器？	—	—	—
13. 所有的设备接地？	—	—	—
14. 安全操作需要专门的互锁？	—	—	—
15. 需要照明设备的紧急备用电源？	—	—	—
16. 电源失效期间需要紧急逃生照明吗？	—	—	—
17. 提供了全部必需的联系设备？	—	—	—
18. 紧急断开开关被正确地标明？	—	—	—
19. 需要专门的防爆电器设备吗？	—	—	—
安全装置			
1. 需要灭火器吗？	—	—	—
2. 需要专门的呼吸设备吗？	—	—	—
3. 需要将材料围绕起来吗？	—	—	—
4. 需要色度指示管吗？	—	—	—
5. 需要可燃蒸气检测仪器吗？	—	—	—
6. 灭火材料与过程物质兼容吗？	—	—	—
7. 需要专门的紧急程序和报警吗？	—	—	—
原材料			
1. 任何原料和产品都需要专门的处理设备吗？	—	—	—
2. 所有原料和产品都受外界天气的影响吗？	—	—	—
3. 所有产品都具有毒性和火灾危险性吗？	—	—	—
4. 正在使用的储存容器正确吗？	—	—	—

续表

项目	完成	还未应用	需进一步研究
5. 储存容器上适当地标明毒性、可燃性和稳定性等？	—	—	—
6. 考虑严重的溢出后果了吗？	—	—	—
7. 对于储存容器或储罐、仓库需要销售者提供专门的说明书吗？	—	—	—
8. 仓库具有保护每种被认为是重要产品的操作指令？	—	—	—

安全检查表的设计取决于所期望的目的。在初始设计过程中使用的安全检查表与用于过程变更的安全检查表有很大不同，一些公司拥有针对特定设备的检查表，例如热交换器或精馏塔。

安全检查表应用于危险辨识的初始阶段，不应该代替更完善的危险辨识程序。安全检查表在辨识那些来自过程设计、工厂布局、化学品储存、电气系统等的危险是最有效的。

第二节　故障假设分析

故障假设分析（What-if）是一种对系统工艺过程或操作过程的创造性分析方法。故障假设分析由经验丰富的人员，通过提出一系列"如果……怎么办？"的问题（故障假设），来发现可能和潜在的事故隐患，从而对系统进行彻底检查。通常假想系统中一旦发生严重的事件，分析可能的潜在原因，以及在最坏的条件下可能导致的后果。

故障假设分析由三个步骤组成：分析准备、完成分析和编制分析结果文件。

1. 分析准备

（1）人员组成　进行故障假设分析应该由2～3名专业人员组成小组。小组成员要熟悉生产工艺，有评估危险性的经验并了解评估结果的意义，最好有现场班组长和工程技术人员参与。

（2）确定分析目标　首先要考虑取得什么结果作为目标，目标又可进一步加以限定，如结果会是何种事故。目标确定之后就要确定分析哪些系统。分析某一系统时，要注意它与其他系统的相互作用，避免漏掉其危险性。

（3）资料准备　故障假设分析需要的资料包括：工厂平面布置图、工艺流程图、工艺流程及仪表控制和管路图及操作规程等。这些资料最好在分析会议之前准备妥当。

（4）准备基本问题　在进行分析之前，要准备一些基本问题，它们是分析会议的"种子"。如果以前进行过故障假设分析，或者是对装置改造后的分析，则可以使用以前分析报告中所列的问题。对新的装置进行分析时，虽然在会议过程中还会提出另外的问题，但是分析组成员在会议之前应当拟定一些基本问题。

2. 完成分析

小组成员首先要了解生产情况和工艺过程，包括原有的安全设备和措施，必要时还要向现场操作人员提问。其次按照准备好的问题，从工艺进料开始，提出如果发生那种情况，操作人员应该怎么办？逐一进行分析。一直进行到成品产出为止。小组每天工作 4～6h 为最佳。

3. 编制分析结果文件

将提出的"如果……怎么办？"问题及产生的原因、后果、现有措施和建议措施等加以整理，使用表格的形式记录下来。常见的表格形式如表 2-2 所示。

表 2-2　故障假设分析记录表格

如果……怎么办？	原因	后果	现有措施	建议措施

故障假设分析可以和安全检查一起使用。将具有创造性的故障假设分析法与经验性的安全检查表法组合而成，它弥补了各自单独使用时的不足。

安全检查表是一种以经验为主的方法，用它进行分析时，成功与否很大程度取决于检查表编制人员的经验水平。如果检查表不完整，分析人员就很难对危险性状况做有效的分析。而故障假设分析法是鼓励思考潜在的事故和后果，它弥补了安全检查表法可能的经验不足。同时安全检查表也可以使故障假设分析法更加系统化。因此，两者经常会组合使用。

第三节　危险与可操作性分析

危险与可操作性（HAZOP）分析是一种辨识化工过程设施中危险的正式

程序。该方法可以有效辨识危险，在化工企业中使用非常广泛。

HAZOP 分析由分析小组以会议的形式，按照执行流程对工艺过程中可能产生的危险与可操作的问题进行分析研究。首先将分析装置划分为若干个小的节点，然后使用一系列的参数和引导词，采取头脑风暴的方式进行安全审查，评估设备上或操作上潜在的偏差，找出产生偏差的原因，并且定性地分析偏差可能导致的危险与可操作性问题，提出补充的安全措施和建议。

开始 HAZOP 分析之前必须准备详细的工艺信息，包括最新的工艺流程图（PFD）、质量与能量平衡表、管道仪表流程图（P&ID）、详细的设备说明书、建筑材料、详细的工艺操作流程等。

HAZOP 会议的召开有一定的要求，如会议的时间要较短，每次几个小时，以确保参会人员能持续保持兴趣并积极参与。大型工艺的 HAZOP 分析可能需要花费几个月的时间来完成。显而易见，完整的 HAZOP 分析需要投入大量的时间和精力。

一、HAZOP 分析小组

HAZOP 分析需要由有经验的工厂代表、实验室人员、技术人员和安全专业人员组成分析小组，其中一人担任 HAZOP 分析小组的组长，他必须是受过专门培训的，对 HAZOP 分析方法和所检查的化工过程具有丰富的经验。另外，需要指定一人从事记录工作。

工作小组至少包括如下人员：

（1）HAZOP 组长　与设计小组和本工程项目没有紧密关系；在组织 HAZOP 分析方面受过训练、富有经验；负责 HAZOP 分析小组和项目管理人员之间的交流；制定分析计划；同意分析小组的人员构成；确保有足够的设计描述和资料；建议分析中使用的引导词，并解释引导词-参数；引导分析；确保分析结果的记录。

（2）记录员　进行会议记录；记录识别出的危险和问题、提出的建议以及进行后续跟踪的行动；协助分析小组组长编制计划，履行管理职责；某些情况下，分析小组组长可兼任记录员。

（3）工艺系统工程师　解释设计、工艺及其描述；说明分析参数的操作环境、偏差的后果、偏差的危险程度；解释各种偏差产生的原因以及相应的系统响应。

（4）操作人员代表　描述现场的操作情况；解释各种偏差等。

其他成员：

（1）化学家；

（2）仪表控制工程师；

（3）维护工程师；

（4）安全代表。

根据工作需要，设备工程师、电气工程师、管道工程师、总图工程师、项目经理需在必要时参会解答相关问题，帮助会议顺利开展。

二、HAZOP 分析步骤

HAZOP 分析将不同工艺过程划分为适当的节点，采用不同的引导词，尽量找出偏离设计意图的所有偏差。下述为 HAZOP 的具体分析步骤：

1. 划分节点

HAZOP 分析将根据一版供 HAZOP 审查的 P&ID 图纸进行。

每张 P&ID 上节点的划分应保证 HAZOP 审查详细、全面、有效。节点可以是流程中的一段管线或一个设备或其组合。在分析每张 P&ID 时，为保证分析效果，分析小组每次应重点讨论一个关注点。节点应在 P&ID 上进行明确标识，说明每个节点的编号、起止点和中间部分，若一个节点涉及多张 P&ID，节点标识还应包括 P&ID 的连接编号。

在 HAZOP 分析前，HAZOP 组长应预先对 P&ID 进行节点划分，并在 HAZOP 分析会议前就其预先划分的节点向 HAZOP 分析小组成员进行介绍，必要时，可以根据小组成员的建议进行节点调整。HAZOP 分析的节点应取得小组成员的一致认同。

2. 解释设计意图

在 HAZOP 分析之前，工艺工程师有责任向分析小组成员解释所分析的流程或节点的设计意图。只有分析小组成员对设计意图和参数有了清楚准确的理解和把握，才能保证 HAZOP 分析后面的讨论富有成效。建议工艺工程师对节点中每条管线的设计意图均予介绍，以方便小组成员理解流量、温度和压力等相关工艺参数的设置。

3. 引导词与工艺参数组合得到偏差

常用的工艺参数：流量、加料量、液位、温度、压力、浓度、组分、pH、黏度、相态（固体、液体和气体）、体积、搅拌、反应、取样、清洗、后处理、污染、自动控制、泄放、公用工程、泄漏、排空、静电、腐蚀、破碎、开停车、维修、稳定度等。

常用的引导词见表 2-3。需要特别说明的是，HAZOP 组长可以在分析时决定是否选用其他引导词和工艺参数。

分析每个节点时，都应将引导词与适当的工艺参数组合，以生成偏离了设计意图的偏差。如"无"这个引导词跟参数"流量"组合在一起，表示"无流量"。其他引导词"过大""反向"等和参数"流量"组合在一起，则表示"流量过高""逆流"等偏差。

表 2-3　常用的引导词及含义

引导词	含义
无	设计或操作意图的完全否定
过多、过大	同设计值相比,相关参数的量化增加
过少、过小	同设计值相比,相关参数的量化减少
伴随、以及	相关参数的定性增加,在完成既定功能的同时,伴随多余事件发生,如物料在输送过程中发生相变、产生杂质、产生静电等
部分	相关性能的定性减少。只完成既定功能的一部分,如组分的比例发生变化、没有某些组分
逆向、反向	出现和设计意图完全相反的事或物,如液体反向流动、加热而不是冷却、反应向相反的方向进行等
异常	出现和设计意图不相同的事或物,完全替代,如发生异常事件或状态、开停车、维修、改变操作模式等
早、先	相对于给定时间早,相对于顺序或序列提前
晚、后	相对于给定时间晚,相对于顺序或序列延后
其他地点	在其他的位置

4. 分析偏差产生的原因

引导词和工艺参数的组合可以得到无数偏差。但 HAZOP 分析只关注并记录那些有意义的偏差，不论这些偏差的分析最后是否会得出任何建议。

所谓有意义的偏差是指偏差产生的原因是实际可能发生的，其可能造成的后果会产生危险、会带来操作问题。表 2-4 中对典型的偏差及产生的可能原因进行了介绍。

表 2-4　典型偏差及导致其发生的可能原因

偏差		可能原因
引导词	参数	
无	流量	阀门关闭、错误路径、堵塞、盲板法兰遗留、错误的隔离、爆管、气锁、流量变送器/控制阀误操作、泵或容器失效/故障、泄漏等

偏差		可能原因
引导词	参数	
过多	流量	泵的能力增加、需要的输送压力低、入口压力增高、控制阀持续开、流量控制器误操作等
	温度	高环境温度、火灾、加热器控制失效、加热介质泄漏入工艺侧等
	压力	压力控制失效、安全阀等故障、高压连接处泄漏、压力管道过热、环境辐射热、液封失效导致高压气体冲入、气体放空不足等
	液位	进入容器物料超出溢流能力、高静压头、液位控制失效、液位测量失效、控制阀持续关闭、下游受阻、出口隔断或堵塞等
	黏度	材料、规格、温度变化
过少	流量	部分堵塞、容器/阀门/流量控制器故障或污染、泄漏、泵效率低、密度/黏度变化等
	温度	结冰、压力降低、热交换不足、换热器故障、低环境温度等
	压力	压力控制失效、安全阀开启等没回座、容器抽出泵造成真空、气体溶于液体、泵或压缩机入口管线堵塞、放空时容器排放受阻、泄漏等
	液位	相界面破坏、气体窜漏、泵气蚀、液位控制失效、液位测量失效、控制阀持续开、排放阀持续开、入口受阻、出料大于进料等
	黏度	材料、规格、温度变化、溶剂冲洗等
逆向	流量	参照无流量，以及：下游压力高、上游压力低、虹吸、错误路径、阀门故障、事故排放、泵或容器失效、双向流管道、误操作、在线备用设备等
部分	组分	换热器内漏、进料不当、相位改变、原材料规格改变等
伴随	流量	突然压力释放导致两混合、过热导致气液混合、换热器破裂导致被换热介质污染、分离效果差、空气/水进入、残留水压试验液体、物料隔离失效等
	污染物	空气进入、隔离阀泄漏、过滤失效、夹带等
异常	维修	隔离、排放、清洗、吹扫、干燥等
	开、停车	非计划开、停车等

5. 评估后果和安全措施

每个有意义的偏差，分析小组都应对其所有直接和间接的后果进行分析。另外，对那些在设计中已有的、可以防止危险发生或减轻其后果的安全措施，也应进行讨论、记录。

在分析后果时如果还需要其他额外信息，则应该将该情况作为对将来下一步工作的要求，记录在分析报告中。然后继续 HAZOP 分析。建议由 HAZOP 组长指派负责人收集信息。分析小组应尽量在 HAZOP 分析会议上解决尽可能多的关键问题、难题。

6. 确定风险等级

HAZOP 分析中对每个偏差所导致的风险进行风险定级的目的是帮助定性评估风险程度，由此确定分析结果中每项建议措施的优先等级，并明确需要进行定量风险评估的场景。

HAZOP 组长和分析小组成员应在分析会议之前就风险矩阵对项目HAZOP 分析的适用性进行确认，必要时可以更新。确定了风险矩阵后，对每一个可能有意义的偏差，分析小组应该一起判断后果的严重度和偏差发生的可能性等级，根据风险矩阵确定风险程度。

典型的 HAZOP 分析记录表格如表 2-5 所示：

表 2-5 HAZOP 分析记录表格

项目名称：		节点编号：				页数：					
节点描述：						日期：					
						对应的 P&ID 图：					
条目	引导词	参数	偏差	原因	后果	已有措施	严重度	可能性	风险评级	建议措施	负责人	备注

7. 明确建议措施的责任方

HAZOP 分析小组应该在分析会议上就提出的建议措施明确具体的责任方（个人或部门），由责任方负责建议措施的落实。

三、HAZOP 分析的基本程序

HAZOP 分析的基本程序如图 2-2 所示。

四、HAZOP 分析的最新进展

HAZOP 分析作为使用最广泛的危险辨识方法，发展非常迅速。传统的HAZOP 分析是一种主要由人工分析的劳动密集型方法，需要花费大量的人力和物力。此外也是一种定性的方法，其偏差及其后果的定义和结果的评估都存在一定的模糊性，分析质量和可靠性很大程度上依赖于团队成员的经验，易受人为因素影响，因此可能存在结论模糊、缺乏综合考虑等问题，从而导致错误的结果。

一直以来，研究人员对改进 HAZOP 分析方法进行了许多不同的相关研

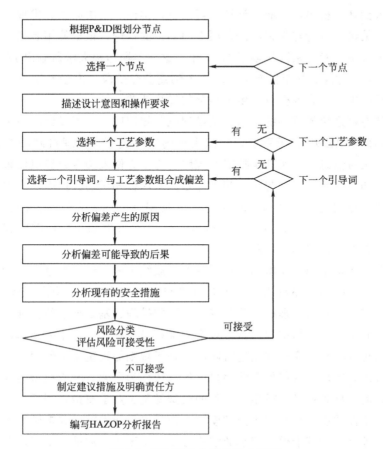

图 2-2　HAZOP 分析的基本程序

究和工作[31,32]。目前针对传统 HAZOP 分析的两个主要缺点，改进的方向主要包括两个方面：一是利用计算机技术实现 HAZOP 分析自动化或者半自动化，减少 HAZOP 分析花费的时间和财力；二是实现 HAZOP 分析的半定量化和定量化。

近 30 年，自动化 HAZOP 分析一直是学术界的研究课题。自动化 HAZOP 分析这个术语是指对工厂进行自动化或部分自动化危害识别的计算机程序，属于计算机辅助的 HAZOP 分析研究范畴。随着计算机技术的飞速发展和专家系统成熟，借助计算机技术和专家系统已经开发出不少工具来实现 HAZOP 分析自动化或半自动化。

专家系统属于人工智能的一个重要分支。专家系统是解决相关领域问题的程序或计算机软件的集合。专家系统最重要的两个部分是推理机和知识库。知识库系统的主要工作是搜集人类专家的知识，并将这些知识系统化或模块化，方便输入到计算机中，从而使计算机可以进行推论、解决问题。推理机是由算法或决策策略来进行与知识库内各项专门知识的推论，依据使用者的问题来推得正确的答案。专家系统初创于 1965 年，这一年斯坦福大学研制出 DENRAL 专家系统，20 世纪 80 年代专家系统进入到商业化阶段，大量专家系统投入到商业化运行中，并为各行业产生了显著的经济效益。

正如专家系统最重要的两部分是推理机和知识库，为了设计出一个可信的计算机辅助 HAZOP 分析系统，知识表征的结构类型、推理机制需要仔细考虑。知识是对信息、事实甚至技能的理解。为了方便人类专家和机器来处理这些知识，知识需要被储存起来。知识库是原来储存知识的数据库。知识有几种表征方法，分别是基于规则 (Rules)[33]、框架 (Frame)[34] 和语义网络 (Semantic Nets)[35] 及本来论 (Ontologies)[36]。一个好的知识结构需要有易于扩展的能力以方便知识库的不断增长。

推理是指基于知识库得到识别因果关系或结果的结论这个过程。针对计算机辅助 HAZOP 分析系统来说，就是计算机基于知识库得到风险的因果关系或结果的结论。目前推理机制分为基于规则的推理、基于模型的推理、基于案例的推理和基于历史的推理。基于规则的推理是一种广泛应用的技术，它试图将适用的规则与知识库的规则进行匹配。基于规则的系统通常使用规则引擎或专家系统外壳实现，这些外壳使用自己的语法作为框架。基于模型的推理分为基于定性的模型和定量的模型。定量的模型是基于数学模型，用微分代数方程来表示；定性的模型没有使用数学模型，而是以象征性的方式推断结论。基于案例的推理是一种基于模式识别的解决方法。基于历史的推理是根据对历史过程数据进行分析，得出关于潜在危险的结论。表 2-6 列出了这几种方法的优点和缺点。

此外，HAZOP 分析辅助系统需要对流程和结果进行数字化。一种方法是使用简单的类似列表的输入，通过连接工厂组件来对流程工厂建模。另一种方法是使用图形编辑器对流程进行建模。内部表示的理论一般是基于图论的。例如，基于图论理论对流程工厂使用 Microsoft Visio 建模，用于 D-higraph 方法。有些还使用自己的图形编辑器。还有的将 CAD 或流程模拟软件结合起来，将 CAD 或者流程模拟软件的数据模型导出，并加以使用。

下面对基于定性模型的计算机辅助 HAZOP 分析系统发展和历史进行阐述。

HAZOPExper[37] 是基于模型的，面向对象的智能的由两个不同的知识库组成的系统。两个不同的知识库分别是过程特定知识库和过程通用知识库。过程特定知识包括有关过程中使用的材料，其性质（例如腐蚀性、可燃性、挥发

表 2-6 几种方法的优点和缺点[31]

项目	优点	缺点
基于规则	通常,计算成本很低 规则的制定很简单 可以使用复杂的规则引擎 得出的结论是可以理解的	规则必须与问题描述完全匹配 如果规则没有明确涵盖案例域,则方法失败 规则基础不能总是以一致的方式扩展 规则的意义和语义上下文并不总是表示出来
基于案例	不需要流程模型或建模语言 不需要任何规则来描述领域知识 案例越多,结论质量越高 对新案例,需要较少的维护	需要大量的案例以得到合理的结果 类似的情况会导致模棱两可的结论 合适的知识表示形式具有挑战性 相似度匹配算法的设计至关重要
基于模型	同时对过程系统的行为和结构进行了总结 通过考虑一般的工程原理和过程特性进行复杂的推理知识 即使使用不同的参数,有效的推理也是可能的	需要完整的域模型 需要一种合适的建模语言 详细的推理可能很慢
基于历史	结论是基于测量的工艺数据	需要测量的工艺数据 预测取决于数据的质量 数据范围以外不可靠 将结果转移到其他流程具有挑战性

性、毒性等)以及工厂的 P&ID 的信息。过程特定知识可能会因工厂而异,并且由用户提供,所以针对不同的过程都要进行更新。过程通用知识包括与上下文无关的方式开发的过程单元 HAZOP 模型,无论所考虑的过程工厂如何,该模型均保持不变。

PetroHAZOP[38]是由清华大学赵劲松主导开发的,PetroHAZOP 基于案例的推理和本体是集成的计算机辅助 HAZOP 分析。这种方法最重要的特点是,它可以"将过去的经验迁移到新案例中",从而实现自我学习。

MFM HAZOP Assistant[39,40]是基于规则并耦合 MFM 模型计算机辅助 HAZOP 分析系统,规则推理使用规则引擎 JESS(Java 语言编写的专家系统)实现。它是一个基于能量和质量平衡的功能建模的框架,可以作为传统 HAZOP 分析研究的支持。它是基于层次抽象,可以用来描述过程系统的目的和功能,以及它们之间的因果关系。该方法允许高效的因果推理。目前,用户需要应用使用 MFM 建模语言,使用 Microsoft Visio 对流程工厂及其组件进行建模。

D-higraph HAZOP Assistant[41]的推理引擎是使用基于规则的 CLIPS（C 语言集成产生式系统）来实现的。因此，该系统使用一个用于因果推理的规则库来推断过程偏差的因果树，从而检测潜在的危险事件。在对系统进行分析之前，需要使用 D-higraph 格式在绘图工具中对所有流程单元、流程变量和关系进行建模。

在 MFM HAZOP Assistant 和 D-higraph HAZOP Assistant 中，功能信息与研究过程的结构集成在一起；此外系统各部分的目标和目的、它们的层次结构和关系都明确包含在模型中，并且与 HAZOP 研究相关联。这两者最主要在于建模技术的不同，一个基于 MFM 模型，一个基于 D-higraph。MFM HAZOP Assistant 需要针对每个节点的 MFM 模型，该模型是根据节点主要目标开发的。使用 D-higraph 方法，只需要一个整体模型。D-higraph 方法执行 HAZOP 分析时，只需要用表示因果关系传播的术语来说明所需要的深度。这样可以节省更多时间，并使干扰和偏差在整个系统中传播。但是另一方面需要提及的是，在使用 MFM 的时候，当调查特定事件或查看现有的 HAZOP 时，建模工作可能会减少。

近年来，研究者[42]将 D-higraph HAZOP Assistant 应用于包括高密度聚乙烯反应器在内的工艺工厂。此外，他们还将 D-higraph 方法同结构分析与设计技术（SADT）进行了比较。Taylor[43]指出，使用有向图或 MFM 表示过程工厂是复杂的，而且容易出错，特别是对于大型系统。此外，建模过程可能比人工 HAZOP 分析研究更昂贵。为了减少建模工作量，将其与 CAD 或过程模拟软件集成是至关重要的。Johannes 等也同样指出目前针对系统和过程变量间关系的建模技术很多，但是针对复杂过程的建模耗用的时间越来越多，已经超过 HAZOP 分析本身了。为了方便建模，可以将流程模拟软件或者 CAD 软件与计算机辅助 HAZOP 分析软件结合起来，来减少建模花费的时间。这需要一个通用的数据模型或者软件接口，实现数据的交互，消除软件之间的数据壁垒。这可以通过工厂全生命周期管理系统实现。

定量方法是基于第一原则（First Principles）来建模的。一般来说建模通过流程模拟技术完成。流程模拟技术主要用于过程模拟和过程优化等方面。将 HAZOP 分析和流程模拟技术结合起来，可以扩宽流程模拟技术的应用，HAZOP 分析可以借助流程模拟技术的优点来提高风险辨识的准确度。

HAZOP 分析的偏差通过结合流程模拟中的参数和改变数值来实现，如反应器进料的流量通过改变模拟中的流量数值来实现，从而实现偏差的定量化。然后分析由于参数变化引起的过程中其他参数的变化来分析偏差导致的结果，需要注意的是这些结果都是定量化的，可以由模拟的结果得到。与传统方法相比，基于流程模拟技术的 HAZOP 分析能准确地反映偏差的量值，而不是更少（Less）和更多（More）等引导词。

早先，建模一般是通过 MATLAB 软件或者编程语言实现的[44,45]，而且基本上考虑的都是一个比较简单的流程（比如说单一的半间歇反应），也没有考虑到基本控制系统。

使用 MATLAB 建模的缺点在于针对不同的过程都要重新建模，耗时耗力，而且缺乏流程模拟所需要的大量的物性数据，准确性有折扣。反之，通用流程软件不需要重新建模，针对不同单元过程都有对应过已经封装过的模型，可以方便对新流程进行建模，而且拥有大量的物性数据，计算准确，但是由于软件的封闭性，针对特殊的过程建模困难，并且自定义程度相对于 MATLAB 更低些。

近年来，研究者开始使用商用的流程模拟软件如 Aspen plus、Aspen HYSYS 用于 HAZOP 分析[46,47]。一部分研究集中于稳态研究，通过灵敏度分析来获得工艺参数对安全的影响[46]。一部分研究者[47]耦合基本控制系统，利用动态模拟来进行 HAZOP 分析，而且将研究的流程或工艺从简单的流程扩展到带有多个循环有强的非线性作用的复杂系统，研究偏差在流程中的传播途径。比如 Zhu 等[47]通过动态模拟可以获得由偏差引起的动态响应，从中可以得出温度、压力等重要变量的瞬态值和变化趋势，并根据定量结果进行危险性的识别和分析，进而提出相关的安全建议和防护措施。此外，还可以观察温度和压力的峰值，并且结合化学品安全技术说明书（Material Safety Data Sheet，MSDS）监测其是否处于设备设计和工艺要求的安全阈值之内。对于具有多股循环物流的连续反应-分离化工生产过程，各操作单元之间存在较强的集成效应和相互作用，如雪球效应，通过该方法也可以进一步研究偏差对上下游乃至整个工艺过程的影响，观察到其他工段不同节点处偏差干扰的传播状况，以便于对整体过程进行综合分析。

第四节 安全审查

安全审查（SR）是另一种经常用于辨识实验室和过程区域中的危险，并寻求解决办法的方法。安全审查是把一组具有不同安全视角的人聚集在一起对项目或操作进行审查，辨识和消除在设计和程序中的危险。审查过程包括找到可能引发事故的初始事件或混乱条件，然后团队提出针对性的建议，包括新的、改进的、改良的设备、控制装置以及程序，重点应放在开发能防止人员伤亡、设备损坏和商业中断的高质量审查上。

一、安全审查表

在项目的整个生命周期中，应进行周期性的审查。第一次审查应该在详细设计之前进行，是最重要的审查，因为改变初始设计比改变操作装置便宜得多。通常由非正式的安全审查确定是否需要实施更详细的审查，如本章第三节介绍的 HAZOP 分析方法。项目启动后，每年或增加新设备、新物质、新反应、新程序时，都应进行安全审查。

安全审查表如表 2-7 所示。第一次安全审查应该涵盖项目生命周期的六个阶段，即设计、建设、开车、操作、清洗和停车。周期性的和后续的安全审查应包括最后四项，即开车、操作、清洗和停车。

表 2-7 安全审查表

阶段	内容
设计：阻止事故的设计要点	材料： ①易燃性：AIT,LFL/UFL,闪点 ②爆炸性：阻止的条件 ③毒性：TLV-TWA,IDLH,需要的保护措施 ④腐蚀性及相容性：使用正确的材料建造 ⑤废物处理：设备、人员以及法律约束 ⑥储存：稳定储存的条件 ⑦静电：搭接及接地 ⑧反应性：自反应或与工艺中的其他化合物反应,杂质、温度对自反应的影响 设备： ①安全系数：温度、压力、流量、液位等 ②压力泄放：场景、最坏场景、正确类型及尺寸 ③车间布置：足够的间距、阻火器、遥控安全控制阀、化学物质容量 ④电气设备：电气分类 ⑤控制元件：冗余及故障-安全设计 程序： 建设、开车、运行、清洗、停车(紧急情况下及正常操作下)的操作及维护程序
建设：阻止当前区域及邻近区域事故的建设实践	材料： 授权人员根据技术参数、备件对接受的材料进行检查 设备： 液压试验、设备完整性及控制 程序： 建设工人完成培训、恰当使用许可证、工作场所保洁、维护作业定义及规划

续表

阶段	内容
开车：致力于阻止该阶段问题的想法和行动	材料： 所有的原材料就绪，处理不合格材料 设备： ①设计文档(包含安全审查建议)中指定的设备、管线及控制器 ②完成设备清洗、盲板移除、仪表及联锁检查 程序： 完成程序制定及培训、详细计划沟通
操作：帮助工厂工人保持专注以使操作危害最小化的程序	执行周期性审核，以确认材料、设备、程序、培训(操作人员及维护人员)，以及许可系统是恰当的且是最新的
清洗：日常或紧急情况下的程序	清洗设备以及处理清洗材料的程序就绪
停车：系统及安全停车的程序	操作所有化学物质、清洗设备、处理化学物质及材料、惰化设备及管道系统的各类程序；保持系统处于安全停车模式；从停车转为开车的程序就绪

安全审查分为两种类型，即非正式的安全审查和正式的安全审查。

二、非正式的安全审查

非正式的安全审查用于现有过程的细微改变和小尺寸的或实验室的工艺过程。非正式的安全审查方法通常仅涉及两人或三人，包括过程负责人与其他一名或两名与该过程无直接关系但在安全方面有经验的人员。

审查人员以简单非正式会面的方式来审查过程设备和操作程序，并提出提高工艺安全性的建议。所做的改正在工艺操作之前必须贯彻执行。

三、正式的安全审查

正式的安全审查用于新工艺、对现有工艺的重大改变或需要更新安全审查的过程。正式审查程序分为三步：准备详细的正式安全审查报告，由分析小组审查报告并检查过程，贯彻执行提出的建议。正式的安全审查报告包括以下内容：

1. 概述

（1）综述或总结　提供正式的安全审查结论的简单总结，这在整个正式的安全审查完成后给出。

（2）过程综述或总结　提供过程的简要描述，重点为操作过程中的主要危险。

（3）反应和化学计量比　提供化学反应方程和化学计量比。

（4）工程数据　提供操作温度、压力和所使用物质的有关物理特性数据。

2. 原料和产品

查阅与原料和产品相关的特殊危险和操作问题，讨论降低这些危险的方法。

3. 设备安装

（1）设备的描述　描述设备的结构，提供设备的草图。

（2）设备说明书　通过制造商和型号来确定设备，提供与设备有关的物理数据和设计信息。

4. 程序

（1）正常操作程序　描述过程是怎样操作的。

（2）安全程序　提供与设备和物质相关的关注点的描述，以及用来减小风险的特定程序，包括以下几点：

① 紧急关闭　描述发生紧急事件时用来关闭设备的程序。这包括主要的泄漏、反应失控和电力、水及空气压力的损失。

② 故障-安全程序　评估公共设施，如蒸汽、电、水、空气压力或惰性气体，失效后的后果，描述每种情况下系统丧失安全时应该做什么。

③ 主动释放程序　描述在毒性或可燃物质发生大量溢出时应该做什么。

（3）废弃物处置程序　描述怎样收集、操作和处理有毒或有害物质。

（4）清洁程序　描述在使用后如何清洗系统。

5. 安全检查表

提供给操作人员完整的安全检查表，以便他们在过程操作之前完成检查。该表在每次开车之前使用。

6. 化学品安全技术说明书

提供每种所使用的危险物质的危险数据。

正式的安全审查通常可以直接使用，应用起来也相对容易，且能够得到较好的结果。但是，分析小组成员必须对辨识安全问题富有经验。对于缺乏经验的分析小组，在辨识危害时使用更加正式的 HAZOP 研究可能会更为有效。

第五节 陶氏化学指数法

美国陶氏化学指数法包括陶氏化学火灾、爆炸指数（Dow F & EI）和陶氏化学暴露指数（Dow CEI）。这两种指数都使用正式系统化的评级表格，适用于与设备设计、布局、物质储存等有关的危险辨识，不适用于辨识由不正确的操作或工艺波动导致的危险。该方法非常严密，不需要经验，很容易使用，也能很快得到结果。

一、陶氏化学火灾、爆炸指数

F & EI 被设计用来对爆炸性和可燃性物质的储存、处理及加工划分相对危险等级。该方法的主要思路是提供一种完全系统的方法，最大限度地减少对人员判断的依赖性。该方法能够判断出化工厂中可燃性危险的相对大小。用于计算的评估资料如下。

1. 评估资料

需要准备以下评估资料：

（1）完整的工厂设计方案。

（2）工艺流程图。

（3）陶氏火灾、爆炸指数评估法。

（4）陶氏火灾、爆炸指数计算表（表2-8）。

表 2-8 火灾、爆炸指数

地区/国家：	部门：	场所：	日期：
位置：	生产单元：	工艺单元：	
评价人：	审定人：	建筑物：	
管理部检查人：	技术中心检查人：	安全和损失预防检查人：	

工艺设备中的物料：

操作状态：____设计 ____开车 ____正常操作 ____停车　　确定 MF 的物质：

物质系数（MF）：

1. 一般工艺危险	危险系数范围	采用危险系数
基本系数	1.00	1.00
A.放热反应	0.30～1.25	

续表

1. 一般工艺危险	危险系数范围	采用危险系数
B.吸热反应	0.20～0.40	
C.物料储运和输送	0.25～1.05	
D.封闭结构单元	0.25～0.90	
E.通道	0.20～0.35	
F.排放和泄漏	0.25～0.50	
一般工艺危险系数(F_1)：		
2. 特殊工艺危险	危险系数范围	采用危险系数
基本系数	1.00	1.00
A.毒性物质	0.20～0.80	
B.负压(<500mmHg)(1mmHg=0.1333kPa，下同)操作	0.50	
C.在爆炸极限范围内或其附近操作 ____惰化____未惰化		
1. 罐装易燃液体	0.50	
2. 过程失常或吹扫故障	0.30	
3. 一直在燃烧范围内	0.80	
D.粉尘爆炸	0.25～2.00	
E.压力释放 操作压力____kPa；释放压力____kPa		
F.低温	0.20～0.30	
G.易燃物质及不稳定物质:物质质量____kg,物质燃烧热 $H_c=$ ____kcal/kg(1kcal=4.1858518kJ,下同)		
1. 工艺中的液体或气体		
2. 储罐中的液体或气体		
3. 储罐中的可燃固体及工艺中的粉尘		
H.腐蚀与磨蚀	0.10～0.75	
I.泄漏——接头和填料	0.10～1.50	
J.明火设备		
K.热油	0.15～1.15	
L.转动设备	0.05	
特殊工艺危险系数(F_2)：		
工艺单元危险系数($F_1F_2=F_3$)：		
火灾、爆炸指数($F_3×MF=F$ & EI)：		

（5）安全措施补偿系数表（表2-9）。

表2-9　安全措施补偿系数

1. 工艺控制安全补偿系数（C_1）

项目	补偿系数范围	采用补偿系数	项目	补偿系数范围	采用补偿系数
a. 应急电源	0.98		f. 惰性气体保护	0.94～0.96	
b. 冷却装置	0.97～0.99		g. 操作规程/程序	0.91～0.99	
c. 抑爆装置	0.84～0.98		h. 化学活性物质检查	0.91～0.98	
d. 紧急切断装置	0.96～0.99		i. 其他工艺危险分析	0.91～0.98	
e. 计算机控制	0.93～0.99				

$C_1 =$

2. 物质隔离安全补偿系数（C_2）

项目	补偿系数范围	采用补偿系数	项目	补偿系数范围	采用补偿系数
a. 遥控阀	0.96～0.98		c. 泄放系统	0.91～0.97	
b. 卸料/操控装置	0.96～0.98		d. 联锁系统	0.98	

$C_2 =$

3. 防火设施安全补偿系数（C_3）

项目	补偿系数范围	采用补偿系数	项目	补偿系数范围	采用补偿系数
a. 泄漏检测装置	0.94～0.98		f. 水幕	0.97～0.98	
b. 结构钢	0.95～0.98		g. 泡沫灭火装置	0.92～0.97	
c. 消防水供应系统	0.94～0.97		h. 手提式灭火器材/喷水枪	0.93～0.98	
d. 特殊灭火系统	0.91		i. 电缆防护	0.94～0.98	
e. 洒水灭火系统	0.74～0.97				

$C_3 =$

安全措施补偿系数$= C_1 C_2 C_3 =$

（6）工艺单元危险分析汇总表（表2-10）。

表2-10　工艺单元危险分析汇总

1. 火灾、爆炸指数	
2. 暴露半径	m
3. 暴露面积	m²
4. 暴露区内财产价值	百万元
5. 危害系数	

续表

6. 基本 MPPD	百万元
7. 安全措施补偿系数	
8. 实际 MPPD	百万元
9. MPDO	天
10. BI	百万元

（7）工艺设备及安装成本表。

2. 评估步骤

（1）选取工艺单元　首先概念性地将过程分为若干个独立的工艺单元。工艺单元可以是一个简单的泵、反应器或储罐。大的过程可以分为数百个独立的工艺单元。但在计算 $F \& EI$ 时，仅选取那些经验表明具有较大危险性的单元。通常使用安全检查表筛选出最危险的单元进行进一步的分析。

（2）确定物质系数（Material Factor，MF）　物质系数的数值可查看完整的 Dow $F \& EI$ 说明书。一般情况下，物质系数越大，物质就越容易燃烧和爆炸。如果使用的是混合物，那么物质系数由混合物的性质决定，此时建议使用整个操作条件范围内最高的物质系数值。

（3）确定一般工艺危险系数（F_1）　一般工艺危险系数是确定事故危险程度的主要因素，其中包括：放热反应、吸热反应、物料储运和输送、封闭结构单元、通道、排放和泄漏 6 项内容。表 2-8 中所示表格由三列组成：第一列为危险项（惩罚项），是各种不安全情况；第二列是每种危险项的危险系数范围（惩罚值）；第三列是实际使用的危险系数。

（4）确定特殊工艺危险系数（F_2）　特殊工艺危险性是导致事故发生的主要因素，包括：毒性物质、负压操作、在爆炸极限范围内或其附近操作、粉尘爆炸、压力释放、低温、易燃物质及不稳定物质、腐蚀与磨蚀、泄漏——接头和填料、明火设备、热油、转动设备。

（5）确定工艺单元危险系数（F_3）　工艺单元危险系数 F_3 等于一般工艺危险系数 F_1 和特殊工艺危险系数 F_2 的乘积：

$$F_3 = F_1 F_2 \tag{2-1}$$

（6）计算火灾、爆炸指数（$F \& EI$）：

$$F \& EI = MF \times F_3 \tag{2-2}$$

将火灾、爆炸指数划分成 5 个危险等级（表 2-11），以便了解单元火灾爆炸的严重程度。

表 2-11 由 Dow F & EI 确定危险程度

火灾、爆炸指数	危险程度	火灾、爆炸指数	危险程度
1～60	轻度		
61～96	中度	128～158	高度
97～127	较高	159 及以上	特别严重

（7）确定暴露面积：

$$R = 0.84 F \,\&\, \text{EI} \qquad (2\text{-}3)$$

（8）确定暴露区域内财产的更换价值：

$$更换价值 = 原来成本 \times 0.82 \times 价格增长系数 \qquad (2\text{-}4)$$

其中的 0.82 考虑事故时有些成本不会被破坏或无需更换，如场地平整、道路、地下管线和地基、工程费等。如果更换价值有更精确的计算，这个系数可以改变。

（9）确定危害系数 危害系数表征实际被爆炸或火灾破坏的设备比例，其值由单元危险系数和物质系数按图 2-3 来确定。如果数值超过 5，以 5 来确定危害系数。

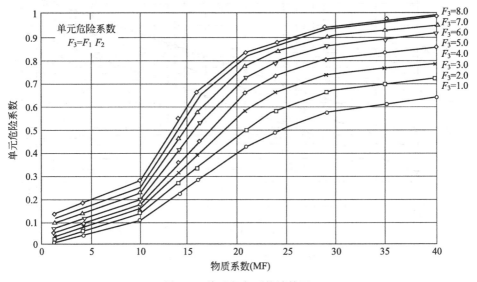

图 2-3 单元危害系数计算图

（10）计算基本最大可能财产损失（Maximum Probable Property Damage，MPPD）：

$$基本 \text{MPPD} = 暴露区域内财产的更换价值 \times 危害系数 \qquad (2\text{-}5)$$

（11）计算安全措施补偿系数（C） 建造一个化工厂或化工装置时，应使其设计符合有关法规、规范和标准，同时还应根据实际情况和经验，采取合理、有效的安全措施，预防事故的发生，减轻其可能造成的危害程度。采取了必要的安全措施后，则相应提高了其安全程序，因此用小于 1 的安全措施补偿系数对火灾、爆炸危险评估结果进行修正。

安全措施分为三类：C_1 为工艺控制；C_2 为物质隔离；C_3 为防火设施。

单元安全措施补偿系数为：

$$C = C_1 C_2 C_3 \tag{2-6}$$

（12）计算实际最大可能财产损失（实际 MPPD） 基本最大可能财产损失与安全措施补偿系数的乘积就是实际最大可能财产损失。它表示采取适当的防护措施后事故造成的财产损失。

$$实际 MPPD = C \times 基本 MPPD \tag{2-7}$$

（13）确定最大可能工作日损失（Maximum Probable Days Outage，MP-DO） MPDO 可由图 2-4 根据实际 MPPD 查出。

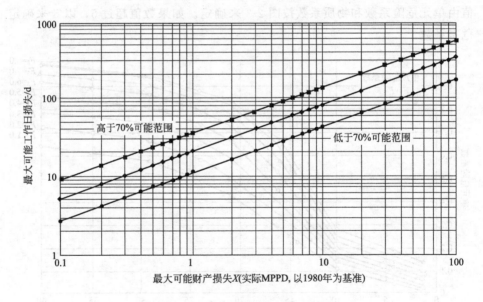

图 2-4 最大可能工作日损失图

（14）计算停产损失（BI）：

$$BI = \frac{MPDO}{30} \times VPM \times 0.7 \tag{2-8}$$

式中，VPM 为月产值。

最后根据造成损失的大小确定其安全程度。

3. F & EI 评估的基本程序

F & EI 评估的基本程序如图 2-5 所示：

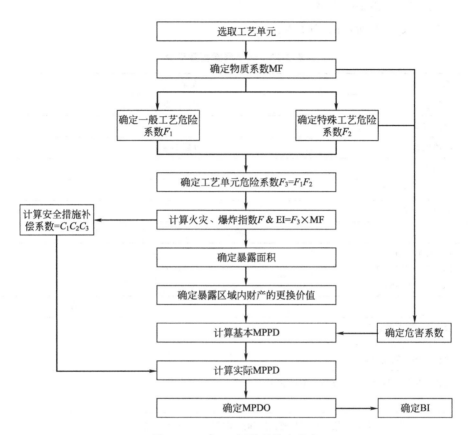

图 2-5 F & EI 评估的基本程序

二、陶氏化学暴露指数

对可能发生化学物质泄漏的工厂或其他机构附近的居民，CEI 是一种简单的划分潜在急性健康危害的方法。

应用 CEI 时需要以下资料：

（1）工厂及周围区域的精确平面布置图；

（2）标有反应器、主要管道和化学物质库存的简化过程流程图；

（3）所调查物质的物理和化学性质；

（4）美国工业卫生协会（American Industrial Hygiene Association，AIHA）

发布的污染空气的紧急反应计划指南（Emergency Response Planning Guidelines, ERPG）（参见第四章第五节）；

　（5）Dow CEI 说明书；

　（6）表 2-12 所示的 CEI 表。

表 2-12　化学暴露指数汇总

工厂		场所	
化学品		工厂内的总量	
最大的单个容器			
容器压力		容器温度	
1. 评估场景			
2. 空气中的释放速率			
3. 化学暴露指数			
4.		浓度	危险距离
ERPG-1/EEPG-1 ERPG-2/EEPG-2 ERPG-3/EEPG-3			
5.			距离
公众(一般考虑财产) 公司内的其他设施 非公司的车间或企业			
6.CEI 和危害距离确定了所需审查的级别			
7. 如果需要进一步审查,则需完成检查内容和控制措施检查表及准备审查程序			
8. 列出所有可能来自你所在工厂并可能引起公众关心或调查的,所能看到、闻到和听到的事物(烟气、大的泄放阀、低于危害级别的气味,如硫醇或胺等)			

制备人	
审查人	
工厂负责人或管理者	
场所检查代表	
其他管理人员检查(如果需要)	

CEI 评估的基本程序见图 2-6。该方法从确定可能的泄漏事件开始，包括管道泄漏、软管泄漏、直接排向大气环境的泄放设备的泄放、容器泄漏、储罐溢出等，然后通过简化的源模型估算事件中物质的泄漏速率，再使用 ERPG 值和简化的扩散模型计算 CEI 值以及泄漏导致的下风向危害距离。这里不做详细的介绍，感兴趣的读者可以参考 Dow CEI 说明书。

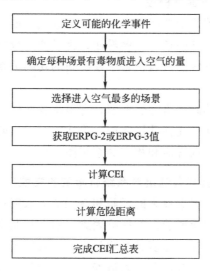

图 2-6　CEI 评估的基本程序

第六节　失效模式及影响分析

失效模式及影响分析（FMEA）是由可靠性工程发展起来的，主要分析系统的可靠性和安全性。其基本内容是对系统的各个组成部分按一定的顺序进行分析和考察，查出可能发生的各种失效模式，并分析它们对系统的功能造成的影响，提出可以采取的预防改进措施，以提高系统的可靠性和安全性。

FMEA 的分析步骤如下：

1. 明确系统本身的范围与功能

分析时首先要熟悉有关资料，从设计说明书等资料中了解系统的组成、任务等情况，将分析对象划分为系统、子系统、设备及元件等不同的分析层级，熟悉它们之间的相互关系、相互干扰及输入输出等情况。

2. 确定分析范围和层级

根据分析意图，确定分析到哪一个层级。如果分析层级过浅，可能会漏掉重要的失效模式；如果分析层级过深，则会造成分析过程过于复杂，耗时过长。经过对系统的初步了解后，应根据系统功能设计确定子系统及设备的关键程度，对关键的子系统，可以加深分析层级，不重要的子系统分析层级较浅甚至可以不分析。

3. 绘制系统图和可靠性框图

一个系统可以由若干个功能不同的子系统组成，如设备、管线、电气、控制仪表、通信系统等，其中还有各种界面。为了便于分析，复杂系统可以绘制包含各功能子系统的系统图以表示各子系统间的功能关系，简单系统可以用流程图代替系统图。

从系统图可以继续画出可靠性框图，它表示各元件是串联的或并联的以及输入输出的情况，由几个元件共同完成一项功能时用串联连接，冗余元件则用并联连接，可靠性框图内容应和相应的系统图一致。

4. 列出所有失效模式并选出对系统有影响的失效模式

按照可靠性框图，根据过去的经验和有关的失效资料，在选定的分析层级内分析所有失效模式对统或装置的影响因素。然后从其中选出对子系统以至系统有影响的失效模式，深入分析其影响效果、失效等级及应采取的措施。

失效等级是衡量对系统任务、人员安全造成影响的尺度。确定失效等级可以采用表 2-13 所示的划分方法。

表 2-13　失效模式的四个等级

失效等级	影响程度	可能造成的危害或损失
4 级	致命性的	可能造成死亡或系统损失
3 级	严重的	可能造成严重伤害、严重职业病或主要系统损害
2 级	临界的	可能造成轻伤、职业病或次要系统损害
1 级	可忽略的	不会造成伤害或职业病，系统也不会受损

失效模式和影响分析的记录表格如表 2-14 所示：

表 2-14　失效模式和影响分析的记录表格

项目标号	名称	任务阶段工作方式	功能	失效模式	失效原因	失效影响			失效检测方法及维修方法	建议措施
						局部	上一级	系统		
1	液压系统									

第七节 本质安全指数法

20 世纪 70 年代，Trevor Kletz 教授提出了本质安全的概念，为过程安全的内涵赋予了新的含义。目前，本质安全的理念已经得到广泛认同，表明传统的"事故预防"理念向系统的"过程本质安全"理念的转变。指数型方法是实现过程本质安全设计的重要方法之一，在过程设计早期，由可获取的过程数据，运用指数型方法进行分析评价，从而获取过程的本质安全信息，为过程设计的重要决策提供依据。

在本质安全概念提出之前，已经出现了以指数为基础的安全评价方法，如第五节介绍的陶氏化学指数法。近年来，本质安全评价指数法不断发展，出现了许多新的本质安全指数法，本节将对目前发表的本质安全指数法进行简单介绍[48]。对具体内容感兴趣的读者可以参考相关文献专著。

一、本质安全原型指数法

Edwards 等[49]提出了本质安全原型指数法（Prototype Index for Inherent Safety，PIIS）。该方法将本质安全指数分成两类：一类是化学物质指数，包括易燃性、爆炸性和毒性；另一类是工艺过程指数，包括存储量、温度、压力和产量等。其中，每一个指数可以分为 10 个子区间，每一个子区间可以在数值上进行评分，通过计算每条路线过程分和化学分之和得到该路线的总分值。在 PIIS 方法中，分值最高的路线被认为是最不安全的路线。

PIIS 法是较早开发的在过程设计中考虑本质安全的指数型方法，目的是在概念设计阶段选择本质安全性较高的流程。PIIS 法能在过程详细设计数据未知的情况下使用，其实用性是比较广泛的，该方法的缺点是没有综合考虑过程的环境、健康和安全危害，指数相对比较简单。

二、本质安全指数法

Heikkila 等[50]提出了本质安全指数法（Inherent Safety Index，ISI）。该方法在保持 PIIS 基本结构不变的基础上，化学类本质安全指数中增加了主反应热、潜在的副反应热、腐蚀性和化学品的相互作用四个指数，过程类本质安全指数中增加了设备安全和过程结构安全两个指数。总的本质安全指数是化学类和过程类指数之和。ISI 法的计算是基于最坏的情况，与 PIIS 一样，较低的数值代表了相对本质安全的过程。

ISI 法也是适用于概念设计阶段的指数型方法，相比于 PIIS 法，ISI 法增加了反应危害和过程、结构危害的本质安全考虑，从而对过程的把握更加全面。其中，设备指数是通过事故统计和布局数据进行确定的，过程结构安全是以系统工程的观点，结合以往设计案例数据，采用遗传算法进行确定的。该方法的缺点是指数权重和等级划分比较主观，所得结果之间具有差异性，并且不具有可比性。

三、INSET 工具箱

INSET 工具箱[51]是由欧盟资助，针对本质安全化技术在欧洲的应用推出的复合型方法，是将安全、健康和环境三方面综合在一起的工具系统。INSET 工具箱测量化工过程本质安全指数的工具依赖于它的一些性能指数，这些指数涉及一些相对简单的计算，能够快速评估很多过程。INSET 工具箱推荐了一种多属性决策分析技术，用来评估各种过程选项的总体固有安全性。它可以作为一种固有的安全度量工具有两个原因。首先，它代表了一些公司和组织的共识；其次，它旨在一套工具箱内同时考虑安全、健康和环境因素，与 CCPS（Center for Chemical Process Safety，美国化工过程安全中心）和 CWRT（Center for Waste Reduction Technologies，美国废物减量技术中心）的建议一致。

四、EHS 指数法

Koller 等[52]提出 EHS 指数法（Index Based Environment，Health and Safety）。主要是针对精细化工和间歇反应。该方法集成了安全、健康和环境三方面的评估，具有多种不同的算法，即使部分信息缺失，仍能实现部分计算功能。

五、i-safe 指数法

Palaniappan 等[53,54]提出了 i-safe 指数法，该方法的子指数的取值主要依据 PIIS 和 ISI 方法，并且引入了 NFPA 反应活性值。该方法进一步扩充了原来的指数范围，增加了 5 个补充指数，分别为危险化学指数（HCI）、危险反应指数（HRI）、总体化学指数（TCI）、糟糕化学指数（WCI）和糟糕反应指数（WRI）。在 PIIS，ISI 指数分数相近时，可以应用补充指数对其进行评价。

六、基于模糊理论的本质安全指数法

Gentile 等[55,56]开发了基于模糊理论的本质安全指数法（Fuzzy Based Inherent Safety Index）。一般的分析方法是将指数的分数划分为若干子区间，每个子区间都设定为固定的分数，但相邻区间的端点数值差异很小却被划分为不同的等级。如压力区间（100，200）kPa 分数为 0，（201，300）kPa 分数为 1，200kPa 和 201kPa 间的差异很小，但其得分却不同。另外，对于语言描述性指数，如与水反应程度可分为非常剧烈、剧烈、温和和不反应，在等级划分时会存在一定的人为主观性和不确定性。

基于模糊理论的本质安全指数法运用模糊逻辑和概率理论，将指数分数的子区间设置为连续性，从而在一定程度上降低了指数分析中存在的主观性和不确定性。该方法的创新性主要体现在两个方面。首先，它将指数分析的区间边界模糊化了，从而更符合实际。其次，运用 if-then 规则将定量数据与定性信息结合，使指数分析具有逻辑性。该方法的缺点为区间内的函数形状和参数的选择不合理会导致结果的偏离，而且区间划分不合理会导致函数复杂化而不易分析。

七、集成本质安全指数法

Khan 等[57,58]提出了集成本质安全指数法（Integrated Inherent Safety Index，I_2SI）。该方法综合了两种指数：危害评价指数（Hazard Index，HI）和本质安全潜在指数（Inherent Safety Potential Index，ISPI）。前者用于计算考虑安全控制措施后的潜在风险破坏程度，后者考虑过程中的本质安全性原则的适用性。根据 HI 和 ISPI 的结果，利用如下公式 $I_2SI = ISPI/HI$ 得到 I_2SI 值。ISPI 和 HI 的数值范围均在 $1 \sim 200$，该范围给了足够的灵活性来定量 I_2SI 指数。显而易见，I_2SI 值大于 1 是本质安全应用的积极响应（本质上更安全的选择），I_2SI 值越大，本质安全影响越明显。

I_2SI 集成了本质安全基本原理，将本质安全的应用程度转化成指数形式来评价过程的本质安全性，能够直观地显示本质安全原理的应用对过程的影响。同时，它还考虑了控制系统指数。该指数适用于过程的整个生命周期，有很好的通用性。

八、图示本质安全指数法

Gupta 等[59]提出了一个基于 PIIS 的图示本质安全指数法，该方法可用于区分同一终端产品的两个或多个过程。对于不同的过程路径，各指数参数应单独计算，并在指数不加和的情况下针对不同路径的各步骤单独比较。

主要步骤包括：考虑影响安全性的每一个重要参数以及对于最终产品所考虑的所有工艺路线，这些参数可能的取值范围；计算每个流程路径中的每一步并进行比较；用一个总的本质安全设计指数隐含不同参数对过程的影响。该方法的主要优点是将经济、监管、污染控制、工人健康以及工作舒适度等方面全部考虑在内，而且会引导设计者和决策者考虑过程特定变化，从而减少过程的危险性。

九、分层评价法

Shan 等[60]在 EHS 方法的基础上，提出了一种分层评价法。该方法揭示了安全性、健康性和环境性在不同层次的非理想程度。包括所涉及化学物质的性质（物质层面）；物质间可能的相互作用（反应层面）；在所涉及的各种设备中物质和操作条件相结合所产生的可能情况（装备层面）；按照法律法规，安全运行过程所需的安全性和终止技术（安全技术层面）。该方法尤其适用于早期过程设计阶段。

十、本质优良性指数法

Srinivasan 等[61]提出了本质优良性指数法（Inherent Benign-ness Indicator，IBI）。该方法应用主元分析法，分析影响危害的各种因素，从而揭示本质最良性的路径，克服指数型方法中主观划分范围、主观设置权重、影响覆盖面有限等不足。

十一、流程指数法

Shariff 等[62]提出了一种流程指数法（Process Stream Index，PSI）。从爆炸的角度来评估过程初始设计阶段的本质安全水平。根据爆炸的可能性对流程进行优先排序，使设计工程师可以很容易地识别出需要改进的关键流程，从而避免或减少爆炸危险。

十二、综合本质安全指数法

Gangadharan 等[63]提出了一种适用于早期过程设计阶段的综合本质安全指数法（Comprehensive Inherent Safety Index，CISI）。该方法根据化学、工艺和关联分将设备安全评分分配给流程中的各个单元。化学分考虑过程单元中每种物质的质量加权分和化学反应分；每个单元的化学混合物的反应分分别计算；由于高度相互关联单元的存在会增加危害，因此引入关联分的概念。该方法可以直观地显示每个单元所造成的危险，是一种可以更清楚地了解过程真实安全状况行之有效的方法。CISI 的结果可以用于根本原因分析，从而找出最不安全的设备。

参考文献

[1] Crowl D A, Louvar J F. Chemical Process Safety, Fundamentals with Applications [M]. 3rd ed. Boston: Pearson Education, 2011.

[2] CCPS. Guidelines for Hazard Evaluation Procedures [M]. 3rd ed. New Jersey: John Wiley & Sons, 2008.

[3] Balemans A W M. Check-list: Guidelines for Safe Design of Process Plants [R]. New York: Loss Prevention I, American Institute of Chemical Engineers, 1974.

[4] Hettig S R. A Project Checklist of Safety Hazards [J]. Chemical Engineering, 1966, 73 (26).

[5] Larinak. Pilot Plant Prestart Safety Checklist [J]. Chemical Engineering Progress, 1967, 63 (11).

[6] 赵劲松，陈网桦，鲁毅. 化工过程安全 [M]. 北京：化学工业出版社，2015.

[7] Burk A F. What-If/ Checklist—A Powerful Process Hazards Review Technique [C] // AIChE, 1991 Summer National Meeting, Pittsburgh, August, 1991.

[8] A Guide to Hazard and Operability Studies [R]. London: Chemical Industries Association, Alembic House, 1977.

[9] Kletz T A. HAZOP and HAZAN-Identifying and Assessing Chemical Industry Hazards [M]. Rugby, UK: Institution of Chemical Engineers, 1999.

[10] Ellis K. An Introduction to Hazard and Operability Studies, the Guide Word Approach [M]. Vancouver, Canada: Chemetics International, 1992.

[11] HAZOP Application Guide: IEC 61882: 2001 [S].

[12] 危险与可操作性分析（HAZOP 分析）应用导则：AQ/T 3049—2013 [S].

[13] Crawley F, Tyler B. HAZOP: Guide to Best Practice Guidelines to Best Practice for the Process and Chemical Industries [M]. 3rd ed. Amsterdam: Elsevier, 2015.

[14] Redmill F, Chudleigh M, Catmur J. System Safety: HAZOP and Software HAZOP

[M]. Chichester: John Wiley & Sons, 1999.

[15] 毕明树，周一卉，孙洪玉. 化工安全工程 [M]. 北京：化学工业出版社，2014.

[16] Dow Chemical Company. Chemical Exposure Index Guide [M]. 2nd ed. New York: AIChE, 1993.

[17] Dow Chemical Company. Fire and Explosion Index Hazard Classification Guide [M]. 7th ed. New York: AIChE, 1994.

[18] Etowa C B, Amyotte P R, Pegg M J, et al. Quantification of Inherent Safety Aspects of the Dow Indices [J]. Journal of Loss Prevention in the Process Industries, 2002, 15: 477-487.

[19] Gupta J P. Application of DOW's Fire and Explosion Index Hazard Classification Guide to Process Plants in the Developing Countries [J]. Journal of Loss Prevention in the Process Industries, 1997, 10 (1): 7-15.

[20] Gupta J P, Khemani G, Mannan M S. Calculation of Fire and Explosion Index (F & EI) Value for the Dow Guide Taking Credit for the Loss Control Measures [J]. Journal of Loss Prevention in the Process Industries, 2003, 16 (4): 235-241.

[21] Suardin J, Mannan M S, El-Halwagi M. The Integration of Dow's Fire and Explosion Index (F & EI) into Process Design and Optimization to Achieve Inherently Safer Design [J]. Journal of Loss Prevention in the Process Industries, 2007, 20 (1): 79-90.

[22] 罗通元，段礼祥，王金江，等. 道化学评价法的改进及其在联合站安全评价中的应用 [J]. 中国安全生产科学技术，2016 (6)：153-157.

[23] 王凌云，唐敏康，梁辰，等. 基于热风险理论对道化学评价中物质系数的研究 [J]. 中国安全生产科学技术，2014 (4)：85-89.

[24] 宋文华，李小伟，李冬梅. 道化学火灾爆炸指数评价法在合成氨装置转化工序安全性评价中的应用 [J]. 消防科学与技术，2008, 27 (5)：321-324.

[25] Frank W L, Whittle D K. Revalidating Process Hazard Analysis [M]. New York: AIChE, 2001.

[26] Jordan W E. Failure Modes, Effects and Criticality Analysis [C] // Proceedings of the Annual Reliability and Maintainability Symposium, San Francisco, Institute of Electrical and Electronics Engineers, New York, 1982.

[27] Procedures for Performing a Failure Mode and Effect Analysis [R]. MIL-STD -1629A, U. S. Navy, 1977.

[28] Lambert H E. Failure Modes and Efects Analysis [R]. NATO Advanced Study Institute, 1978.

[29] MacGregor R J. Results Matter: Three Case Studies Comparing and Contrasting PFFM and HAZOP PHA Reviews [J]. J Loss Prev Proc, 2017, 49: 266-279.

[30] 系统可靠性分析技术　失效模式和效应分析（FMEA）程序：GB/T 7826—1987 [S].

[31] Johannes I S, Jürgen S, Jens D. State of Research on the Automation of HAZOP Studies [J]. Journal of Loss Prevention in the Process Industries, 2019, 62: 103952.

[32] Cameron I, Mannan S, Németh E, Park S, Pasman H, Rogers W, Seligmann B. Process Hazard Analysis, Hazard Identification and Scenario Definition: Are the Conventional Tools Sufficient, or Should and Can We Do Much Better? [J]. Process Safety and Environmental Protection, 2017, 110: 53-70.

［33］ Bassiliades N, Governatori G, Paschke A. Rule-based Reasoning, Programming, and Applications ［M］. Heidelberg: Springer, 2011.

［34］ Minsky M. A Framework for Representing Knowledge ［M］. San Francisco: Morgan Kaufmann, 1988: 156-189.

［35］ Grimm S. Knowledge Representation and Ontologies ［M］. Heidelberg: Springer, 2010: 111-137.

［36］ Bittner T. From Top-level to Domain Ontologies: Ecosystem Classifcations as a Case Study ［M］. Heidelberg: Springer, 2007: 61-77.

［37］ Venkatasubramanian V, Zhao J S, Viswanathan S. Intelligent Systems for HAZOP Analysis of Complex Process Plants ［J］. Computers & Chemical Engineering, 2010, 24 （9-10）: 2291-2302.

［38］ Zhao J, Cui L, Zhao L, Qiu T, Chen B. Learning HAZOP Expert System by Case-based Reasoning and Ontology ［J］. Computers & Chemical Engineering, 2009, 33（1）: 371-378.

［39］ Rossing N L, Lind M, Jensen N, Jørgensen S B. A Functional HAZOP Methodology ［J］. Computers & Chemical Engineering, 2010, 34（2）: 244-253.

［40］ Rossing N L, Lind M, Jensen N, Jørgensen S B. A Goal Based Methodology for HAZOP Analysis ［J］. Nuclear Safety and Simulation, 2010, 1（2）: 134-142.

［41］ Rodríguez M, de La Mata J L. Automating HAZOP Studies Using d-higraphs ［J］. Comput Chem Eng, 2012, 45: 102-113.

［42］ Mechhoud E A, Rodriguez M, Zennir Y. Automated Dependability Analysis of the HDPE Reactor Using D-Higraphs HAZOP Assistant ［J］. Alger J Signals Syst, 2017（2）: 255-265.

［43］ Taylor J R. Automated HAZOP Revisited ［J/OL］. Process Saf Environ Prot, 2017, 111: 635-651 ［2020-4-10］. https: //doi. org/10. 1016/j. psep. 2017. 07. 023.

［44］ Švandová Z, Jelemenský L, Markoš J, Molnár A. Steady States Analysis and Dynamic Simulation as a Complement in the HAZOP Study of Chemical Reactors ［J/OL］. Process Saf Environ Prot, 2005, 83: 463-471 ［2020-4-5］. https: //doi. org/10. 1205/psep. 04262.

［45］ Eizenberg S, Shacham M, Brauner N. Combining HAZOP with Dynamic Simulation-Applications for Safety Education ［J］. Journal of Loss Prevention in the Process Industries, 2006, 19（6）: 754-761.

［46］ Janošovský J, Danko M, Labovský J, Jelemenský L. The Role of a Commercial Process Simulator in Computer Aided HAZOP Approach ［J］. Process Saf Environ Prot, 2017, 107.

［47］ Zhu J X, Hao L, Bai W S, Zhang B, Pan B C, Wei H Y. Design of Plantwide Control and Safety Analysis for Diethyl Oxalate Production via Regeneration-coupling Circulation by Dynamic Simulation ［J］. Computers and Chemical Engineering, 2019, 121: 111-129.

［48］ 王延吉, 李志会, 王淑芳. 本质安全催化工程 ［M］. 北京: 化学工业出版社, 2018.

［49］ Edwards D W, Lawrence D. Assessing the Inherent Safety of Chemical Process Routes: is there a Relation between Plant Costs and Inherent Safety? ［J］. Chemical Engineering Research & Design, 1993, 71 （Part B）: 252-258.

［50］ Heikkila A M, Hurme M, Jarvelainen M. Safety Considerations in Process Synthesis

[J]. Computers and Chemical Engineering, 1996, 20: 115-120.

[51] Khan F I, Amyotte P R. How to Make Inherent Safety Practice a Reality [J]. The Canadian Journal of Chemical Engineering, 2003, 81: 2-16.

[52] Koller G, Fischer U, Hungerbohler K. Assessing Safety, Health and Environmental Impact Early during Process Development [J]. Industrial & Engineering Chemistry Research, 2000, 3 (39): 960-972.

[53] Palaniappan C, Srinivasan R, Tan R. Expert System for the Design of Inherently Safer Processes: 1. Route Selection Stage [J]. Industrial & Engineering Chemistry Research, 2002, 41 (26): 6698-6710.

[54] Palaniappan C. Expert System for Design of Inherently Safer Chemical Processes [D]. Singapore: National University of Singapore, 2002.

[55] Gentile M, Rogers W J, Mannan M S. Development of a Fuzzy Logic-based Inherent Safety Index [J]. Process Safety and Environmental Protection, 2003, 81 (6): 444-456.

[56] Gentile M, Rogers W J, Mannan M S. Development of an Inherent Safety Index Based on Fuzzy Logic [J]. AIChE Journal, 2003, 49 (4): 959-968.

[57] Khan F I, Amyotte P R. Integrated Inherent Safety Index (I₂SI): a Tool for Inherent Safety Evaluation [J]. Process Safety Progress, 2004, 23 (2): 136-148.

[58] Khan F I, Amyotte P R. I₂SI: A Comprehensive Quantitative Tool for Inherent Safety and Cost Evaluation [J]. Journal of Loss Prevention in the Process Industries, 2005, 18: 310-326.

[59] Gupta J P, Edwards D W. A Simple Graphical Method for Measurement of Inherent Safety [J]. Journal of Hazardous Materials, 2003, 104 (1): 15-30.

[60] Shan S, Fischer U, Hungerbuhler K. A Hierarchical Approach for the Evaluation of Chemical Process Aspects from the Perspective of Inherent Safety [J]. Process Safety and Environmental Protection, 2003, 26 (8): 1084-1088.

[61] Srinivasan R, Nhan N T. A Statistical Approach for Evaluating Inherent Benign-ness of Chemical Process Routes in Early Design Stages [J]. Process Safety and Environment Protection, 2008, 86 (3): 163-174.

[62] Shariff A M, Leong C T, Zaini D. Using Process Stream Index (PSI) to Assess Inherent Safety during Preliminary Design Stage [J]. Safety Science, 2012, 50: 1098-1103.

[63] Gangadharan P, Singh R, Cheng F Q, et al. Novel Methodology for Inherent Safety Assessment in the Process Design Stage [J]. Industrial & Engineering Chemistry Research, 2013, 52: 5921-5933.

第三章

事故后果分析

第二章详细介绍了危险辨识的各种方法。当危险辨识完成后，就需要对风险进行评估。风险评估包含了两个维度，分别是风险后果严重度和风险发生的概率。在工程评价中，风险后果严重度往往依赖于风险评价专家的经验，这就

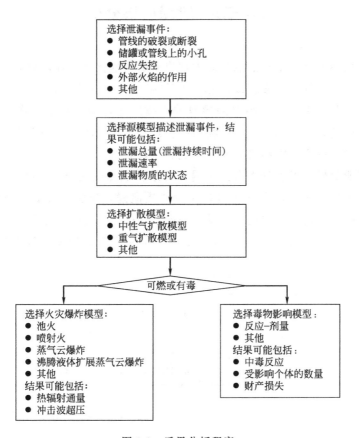

图 3-1 后果分析程序

决定了风险评估的准确性不足和不一致性的缺点，不利于后续风险的管理和控制，所以需要定量化后果分析。下面的章节分别介绍泄漏、扩散、火灾和爆炸等事故后果的定量化方法[1-5]。

化工生产过程中常常发生泄漏事件，典型事件如管线的破裂或断裂、储罐或管道上的小孔、反应失控、外部火焰的作用等。一旦确定了所发生的泄漏事件，就可以选择源模型来描述物质是怎样从过程系统中泄放出来的。随后，使用扩散模型来描述物质是怎样向下风向传输和消散到某一浓度水平的。对于可燃性泄漏，火灾和爆炸模型将泄漏的源模型信息转化为潜在的能量危害，如热辐射和爆炸超压。后果模型将这些特殊事件的结果转化为对人（受伤或致死）和建筑物的影响。环境影响也应该考虑，但在这里不做考虑。在图 3-1 中[1]，对泄漏事件分析程序进行了总结。

第一节　泄漏后果分析

为了描述泄漏发生时泄漏物质表现出来的物理化学过程，建立关于流出速率、流出状态（气相、液相或两相流）和流出总量（或流出时间）的数学描述，称为泄漏源模型[1]。因泄漏导致的事故的危害程度其主要作用的因素是物料的泄漏速率和泄漏量。但是物料的物理状态在其泄漏后是否发生改变、如何改变，对其危害范围和造成的后果也有明显影响。

物质泄漏机理可以分为大孔泄漏和有限孔泄漏两大类。大孔泄漏事件中，过程单元内形成大孔，短时间内有大量物质泄漏，典型事件如储罐的超压爆炸。有限孔泄漏是实际中更为常见的情况，如图 3-2 所示，物质从储罐和管道上的孔洞、裂纹、法兰、阀门或泵体的裂缝，以及严重破坏或断裂的管道中的

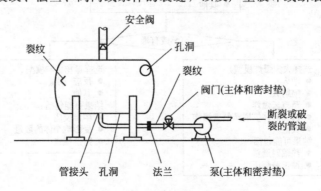

图 3-2　各类有限孔泄漏示例

泄漏都属于有限孔泄漏[6]。此类过程中物质泄漏速率很慢，因而往往可以假设上游压力不变。

一、反应釜内液体经小孔泄漏

液体在泄漏过程中遵循机械能守恒定理：

$$\int \frac{\mathrm{d}p}{\rho} + \Delta\left(\frac{\overline{u}^2}{2\alpha}\right) + g\Delta z + F = -\frac{W_s}{m} \tag{3-1}$$

式中，p 为压强，Pa；ρ 为液体密度，kg/m^3；$\overline{u}$ 为液体平均瞬时流速，m/s；α 为无量纲速率轮廓修正系数，流动为层流时取 0.5，塞流和湍流时取 1；z 为高于基准面的高度，m；F 为阻力损失项，J/kg；W_s 为轴功，J；m 为流体质量，kg。

对于不可压缩液体，即密度为常数，应满足式(3-2)：

$$\int \frac{\mathrm{d}p}{\rho} = \frac{\Delta p}{\rho} \tag{3-2}$$

泄漏过程不考虑轴功时，即 $W_s = 0$，当液体通过裂缝流出时，单元过程中的液体压力转化为动能。由于摩擦力，液体流动过程中一部分动能转化为热能，这一部分损失叫阻力损失项。在液体通过小孔流出期间，认为液体高度的变化是可以忽略的。裂缝的摩擦损失可由流出系数常数 C_1 来近似代替，定义为：

$$-\frac{\Delta p}{\rho} - F - g\Delta z$$
$$= C_1^2\left(-\frac{\Delta p}{\rho} - g\Delta z\right) \tag{3-3}$$

将式(3-3) 和式(3-2) 代入式(3-1)，用表压 p_g 代替压差 Δp，并定义新的流出系数 $C_0 = C_1\sqrt{\alpha}$。

对于孔洞面积为 A 的情况，则可以得到瞬时质量流率 Q_m 为：

$$Q_m = \rho\,\overline{u}A$$
$$= \rho A C_0\sqrt{2\frac{p_g}{\rho}} \tag{3-4}$$

流出系数 C_0 是流出液体雷诺数与孔洞直径的函数，其取值可以参考以下建议：对于光滑的修圆孔洞，取值约为 1.0；对于薄壁小孔（壁厚$\leqslant d/2$），当雷诺数 $Re > 10^5$ 时，C_0 值约为 0.61；若为厚壁小孔（$d/2 < $壁厚$\leqslant 4d$），或者在容器孔口处外伸有一段短管，$C_0$ 值约为 0.81。当流出系数难以确定时，可以取 1.0 以获得相对保守的计算结果。

二、储罐内液体经小孔泄漏

图 3-3 所示的液体储罐，小孔在液面高度以下 h_L 处形成，在静压能和势能的作用下储罐中的液体向外泄漏。泄漏过程中可以由式(3-1) 机械能守恒方程描述，储罐内液体流速可以忽略。如前面的定义，裂缝的摩擦损失可由流出系数常数 C_1 来近似代替。

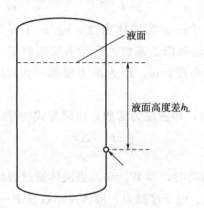

图 3-3 储罐泄漏示意图

当泄漏发生在储罐的液面以下时，高度差 h_L 不可忽略。用表压 p_g 代替压差 Δp，可以计算出孔洞中流出液体的平均瞬时流速：

$$\overline{u} = C_0 \sqrt{2\left(\frac{p_g}{\rho} + gh_L\right)} \tag{3-5}$$

式中，h_L 为孔洞上方的液体高度。

对于孔洞面积为 A 的情况，瞬时质量流率 Q_m 为：

$$Q_m = \rho A \overline{u}$$

$$= \rho A C_0 \sqrt{2\left(\frac{p_g}{\rho} + gh_L\right)} \tag{3-6}$$

泄漏发生后，储罐内的液体高度会随时间下降，速度流率和质量流率也随之减小。下降速率可以用式(3-7) 计算：

$$\frac{dh_L}{dt} = -\frac{C_0 A}{A_t}\sqrt{2\left(\frac{p_g}{\rho} + gh_L\right)} \tag{3-7}$$

对式(3-7) 进行积分，可以得到在任意时刻 t 的液面高度：

$$h_L = h_L^0 - \frac{C_0 A}{A_t}t\sqrt{2\left(\frac{p_g}{\rho} + gh_L^0\right)} + \frac{g}{2}\left(\frac{C_0 A}{A_t}t\right)^2 \tag{3-8}$$

式中，h_L^0 是泄漏开始时的初始高度。

将式(3-8)代入式(3-6)，可以得到此时对应的液体质量流率：

$$Q_m = \rho A C_0 \sqrt{2\left(\frac{p_g}{\rho} + gh_L^0\right) - \frac{\rho g C_0^2 A^2}{A_t} t} \qquad (3\text{-}9)$$

式(3-9)右侧第一项即泄漏开始时的质量流率。

设 $h_L = 0$，求解式(3-9)，可以得到容器液面降至孔洞所在高度所需的时间，即泄漏的最大持续时间：

$$t_e = \frac{1}{C_0 g}\left(\frac{A_t}{A}\right)\left[\sqrt{2\left(\frac{p_g}{\rho} + gh_L^0\right)} - \sqrt{2\frac{p_g}{\rho}}\right] \qquad (3\text{-}10)$$

如果容器内的压力为大气压，$p_g = 0$，则式(3-10)可以简化为：

$$t_e = \frac{1}{C_0 g}\left(\frac{A_t}{A}\right)\sqrt{2gh_L^0} \qquad (3\text{-}11)$$

三、液体经管道泄漏

如果管线发生爆炸、断裂，或者因为误拆挡板、误开阀门等原因，可能导致液体经管口泄漏[7,8]，泄漏过程同样符合式(3-1)描述的机械能守恒定理。其中，阻力损失项 F 的计算是估算泄漏速率和泄漏量的关键。

液体在管路中的流动阻力可以分为直管阻力和局部阻力。直管阻力是流体流经一定直径的直管时，由于流体与管壁之间的摩擦而产生的阻力；局部阻力是流体流经管路中的阀门、弯头等部件时，由于流动速率或方向改变而引起的阻力。

直管阻力通过式(3-12)计算：

$$F = K_f \frac{u^2}{2g} \qquad (3\text{-}12)$$

式中，K_f 为管道或管道配件导致的压差损失；u 为液体流速。

K_f 可以表示为：

$$K_f = \frac{4fl}{d} \qquad (3\text{-}13)$$

式中，f 为 Fanning（范宁）摩擦系数；l 为管长；d 为管内径。

传统的计算方法中 f 是雷诺数 Re 和管道粗糙度的函数。在此介绍一种可以作为改进的 2-K 方法[9]。

K_f 的取值根据两个常数来获取：

$$K_f = \frac{K_1}{Re} + K_\infty \left(1 + \frac{1}{D}\right) \tag{3-14}$$

式中，K_1和K_∞为无量纲常数；D为部件流程内径，in（1in＝2.54cm，下同）；Re为雷诺数，计算时采用实际流程长度。

2-K方法避免了当量长度的引入，并且提供了针对管道附件、进口和出口更详细的处理方法。表 3-1 中给出了各类常规阀门和附件的K值。

表 3-1　附件和阀门损失系数的 2-K 常数[2]

附件	附件描述	K_1	K_∞
弯头			
弯头 90°	标准($r/D=1$)，带螺纹	800	0.4
	标准($r/D=1$)，采用法兰连接/焊接	800	0.25
	长半径($r/D=1.5$)，所有类型	800	0.2
	斜接($r/D=1.5$)，焊缝 90°	1000	1.15
	焊缝 45°	800	0.35
	焊缝 30°	800	0.30
	焊缝 22.5°	800	0.27
	焊缝 18°	800	0.25
弯头 45°	标准($r/D=1$)，所有类型	500	0.20
	长半径($r/D=1.5$)，所有类型	500	0.15
	斜接($r/D=1.5$)，焊缝 45°	500	0.25
	焊缝 22.5°	500	0.15
弯头 180°	标准($r/D=1$)，带螺纹	1000	0.60
	标准($r/D=1$)，采用法兰连接/焊接	1000	0.35
	长半径($r/D=1.5$)，所有类型	1000	0.30
阀门			
闸阀、球阀或旋塞阀	全尺寸，$\beta=1.0$	300	0.10
	缩减尺寸，$\beta=0.9$	500	0.15
	缩减尺寸，$\beta=0.8$	1000	0.25
球心阀	标准	1500	4.00
	斜角或 Y 形	1000	2.00

续表

附件	附件描述	K_1	K_∞
隔膜阀	Dam 类型	1000	2.00
蝶阀		800	0.25
止回阀	提升阀	2000	10.0
	回转阀	1500	1.50
	斜片阀	1000	0.50
三通管			
弯头流股	标准,带螺纹	500	0.70
	长半径,带螺纹	800	0.40
	标准,采用法兰连接/焊接	800	0.80
	插入式支管连接	1000	1.00
直通流股	带螺纹	200	0.10
	采用法兰连接/焊接	150	0.50
	插入式支管连接	100	0.00

对于管道的进口和出口，需要对式(3-14)进行修改：

$$K_f = \frac{K_1}{Re} + K_\infty \tag{3-15}$$

对于管道进口，$K_1 = 160$。对于一般的进口，$K_\infty = 0.50$；对于边界类型的进口，$K_\infty = 1.0$。对于管道出口，$K_1 = 0$，$K_\infty = 1.0$。进口和出口效应的 K 系数通过管道的变化说明了动能的变化，因此在机械能中不必考虑额外的动能项。对于高雷诺数（$Re > 10000$）的情况，式(3-15)的第一项是可以忽略的。对于低雷诺数（$Re < 50$）的情况，方程的第一项占支配地位，第二项可以近似忽略。

四、气体或蒸气经小孔泄漏

对于液体来说，泄漏前后物理性质（特别是密度）可以视为不变。但对于气体或者蒸气[6,7,10]来说，这一假设只有在初态和终态压力变化较小（$p_1/p_2 < 1.2$）和气体流速较低（< 0.3 倍声速）的情况下，才是可以接受的。由于压力的作用，气体或蒸气含有的能量在泄漏时会转化为动能，当泄漏速率大到与该空气中声速相近，甚至超过声速时，会引起很大的压力、温度、密度的

变化。

气体和蒸气通过小孔泄漏，可以分为滞流泄漏和自由扩散泄漏两类。在滞流泄漏中，气体摩擦损失很大，很少一部分内能最终转化为动能，滞流泄漏的源模型需要关于孔洞物理结构的详细信息，在这里不做进一步讨论。在自由扩散泄漏中，大部分压力能转化为动能，过程通常可以假设为等熵，而源模型的建立只需要孔洞直径。

初始点选择在速度为零、压力为 p_0 处，根据机械能守恒定理并引入流出系数常数 C_1，得到式(3-16)：

$$C_1^2 \int_{p_0}^{p} \frac{\mathrm{d}p}{\rho} + \frac{\overline{u}^2}{2\alpha} = 0 \tag{3-16}$$

对于任何等熵膨胀的气体，均满足：

$$\frac{p}{\rho^{\gamma}} = 常数 \tag{3-17}$$

式中，γ 为热容比，$\gamma = c_p / c_V$。

将式(3-17) 代入式(3-16)，积分可以得到自由扩散过程中任意点处流体速度式(3-18)：

$$\overline{u}^2 = 2C_0^2 \frac{\gamma}{\gamma-1} \frac{p_0}{\rho_0} \left[1 - \left(\frac{p}{p_0} \right)^{(\gamma-1)/\gamma} \right] = \frac{2RC_0^2 T_0}{M} \frac{\gamma}{\gamma-1} \left[1 - \left(\frac{p}{p_0} \right)^{(\gamma-1)/\gamma} \right] \tag{3-18}$$

质量流率为：

$$Q_m = \rho \, \overline{u} A = C_0 A p_0 \sqrt{\frac{2m}{RT_0} \frac{\gamma}{\gamma-1} \left[\left(\frac{p}{p_0} \right)^{2/\gamma} - \left(\frac{p}{p_0} \right)^{(\gamma+1)/\gamma} \right]} = 0 \tag{3-19}$$

对于安全性研究，很多时候需要用到流出蒸气的最大流量。由式(3-19)对 p/p_0 求导，并求解导数为零处的值，得到引起最大流速时的压力比：

$$\frac{p_{\text{choked}}}{p_0} = \left(\frac{2}{\gamma+1} \right)^{\gamma/(\gamma-1)} \tag{3-20}$$

p_{choked} 称为憋压，是孔洞或管道流量达到最大时下游最大允许压力。由式(3-20) 可知，对于理想气体来说，憋压 p_{choked} 仅仅是热容比 γ 的函数。

当下游压力小于 p_{choked} 时，在绝大多数情况下孔洞口处的气体流速为声速，且通过降低下游压力不能再进一步增加流速或质量流量。这种类型的流动称为塞流、临界流或声速流，在工业生产中是一种很常见的现象。表 3-2 给出了不同理想气体的热容比和憋压值。但实际应用中，仍推荐根据具体气体查找更精确的热容比进行计算。气体的热容比可以查阅化工手册[11]。

表 3-2　理想气体热容比和憋压值

气体	γ	p_{choked}
单原子	1.67	$0.487p_0$
双原子	1.40	$0.528p_0$
三原子	1.32	$0.542p_0$

将式(3-20)代入式(3-19)，可以得到气体小孔泄漏的最大流量为：

$$(Q_m)_{choked} = C_0 A p_0 \sqrt{\frac{\gamma M}{RT_0}\left(\frac{2}{\gamma+1}\right)^{(\gamma+1)/(\gamma-1)}} \qquad (3-21)$$

对于塞流，流出系数随下游压力的下降而增加，对于这些 C_0 不确定的情况，推荐取 1.0 以获得相对保守的计算值。

五、气体或蒸气经管道泄漏

气体在管道中的流动情况非常复杂，难以建立兼具一定普适性和准确性的数学模型。解决方法之一是首先对两种常用的特殊情形即绝热流动和等温流动进行研究并建立模型，而真实的流动情况则介于两者之间。

对于绝热和等温的情形，定义马赫数可以方便计算，其值等于气体流速与声音在空气中的传播速度之比：

$$Ma = \frac{\bar{u}}{a} \qquad (3-22)$$

其中，声速 a 由热力学关系确定：

$$a = \sqrt{\frac{\partial p}{\partial \rho}} \qquad (3-23)$$

对于理想气体，式(3-23)可以化为：

$$a = \sqrt{\gamma RT/M} \qquad (3-24)$$

这说明，对于理想气体，声速仅仅是温度的函数。

1. 绝热流动情形

该情形下，出口处的流速低于声速。流动是由沿管道的压力梯度驱动的。当气体流经管道时，因压力下降而膨胀。膨胀导致速度增加、气体动能增加。增加的动能是由气体的热能转化来的，导致温度降低。然而，在气体与管壁之间还存在摩擦力，摩擦使气体温度升高。气体温度最终是升高还是降低，依赖于动能和摩擦产生热能的大小。

将机械能守恒方程应用于此种情形，得式(3-25)：

$$\frac{\mathrm{d}p}{\rho} + \frac{\overline{u}\,\mathrm{d}u}{\alpha} + g\,\mathrm{d}z + \mathrm{d}F = -\frac{\delta W_\mathrm{s}}{m} \tag{3-25}$$

可以用总能量守恒来描述流动气体内温度的变化。对于敞口稳定流动过程，总能量守恒为：

$$\mathrm{d}H + \frac{\overline{u}\,\mathrm{d}u}{\alpha} + g\,\mathrm{d}z + \mathrm{d}F = \delta q - \frac{\delta W_\mathrm{s}}{m} \tag{3-26}$$

式中，H 为气体的焓值；q 为热能。

引用一系列假设和分析，得到：

$$\frac{\gamma+1}{\gamma}\ln\left(\frac{p_1 T_2}{p_2 T_1}\right) - \frac{\gamma-1}{2\gamma}\left(\frac{p_1^2 T_2^2 - p_2^2 T_1^2}{T_2 - T_1}\right) + \gamma\left(\frac{1}{p_1^2 T_2} - \frac{1}{p_2^2 T_1}\right) + \frac{4fL}{d} = 0 \tag{3-27}$$

$$G = \sqrt{\frac{2M}{R}\frac{\gamma}{\gamma-1}\frac{T_2 - T_1}{(T_1/p_1)^2 - (T_2/p_2)^2}} \tag{3-28}$$

当管道较长或者沿管程的压差较大时，气体的流速可能接近声速。当气体流速达到声速时被称为塞流，此后无论上游压力增加还是下游压力降低，管道末端的气流速率都将维持声速不变。下游压力低于憋压 p_{choked} 时，通过管道的流动将保持塞流，流速不变且不依赖于下游压力。如果憋压高于周围环境压力，管道末端压力将维持在 p_{choked}，流出管道的气体压力会有一个突然的变化。对于绝热塞流，可以通过式(3-29)～式(3-33) 计算：

$$\frac{T_{\mathrm{choked}}}{T_1} = \frac{2Y_1}{\gamma+1} \tag{3-29}$$

$$\frac{p_{\mathrm{choked}}}{p_1} = Ma_1\sqrt{\frac{2Y_1}{\gamma+1}} \tag{3-30}$$

$$\frac{\rho_{\mathrm{choked}}}{\rho_1} = Ma_1\sqrt{\frac{\gamma+1}{2Y_1}} \tag{3-31}$$

$$G_{\mathrm{choked}} = \rho\,\overline{u} = Ma_1 p_1\sqrt{\frac{\gamma M}{RT_1}} = p_{\mathrm{choked}}\sqrt{\frac{\gamma M}{RT_{\mathrm{choked}}}} \tag{3-32}$$

$$\frac{\gamma+1}{2}\ln\left(\frac{2Y_1}{Ma_1^2(\gamma+1)}\right) - \left(\frac{1}{Ma_1^2} - 1\right) + \gamma\left(\frac{4fL}{d}\right) = 0 \tag{3-33}$$

$$Y_1 = 1 + \frac{\gamma-1}{2}Ma_1^2$$

对于绝热管道流，上述五式可以用前面介绍的 2-K 方法简化。

通过定义气体膨胀系数 Y_g 可以简化该过程。对于理想气体流动，质量流量可以用 Darcy 公式表示：

$$G = \frac{m}{A} = Y_g \sqrt{\frac{2\rho_1(p_1 - p_2)}{\sum K_f}} \qquad (3\text{-}34)$$

塞流中的气体膨胀系数：

$$Y_g = Ma_1 \sqrt{\frac{\gamma \sum K_f}{2}\left(\frac{p_1}{p_1 - p_2}\right)} \qquad (3\text{-}35)$$

式中，Ma_1 是上游马赫数。

2. 等温流动情形

对于气体在有摩擦的管道中的等温流动，假设气体流速远远低于声速。沿管程的压力梯度驱动气体流动。随着气体通过压力梯度的扩散，其流速必须增加到保持相同质量流量的大小。管道末端的压力与周围环境压力相等。整个管道内的温度不变。

等温流动可以用式(3-25)中的机械能守恒形式来表示。由于温度不变，故总能量守恒不需要。关于势能、摩擦阻力和外界做功的假设与绝热流动相似。将这些假设代入式(3-30)中，大量运算后可以得到：

$$T_2 = T_1 \qquad (3\text{-}36)$$

$$\frac{p_2}{p_1} = \frac{Ma_1}{Ma_2} \qquad (3\text{-}37)$$

$$\frac{\rho_2}{\rho_1} = \frac{Ma_1}{Ma_2} \qquad (3\text{-}38)$$

$$G = \rho \bar{u} = Ma_1 p_1 \sqrt{\frac{\gamma M}{RT}} \qquad (3\text{-}39)$$

$$2\ln\frac{Ma_2}{Ma_1} - \frac{1}{\gamma}\left(\frac{1}{Ma_1^2} - \frac{1}{Ma_2^2}\right) + \frac{4fL}{d} = 0 \qquad (3\text{-}40)$$

如同绝热情形一样，气体在管道中做等温流动时，其最大流速可能不是声速。根据马赫数，最大流速是：

$$Ma_{choked} = \frac{1}{\sqrt{\lambda}} \qquad (3\text{-}41)$$

将机械能守恒公式重新变换为式(3-42)：

$$-\frac{dp}{dL} = \frac{2fG^2}{\rho d}\left[\frac{1}{1 - (\overline{u}^2\rho/p)}\right] = \frac{2fG^2}{\rho d}\left(\frac{1}{1 - \gamma Ma^2}\right) \qquad (3\text{-}42)$$

对于等温管道中的塞流，可应用如下方程：

$$T_{choked} = T_1 \qquad (3\text{-}43)$$

$$\frac{p_{\text{choked}}}{p_1} = Ma_1 \sqrt{\gamma} \qquad (3\text{-}44)$$

$$\frac{\rho_{\text{choked}}}{\rho_1} = Ma_1 \sqrt{\gamma} \qquad (3\text{-}45)$$

$$\frac{u_{\text{choked}}}{u_1} = \frac{1}{Ma_1 \sqrt{\gamma}} \qquad (3\text{-}46)$$

$$G_{\text{choked}} = \rho \, \overline{u} = \rho_1 u_1 = Ma_1 p_1 \sqrt{\frac{\gamma M}{RT}} = p_{\text{choked}} \sqrt{\frac{M}{RT}} \qquad (3\text{-}47)$$

式中，G_{choked} 是质量流量。

此外还有：

$$\ln\left(\frac{1}{\gamma Ma_1^2}\right) - \left(\frac{1}{\gamma Ma_1^2} - 1\right) + \frac{4fL}{d} = 0 \qquad (3\text{-}48)$$

六、闪蒸液体泄漏

工业生产中，很多气体都通过加压液化的方式储存，还有很多液体的储存温度也在其常压沸点之上。当这些容器液面以下的部分发生泄漏时，因为压力的瞬间降低，一部分液体会瞬间汽化，所需热量由其余液体温度降温至常压沸点过程中的放热提供，这种现象称为闪蒸[6,12]。在这个过程中，会发生气体和液体同时泄漏的情形，即所谓两相流，从而使计算更加复杂。

闪蒸发生的速度很快，因而过程中可以认为是绝热的，计算得到蒸发的液体质量 m_v 为：

$$m_v = \frac{Q}{\Delta H_v} = \frac{m c_p (T_0 - T_b)}{\Delta H_v} \qquad (3\text{-}49)$$

液体蒸发比例为：

$$f_v = \frac{m_v}{m} = \frac{c_p (T_0 - T_b)}{\Delta H_v} \qquad (3\text{-}50)$$

式中，m 为初始液体的质量；c_p 为液体在温度段内的平均定压比热容；T_0 和 T_b 分别为液体的储存温度和常压沸点；ΔH_v 为液体的蒸发焓。

而泄漏速率和质量流量的计算，则需要分情况考虑。如果泄漏的流程长度很短（通过薄壁上的小孔），则泄漏过程中闪蒸没有达到平衡，可以认为闪蒸发生在孔洞外，泄漏过程的描述可以采用本节前两部分给出的关于液体经小孔泄漏的方法。

如果泄漏的流程长度大于 10cm（通过管道或者厚壁容器），那么可以认为闪蒸达到了平衡，且流动是塞流。对于储存压力高于其饱和蒸气压的液体，假设憋压等于闪蒸液体的饱和蒸气压，则质量流率由式(3-51) 给出：

$$Q_m = AC_0 \sqrt{2\rho_f (p - p^{sat})} \tag{3-51}$$

式中，p 为贮罐内压力；p^{sat} 为闪蒸液体处于周围温度条件下的饱和蒸气压。

式(3-51) 与式(3-4) 具有相似的结构，不同在于提供泄漏动力的压差存在于储存压力和闪蒸液体饱和蒸气压之间，而非储存压力与外界压力之间。

液体储存压力等于其饱和蒸气压时，式(3-51) 不再适用。这种情况下，认为初始静止的液体逐渐加速通过孔洞。假设动能的变化远大于位能的变化而忽略后者的影响，并引入比容 $\nu = 1/\rho$，则两相流质量为：

$$Q_m = \frac{A \Delta H_v}{\nu_{fg}} \sqrt{\frac{1}{T c_p}} \tag{3-52}$$

式中，ν_{fg} 为蒸气和液体之间的比容之差。

七、液池蒸发或沸腾

对于敞口容器中或泄漏至地面的液体的蒸发，这里只讨论一种相对简单的情况，即上方空气静止、风速为零的情况。这种情况下，蒸发速率与液体饱和蒸气压和蒸气分压的差值成比例[12]。蒸发速率用式(3-53) 计算：

$$Q_m = \frac{MKA(p^{sat} - p)}{RT} \tag{3-53}$$

式中，M 为挥发物质的分子量；A 为暴露面积；K 为此面积上的传质系数；p^{sat} 为环境温度下液体的饱和蒸气压；p 为液体上方静止空气中泄漏物质的蒸气分压。

大多数情况下，p^{sat} 远大于 p，式(3-53) 可以简化为：

$$Q_m = \frac{MKAp^{sat}}{RT} \tag{3-54}$$

其中传质系数 K 可以根据式(3-55) 进行估算：

$$K = K_0 \left(\frac{M_0}{M}\right)^{1/3} \tag{3-55}$$

式中，K_0 和 M_0 分别表示所选取的参照物质的传质系数和分子量。经常以水作为参照物质，其传质系数为 0.83cm/s。

液池中的液体会发生沸腾，而沸腾速率受到周围环境与液体之间热量传递的限制。热量主要通过下列三种方式进行传递：地面的热传导；空气的传导和对流；太阳和临近热源的辐射。

沸腾初始阶段，尤其是对于正常沸点低于地面温度的溢出液体，热量主要来自地面的传递。热通量可以由简单的一维热量传递方程计算：

$$q_g = \frac{k_s(T_g - T)}{(\pi\alpha_s t)^{1/2}} \tag{3-56}$$

式中，q_g 为来自地面的热通量；k_s 为土壤的热传导率；T_g 和 T 分别为土壤和液池的温度；α_s 为土壤的热扩散率；t 为溢出后的时间。

假设所有的热量都用于液体的沸腾，则沸腾的质量流率为：

$$Q_m = \frac{q_g A}{\Delta H_v} \tag{3-57}$$

随着时间的推移，来自空气的热对流和热源的辐射将在热量供给中起到更加重要的作用。对于一道绝热堤防上的液体，这些可能是仅有的热量供给。更加复杂的环境条件和液体成分的影响，可以参考其他资料。

八、实际和最坏泄漏情形

表 3-3 列出了许多实际的和最坏泄漏情形。实际泄漏是具有较高发生概率的泄漏事件。因此，并不假设整个储罐的突然失效，而是更加实际地假设具有较高发生概率的大管道与储罐连接处的泄漏。

表 3-3　过程事件选择指南

事件特征	指南
实际泄漏情形	
过程管道	下述最大过程管道的破裂： 对于直径小于 2in 的管道，假设全部孔破裂；对于直径为 2～4in 的管道，假设直径为 2in 的管道破裂；对于直径大于 4in 的管道，假设破裂面积等于管道横截面积的 20%
软管	假设全部破裂
直接通向大气的泄压设备	采用在设置压力下计算的全部泄漏速率。根据泄压计算。假设所有泄漏的物质都能随风传播
容器	假设与容器相连的最大直径的管道破裂，使用管道准则
其他	事件可以建立在工厂经验的基础上，或事件由检查的结果来建立，或来自危害分析研究
最坏情形	
数量	假设在任意时刻单一过程容器中的恰处于工作状态的最大量的物质泄漏。为了估算泄漏速率，假设全部物质在 10min 内泄漏出来

续表

事件特征	指南
风速/稳定度	假设是 F 等级的稳定度,1.5m/s 的风速,除非气象数据显示是其他类型
周围环境温度/湿度	假设是最高的日气温和平均湿度
泄漏高度	假设泄漏发生在地面
地形	如果恰当,假设是市内或农村地形
泄漏物质的温度	认为液体的泄漏温度是前三年中的日最高温度或过程的最高温度。假设处于大气压环境下的冷冻液化气体在其沸点泄漏

最坏泄漏情形是假设那些过程几乎灾难性失效,导致整个过程的物质全部瞬间泄漏,或在较短的时间内泄漏出来。

泄漏情况的选择依赖于后果研究的需要。如果公司内部进行研究,为了确定工厂发生泄漏后所产生的实际后果,则应选择实际泄漏情形。然而,如果研究是为了满足相关部门,如美国环境保护署(Environmental Protection Agency,EPA)等的风险管理计划的需要,那么就必须选择最坏泄漏情形。

九、保守分析

泄漏源模型具有不确定性。这些不确定性的产生是因为:

① 对释放的几何结构理解不完全(即孔的尺寸);

② 不知道物理性质或对物理性质不能很好地描述;

③ 对于化工过程或释放过程认识不足;

④ 对混合过程不了解或认识不足。

在后果模拟步骤中出现的不确定性,可通过为这些未知的值指定保守值来进行处理。这样做得到了对后果的保守估计,给出了设计防护的极限。这使得缓解或消除危害的工程设计结果是超安全标准设计的。

对于任何特殊模化研究,可能存在多个影响因素,在进行保守设计时,需要不同的决策。例如,基于地面的扩散模拟将使周围社会所遭受的后果最大化,但并没有使位于过程结构顶部的工人遭受的后果最大化。

为了说明保守模拟,考虑对从储罐上的孔中泄漏的气体进行泄漏速率估算的问题。该泄漏速率被用来估算下风向的气体浓度,最终目的是估算毒性的影响。泄漏速率依赖于以下参数,包括:孔面积、储罐内外的压力、气体的物理性质和气体的温度。

真实情况是，当孔刚形成时，气体的泄漏速率最大，之后由于储罐内压力的下降，泄漏速率随时间降低。对该问题的完全动态求解是很困难的，需要联立质量泄漏模型与储罐内的物质守恒方程。知道整体质量后，需要用状态方程（可能是非理想的）确定储罐内的压力。也可能存在复杂的温度效应。对于估算结果，模拟该细节是不必要的。

比较简单的方法是，假设储罐内的压力和温度固定不变，且等于其初始的温度和压力，并计算孔形成瞬间的质量泄漏速率。随后实际的泄漏速率将变小，下风向的浓度也将变小。这样就确保得到了偏保守的结果。

对于孔面积，通常考虑与储罐连接的最大管道的面积，因为管道的断开是常见的储罐泄漏源。此外，这也使后果最大化，并确保了偏保守的结果。运用该方法，直到模型中所有的参数都已经确定。

遗憾的是，该方法导致计算结果比实际情况大好多倍，使缓解程序或安全系统存在潜在的超安全设计。在特殊情况下，如果在分析过程中需要确定多个参数，每个参数的确定都产生一个最大结果，那么这种超安全设计的情况就会发生。因为该原因，后果分析应该进行智能化处理，采用真实值和常识进行调节。

第二节　扩散后果分析

一、扩散影响参数

气体和蒸气泄漏后，在泄漏源上方形成气云，气云将在大气中扩散，扩大影响区域[13-18]。气云以烟羽（图 3-4）或烟团（图 3-5）方式扩散，受到自身性质和环境因素两方面的制约。

自身性质中最重要的是气云密度。当气云密度明显小于空气密度时称为轻气云，气云将向上扩散，对下方人员的影响相对较小；当气云密度大于空气密度时称为重气云，气云将向下沉降并沿地面扩散；在扩散过程中，气云会与空气进行混合，密度逐渐趋近于空气密度，气云密度与空气密度相接近时称为中性气云。

影响气云扩散的环境因素纷繁复杂，包括但不限于风速、大气稳定度、地面条件、泄漏处距地面距离、泄漏的初始动量等。

风速会影响释放气体云团的形状，当连续点源泄漏形成烟羽时，风速增加使烟羽边长变窄；风速增加还会使物质向下风向输送的速度加快，被空气稀释

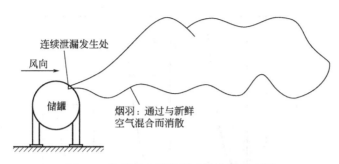

图 3-4　物质连续泄漏形成的典型烟羽[1]

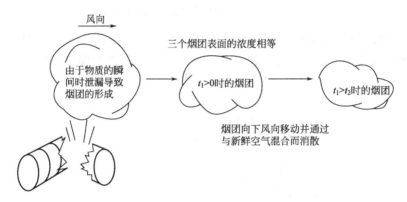

图 3-5　物质瞬时泄漏形成的烟团[1]

逐渐接近中性气的速度也会加快。

　　大气稳定度与空气的垂直混合有关，大致可以分为不稳定、中性和稳定三种情况。对于不稳定的大气情况，太阳对地面的加热比地面散热更快，因此地面附近空气温度比高处的空气温度要高，较低密度的空气位于较高密度的空气下方，浮力的影响加强了大气的机械湍流。这种情况在上午的早些时候经常观察到。对于中性稳定度的情况，地面上方空气温度较高，风速增加，减弱了日光照射的影响，空气温度差对大气的机械湍流影响不大。对于稳定的大气情况，阳光加热地面的速度小于地面的冷却速度，地面附近的空气温度低于高处的空气，高密度空气位于较低密度空气的下方，浮力对大气的机械湍流起抑制作用。

　　地面条件主要影响地表附近空气与泄漏气体的机械混合，以及风速随高度的变化。树木和建筑物的存在会加强机械混合，而湖泊等敞开的区域则会减弱这种混合。图 3-6 为不同地表情况下风速随高度的变化[4]。

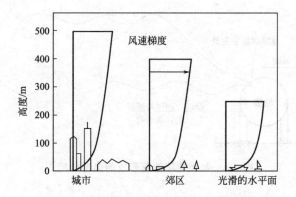

图 3-6　地面情况对垂直风速梯度的影响[1]

泄漏高度对地面附近的浓度有很大影响。泄漏高度越高，烟羽需要垂直扩散的距离越长，与空气的混合越充分，因而地面附近的泄漏气浓度也就越低。如图 3-7。

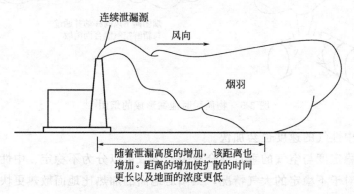

图 3-7　增加泄漏高度将降低地面的浓度[1]

泄漏的初始动量和浮力事实上改变了泄漏的有效高度，见图 3-8。气体向上做管口喷射的泄漏比没有喷射的泄漏具有更高的有效高度，同样，如果泄漏气体的温度高于周围空气的温度，那么浮力的作用也增加了泄漏的有效高度。对于通过烟囱的排放，可以通过 Holland 经验公式[19]来计算泄漏动量和浮力造成的额外高度：

$$\Delta H = \frac{\overline{u}_s d}{\overline{u}} \left[1.5 + 2.68 \times 10^{-3} pd \left(\frac{T_s - T_a}{T_s} \right) \right] \tag{3-58}$$

式中，ΔH 为泄漏高度的修正值；$\overline{u}_s$ 和 $\overline{u}$ 分别为气体泄漏速度和风速，m/s；p 为大气压力，MPa；T_s 和 T_a 分别为排放气体和空气的温度。

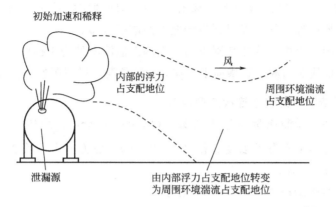

图 3-8 泄漏物质的初始加速度和浮力影响烟羽的特性[1]

二、中性气扩散模型

对于中性气云而言，无论是泄漏的气体本身与空气密度相近，还是与空气混合后密度接近，最突出的影响都是重力下沉与浮力上升作用可以忽略，扩散主要在水平方向上进行，且由空气的湍流决定。

考虑固定质量 Q_m^* 的物质瞬时泄漏到无限膨胀扩张的空气中（距地面距离暂不考虑），设泄漏源为坐标原点。不考虑扩散过程中可能发生的化学反应，中性气泄漏导致的物质浓度 c 的变化可以由水平对流方程给出：

$$\frac{\partial c}{\partial t}+\frac{\partial}{\partial x_j}(u_j c)=0 \tag{3-59}$$

式中，下表 j 代表所有坐标方向 x、y 和 z 的总和；u 表示空气速度。

如果能够确切地给定某时某地的风速，那么利用式（3-59）就可以正确预测浓度的变化。但在这个过程中，湍流的影响是不可忽略的，而目前又没有可以精确描述湍流的数学模型，只能使用近似值。一般的方法是用平均值和随机量代替速度：

$$u_j=\overline{u}_j+u_j' \tag{3-60}$$

式中，$\overline{u}_j$ 为平均风速；u_j' 为湍流引起的随机波动。

浓度 c 也随速度场而波动，可以表达为类似的形式：

$$c=\overline{c}+c' \tag{3-61}$$

要描述湍流，还需要其他方程，通常的方法是定义湍流扩散系数 K_j。

如果假设空气是不可压缩的，则可以得到扩散模型的一般式：

$$\frac{\partial \overline{c}}{\partial t}+\overline{u}_j \frac{\partial \overline{c}}{\partial x_j}=\frac{\partial}{\partial x_j}\left(K_j \frac{\partial \overline{c}}{\partial x_j}\right) \tag{3-62}$$

式(3-62)是扩散模型的理论基础。根据不同的实际情况，给出相应的初始条件和边界条件，就可以得到该情况下的浓度分布。

接下来的讨论中，除非特别声明，则均以泄漏源处为坐标原点建立直角坐标系，x 轴是从泄漏源径直指向下风向，z 轴是高于泄漏源处的高度。

1. 无风情况下的稳态连续点源泄漏

适用条件：泄漏质量流量为常数（$Q_m = \text{constant}$）；无风（$\overline{u}_j = 0$）；稳态，即计算过程中不考虑浓度变化（$\partial c/\partial t = 0$）；各方向上湍流扩散系数相同（$K_x = K_y = K_z = K$）。

根据上述初始条件，式(3-62)化为：

$$\frac{\partial^2 \overline{c}}{\partial^2 x} + \frac{\partial^2 \overline{c}}{\partial^2 y} + \frac{\partial^2 \overline{c}}{\partial^2 z} = 0 \tag{3-63}$$

如果将数学模型改为建立在球坐标系基础上，可以使问题的处理变得简单。式(3-63)可以化为：

$$\frac{d}{dr}\left(r^2 \frac{dc}{dr}\right) = 0 \tag{3-64}$$

可以求解出任意 r 处的浓度：

$$\overline{c} = \frac{Q_m}{4\pi r K} \tag{3-65}$$

式(3-65)的结果可以很容易地转化为直角坐标系下的表达式：

$$\overline{c} = \frac{Q_m}{4\pi K \sqrt{x^2 + y^2 + z^2}} \tag{3-66}$$

2. 无风情况下的烟团泄漏

适用条件为：一定量的物质瞬时泄漏，采用烟团模型；无风；各方向上湍流扩散系数相同；$t = 0$ 时，$\overline{c} = 0$。

可以求得球坐标系下的解为：

$$\overline{c} = \frac{Q_m^*}{8(\pi K t)^{3/2}} \exp\left(-\frac{r^2}{4Kt}\right) \tag{3-67}$$

而直角坐标系下的解为：

$$\overline{c} = \frac{Q_m^*}{8(\pi K t)^{3/2}} \exp\left(-\frac{x^2 + y^2 + z^2}{4Kt}\right) \tag{3-68}$$

3. 无风情况下的非稳态连续点源泄漏

适用条件为：泄漏质量流量为常数；无风；$t = 0$ 时，$\overline{c} = 0$；各方向上湍流扩散系数相同。

球坐标系下的结果为：

$$\bar{c} = \frac{Q_m}{4\pi K t} \int^t \left(\frac{r}{2\sqrt{Kt}} \right) \tag{3-69}$$

而直角坐标系下的解为：

$$\bar{c} = \frac{Q_m}{4\pi K \sqrt{x^2+y^2+z^2}} \int^t \left(\frac{\sqrt{x^2+y^2+z^2}}{2\sqrt{Kt}} \right) \tag{3-70}$$

当 $t \to \infty$ 时，可以认为泄漏达到稳态，式（3-69）和式（3-70）简化为相应的稳态解式（3-65）和式（3-66）。

4. 无风情况下的烟团泄漏且湍流扩散系数是方向的函数

除了各个方向上的湍流扩散系数 K_j 要单独取值外，其他条件与情形 2 相同。

方程的解为：

$$\bar{c} = \frac{Q_m^*}{8(\pi t)^{3/2}\sqrt{K_x K_y K_z}} \exp\left[-\frac{1}{4t} \left(\frac{x^2}{K_x} + \frac{y^2}{K_y} + \frac{z^2}{K_z} \right) \right] \tag{3-71}$$

5. 有风情况下的稳态连续点源泄漏

适用条件包括：泄漏质量流量为常数；各方向上湍流扩散系数相同；风只沿 x 轴方向吹（$\bar{u}_j = \bar{u}_x = u = \mathrm{constant}$）。方程解为：

$$\bar{c} = \frac{Q_m}{4\pi K \sqrt{x^2+y^2+z^2}} \exp\left[-\frac{u}{2K} \left(\sqrt{x^2+y^2+z^2} - x \right) \right] \tag{3-72}$$

如果假设烟羽很细很长，并且始终没有远离 x 轴，即：

$$y^2 + z^2 \ll x^2 \tag{3-73}$$

式（3-72）可以简化为：

$$\bar{c} = \frac{Q_m}{4\pi K x} \exp\left[-\frac{u}{4Kx} (y^2+z^2) \right] \tag{3-74}$$

沿烟羽的中心线，有 $y = z = 0$，式（3-74）继续简化为：

$$\bar{c} = \frac{Q_m}{4\pi K x} \tag{3-75}$$

6. 有风情况下的稳态连续点源泄漏且湍流扩散系数是方向的函数

除各方向上的湍流扩散系数需单独取值外，其他适用条件与情形 5 相同，并保留细长烟羽的假设。

方程的解为：

$$\bar{c} = \frac{Q_m}{4\pi x \sqrt{K_x K_y}} \exp\left[-\frac{u}{4x} \left(\frac{y^2}{K_y} + \frac{z^2}{K_z} \right) \right] \tag{3-76}$$

沿烟羽的中心线，$y = z = 0$，平均浓度为：

$$\bar{c} = \frac{Q_m}{4\pi x \sqrt{K_y K_z}} \tag{3-77}$$

7. 有风情况下的烟团泄漏

除去有了沿 x 轴方向的风速外，其他条件与情形 4 相同。通过简单的坐标移动可以解决此问题。情形 4 代表了围绕在泄漏源周围的固定烟团，如果烟团随风沿 x 轴移动，则用随风移动的新坐标系（$x - ut$）代替原来的坐标系 x，即可得到解。所得解形式与式（3-71）相同，但要注意所参照的坐标系发生了变化。

8. 无风情况下泄漏源在地面上的烟团

地面在此模型中代表了不能扩散通过的边界。除此之外其他条件与情形 4 相同。得到的结果表明浓度是情形 4 下浓度的 2 倍：

$$\bar{c} = \frac{Q_m^*}{4(\pi t)^{3/2} \sqrt{K_x K_y K_z}} \exp\left[-\frac{1}{4t}\left(\frac{x^2}{K_x} + \frac{y^2}{K_y} + \frac{z^2}{K_z}\right)\right] \tag{3-78}$$

9. 有风情况下泄漏源在地面上的连续稳态烟团泄漏

类似地，所得浓度是情形 6 下浓度的 2 倍：

$$\bar{c} = \frac{Q_m}{2\pi x \sqrt{K_x K_y}} \exp\left[-\frac{u}{4x}\left(\frac{y^2}{K_y} + \frac{z^2}{K_z}\right)\right] \tag{3-79}$$

10. 有风情况下高空稳态连续点源泄漏

泄漏源在距地面 H_r 处。即视为在距泄漏源 z 轴负方向 H_r 处存在不能扩散通过的边界，所得结果为：

$$\bar{c} = \frac{Q_m}{4\pi x \sqrt{K_y K_z}} \exp\left(-\frac{uy^2}{4K_y x}\right) \cdot$$

$$\left\{\exp\left[-\frac{u}{4K_z x}(z - H_r)^2\right] + \exp\left[-\frac{u}{4K_z x}(z + H_r)^2\right]\right\} \tag{3-80}$$

当 $H_r = 0$ 时，式（3-80）简化为式（3-79），即泄漏源在地面的连续稳态点源泄漏。

11. Pasquill-Gifford 模型

上述情况的计算中，都依赖于湍流扩散系数 K_j 的值的确定。K_j 随着位置、时间、风速和天气情况等而发生变化，而且通过实验测定很不方便。目前常用的解决方法由 Sutton 提出，定义了一个更容易通过实验测定的扩散系数：

$$\sigma_x^2 = \frac{1}{2}\bar{c}^2(u_x t)^{2-n} \tag{3-81}$$

类似地可以给出 σ_y 和 σ_z 的定义。

此扩散系数是大气稳定度和距泄漏源距离的函数。如前所述，大气稳定度主要决定于风速和日照程度，在决定扩散系数时，往往按照表 3-4 所示进一步细化为六个等级，由 A 到 F 表示稳定性逐渐增强。对于连续源（烟羽泄漏）的扩散系数，可以由图 3-9 和图 3-10 查出。烟团泄漏的扩散系数可以由图 3-11 给出，但准确性要差一些。

表 3-4 使用 Pasquill-Gifford 扩散模型的大气稳定度等级[7,8]

表面风速/(m/s)	白天日照			夜间条件	
	强	适中	弱	云层很薄或覆盖>4/8	云层覆盖≤3/8
<2	A	A～B	D	F	F
2～3	A～B	B	C	E	F
3～4	B	B～C	C	D	E
4～6	C	C～D	D	D	D
>6	C	D	D	D	D

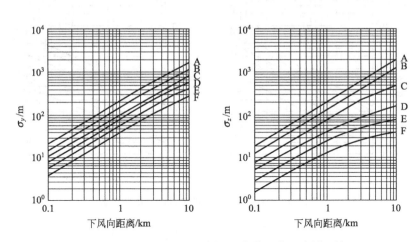

图 3-9 Pasquill-Gifford 烟羽模型扩散系数（农村环境）

将扩散系数应用于前面烟羽和烟团模型，即著名的 Pasquill-Gifford 模型[20]。

12. 地面上瞬时烟团泄漏

当泄漏源在地面时，即前面所说的情形 7。

$$\bar{c}=\frac{Q_m^*}{\sqrt{2}\,\pi^{\frac{3}{2}}\sigma_x\sigma_y\sigma_z}\exp\left\{-\frac{1}{2}\left[\left(\frac{x-ut}{\sigma_x}\right)^2+\frac{y^2}{\sigma_y^2}+\frac{z^2}{\sigma_z^2}\right]\right\} \qquad (3-82)$$

令 $z=0$，可以求得地面处的浓度：

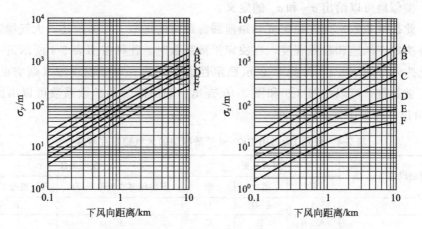

图 3-10　Pasquill-Gifford 烟羽模型扩散系数（城市环境）

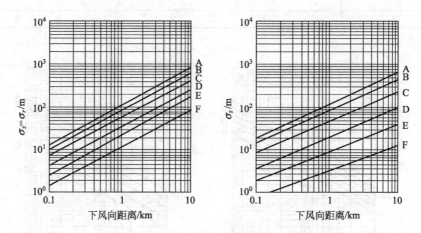

图 3-11　Pasquill-Gifford 烟团模型扩散系数

$$\overline{c}_{(x,y,0,t)} = \frac{Q_m^*}{\sqrt{2}\,\pi^{\frac{3}{2}}\sigma_x\sigma_y\sigma_z}\exp\left\{-\frac{1}{2}\left[\left(\frac{x-ut}{\sigma_x}\right)^2 + \frac{y^2}{\sigma_y^2}\right]\right\} \tag{3-83}$$

地面上沿风向即 x 轴方向的浓度，可以通过令 $y=z=0$ 得到：

$$\overline{c}_{(x,0,0,t)} = \frac{Q_m^*}{\sqrt{2}\,\pi^{\frac{3}{2}}\sigma_x\sigma_y\sigma_z}\exp\left[-\frac{1}{2}\left(\frac{x-ut}{\sigma_x}\right)^2\right] \tag{3-84}$$

烟团中心坐标为 $(ut,0,0)$，据此可以得到移动烟团中心的浓度：

$$\overline{c}_{(ut,0,0,t)} = \frac{Q_m^*}{\sqrt{2}\,\pi^{\frac{3}{2}}\sigma_x\sigma_y\sigma_z} \tag{3-85}$$

将浓度对时间积分，可以得到站在固定点 (x,y,z) 处的个体所接受的全部剂量：

$$D_{tid}(x,y,z)=\int_0^\infty \overline{c}(x,y,z,t)\mathrm{d}t \tag{3-86}$$

当人站在地面上以及位于下风向时，式(3-86) 的结果分别为：

$$D_{tid}(x,y,0)=\frac{Q_m^*}{\pi\sigma_y\sigma_z u}\exp\left(-\frac{1}{2}\frac{y^2}{\sigma_y^2}\right) \tag{3-87}$$

$$D_{tid}(x,0,0)=\frac{Q_m^*}{\pi\sigma_y\sigma_z u} \tag{3-88}$$

一般情况下，通过达到指定浓度的位置定义气云边界。连接气云周围相等浓度点的曲线称为等值线。对于指定的浓度，地面上的等值线可以通过用中心线浓度方程除以一般地面浓度方程来确定。

$$y=\sigma_y\sqrt{2\ln\frac{\overline{c}(x,0,0,t)}{\overline{c}(x,y,0,t)}} \tag{3-89}$$

13. 高空瞬时烟团泄漏

当烟团的泄漏点位于高于地面 H_r 处时，令坐标系仍处于地面但随烟团进行水平移动，烟团中心位于 $x=ut$ 处，则浓度的表达式为：

$$\overline{c}=\frac{Q_m^*}{(2\pi)^{3/2}\sigma_x\sigma_y\sigma_z}\exp\left(-\frac{1}{2}\frac{y^2}{\sigma_y^2}\right)\left\{\begin{array}{l}\exp\left[-\frac{1}{2}\left(\frac{z-H_r}{\sigma_z}\right)^2\right]\\+\exp\left[-\frac{1}{2}\left(\frac{z+H_r}{\sigma_z}\right)^2\right]\end{array}\right\} \tag{3-90}$$

时间的影响可以通过扩散系数来体现，当烟团向下风向运动时，它们的值也会发生变化。如果在无风条件下，式(3-90) 是不适用的。

地面浓度和地面中心线的浓度分别为：

$$\overline{c}(x,y,0,t)=\frac{Q_m^*}{\sqrt{2}\,\pi^{\frac{3}{2}}\sigma_x\sigma_y\sigma_z}\exp\left[-\frac{1}{2}\left(\frac{y^2}{\sigma_y^2}+\frac{H_r^2}{\sigma_z^2}\right)\right] \tag{3-91}$$

$$\overline{c}(x,0,0,t)=\frac{Q_m^*}{\sqrt{2}\,\pi^{\frac{3}{2}}\sigma_x\sigma_y\sigma_z}\exp\left(-\frac{1}{2}\frac{H_r^2}{\sigma_z^2}\right) \tag{3-92}$$

对于烟团，最大浓度通常在烟团的中心。当泄漏源高于地面时，中性气的烟团中心将平行于地面移动，而地面上的最大浓度将位于烟团中心的正下方。

14. 地面上连续稳态烟羽泄漏

当泄漏源位于地面时，风速沿 x 轴正向，风速恒定为 u。这种情况与前面的情形 9 类似。

$$\overline{c}=\frac{Q_m}{\pi u\sigma_y\sigma_z}\exp\left[-\frac{1}{2}\left(\frac{y^2}{\sigma_y^2}+\frac{z^2}{\sigma_z^2}\right)\right] \tag{3-93}$$

令 $z=0$，可以得到地面上的浓度：

$$\bar{c}(x,y,0)=\frac{Q_m}{\pi u \sigma_y \sigma_z}\exp\left(-\frac{1}{2}\frac{y^2}{\sigma_y^2}\right) \tag{3-94}$$

令 $y=z=0$，可以得到下风向沿烟羽中心线的浓度：

$$\bar{c}(x,0,0)=\frac{Q_m}{\pi u \sigma_y \sigma_z} \tag{3-95}$$

等值线的求解可以按照与瞬时泄漏时类似的方法处理。

15. 高空中连续稳态烟羽泄漏

当泄漏源位于比地面高 H_r 处时，情况与前面的情形 10 情况相同。

$$\bar{c}=\frac{Q_m}{2\pi u \sigma_y \sigma_z}\exp\left(-\frac{1}{2}\frac{y^2}{\sigma_y^2}\right)\left\{\exp\left[-\frac{1}{2}\left(\frac{z-H_r}{\sigma_z}\right)^2\right]+\exp\left[-\frac{1}{2}\left(\frac{z+H_r}{\sigma_z}\right)^2\right]\right\} \tag{3-96}$$

地面浓度和地面中心线浓度分别为：

$$\bar{c}(x,y,0)=\frac{Q_m}{\pi u \sigma_y \sigma_z}\exp\left[-\frac{1}{2}\left(\frac{y^2}{\sigma_y^2}+\frac{H_r^2}{\sigma_z^2}\right)\right] \tag{3-97}$$

$$\bar{c}(x,0,0)=\frac{Q_m}{\pi u \sigma_y \sigma_z}\exp\left(-\frac{1}{2}\frac{H_r^2}{\sigma_z^2}\right) \tag{3-98}$$

对于烟羽，最大浓度通常在泄漏点处。当泄漏源高于地面时，地面上的最大浓度出现在泄漏处的下风向上的某一点。下风向地面上最大浓度出现的位置可以由式(3-99)求得：

$$\sigma_z=\frac{H_r}{\sqrt{2}} \tag{3-99}$$

根据式(3-99)确定最大浓度处的位置后，可以算出沿 x 轴的最大浓度：

$$\bar{c}_{\max}=\frac{2Q_m}{e\pi u H_r^2}\left(\frac{\sigma_z}{\sigma_y}\right) \tag{3-100}$$

式中，e 为自然常数。

除了只能用于中性气扩散外，Pasquill-Gifford 模型在使用上还有一些别的限制。一般来说，它只在距泄漏源 $0.1\sim10\text{km}$ 的范围内有效。而且预测得到的结果是时间平均值，因此局部浓度的瞬时值有可能超过预测结果。在紧急响应中这一点应该纳入考虑。实际浓度的瞬时值一般会在模型计算结果的 2 倍范围内变化。

16. 最坏事件情形

对于烟羽，最大浓度通常是在释放点处。如果释放是在高于地平面的地方发生，那么地面上的最大浓度出现在释放处的下风向上的某一点。

对于烟团，最大浓度通常在烟团的中心。对于释放发生在高于地平面的地方，烟团中心将平行于地面移动，并且地面上的最大浓度直接位于烟团中心的下方。对于烟团等值线，随着烟团向下风向的移动，等值线将接近于圆形。等值线的直径一开始随着烟团向下风向的移动而增加，然后达到最大，最后将逐渐减小。

如果天气条件未知或不能确定，那么可进行某些假设，以得到一个最坏情形的结果，即估算一个最大浓度。Pasquill-Gifford 扩散方程中的天气条件可通过扩散系数和风速予以考虑。通过观察估算浓度用的 Pasquill-Gifford 扩散方程，很明显扩散系数和风速在分母上，因此，通过选择导致最小值的扩散系数和风速的天气条件，可使估算的浓度最大。美国环境保护署（EPA）认为，当风速小到 1.5m/s 时，F 稳定度等级能够存在。一些风险分析家使用 2m/s 的风速。在计算中所使用的假设，必须清楚地予以说明。

三、重气扩散模型

危险物质泄漏后，即使其分子量并没有明显大于空气，仍然有可能形成重气。如闪蒸泄漏过程中一部分液态介质可能以小液滴的方式雾化在蒸气介质中。判断扩散介质是否为重气，可以用 R_i 作为判据。它表示质点的湍流作用导致的重力加速度变化值与高度为 h 的云团由于周围空气对其剪切作用而产生的加速度值之比：

$$R_i = \frac{(\rho - \rho_a)gh}{\rho_a^2 v} \tag{3-101}$$

式中，ρ 和 ρ_a 分别表示云团和空气的密度；v 表示空气对云团的剪切力产生的摩擦速度。

通常定义一个 R_i 的临界值，超过这个临界值时即认为该扩散介质属于重气。这个值的选取根据环境条件有一定的不确定性，一般情况下可以取 10。

重气在向四周扩散的同时，也在向下方沉降。地面条件等复杂环境因素的影响，比非重气扩散中更为明显，与非重气的扩散也有较大差异。根据数学建模思路的不同，可以把重气扩散的模型分为三类。

① 经验模型。又称 Britter-McQuaid 模型。提出者将一系列重气扩散的实验数据进行无量纲处理后绘制成图表，并拟合出经验公式。这种模型简单易用，但精度只能作为初步筛选使用，而且难以进行深入的改进。

② 一维模型。该模型主要包括用于瞬时泄漏的箱模型和用于连续泄漏的

板块模型。此类模型一般将重气扩散划分为重力沉降、重气向非重气扩散转换、被动扩散三个阶段，引入了空气卷吸的概念，并假设各阶段云团内密度、温度等的分布遵循统一的规律。根据对云团内温度、密度分布和空气卷吸处理方法的不同，产生了很多对箱模型的改进。这也是目前的安全设计被广泛应用的一类模型。

③ 浅层模型。浅层模型对气云主体和气云边缘采用了不同的处理方法，相比于一维模型，对复杂地形的处理能力有了明显的提升。典型的浅层模型有 SLAB 模型和 TWODEE 模型等。

第三节 火灾爆炸后果分析

易燃易爆的气体、液体泄漏后遇到点火源就会被点燃而发生火灾爆炸，常见的火灾爆炸现象包括池火、喷射火、火球、蒸气云爆炸和沸腾液体扩展蒸气爆炸等。

一、池火

可燃液体或易熔、可燃固体泄漏后流到地面形成液池，或流到水面覆盖水面，遇到点火源燃烧而形成池火灾。池火灾[21]火焰的几何尺寸及热辐射参数按如下步骤计算。

1. 计算燃烧速率

当液池中的可燃液体的沸点高于环境温度时，液体表面上单位面积的燃烧速率为：

$$m_f = \frac{0.001\Delta H_c}{c_p(T_b - T_a) + \Delta H_v} \qquad (3\text{-}102)$$

其中，m_f 是燃烧速率，$kg/(m^2 \cdot s)$；ΔH_c 是燃烧热，J/kg；c_p 是液体定压比热容，$J/(kg \cdot K)$；T_b 是液体沸点，K；T_a 是环境温度，K；ΔH_v 是液体汽化热，J/kg。

当液池中的可燃液体的沸点低于环境温度时，如加压液化气或冷冻液化气，液体表面上单位面积的燃烧速率为：

$$m_f = \frac{0.001\Delta H_c}{\Delta H_v} \qquad (3\text{-}103)$$

2. 计算液池的直径

当危险单元为油罐或油罐区时，液池直径 D 为：

$$D = \left(\frac{4S}{\pi}\right)^{1/2} \tag{3-104}$$

式中，S 是液池面积，m^2；D 是液池直径，m。

当危险单元为输油管道且无防护堤时，假定泄漏的液体无蒸发并已充分蔓延、地面无渗透，则根据泄漏的液体量和地面性质，按式（3-105）可计算最大池面积。

$$S = W/(h_{min}\rho) \tag{3-105}$$

式中，W 是泄漏液体的质量，kg；h_{min} 是最小物料层厚度，m；ρ 是液体的密度，kg/m^3。最小物料层厚度与地面性质对应关系见表 3-5。

表 3-5 不同性质地面物料层厚度

地面性质	最小物料层厚度/m
草地	0.02
粗糙地面	0.025
平整地面	0.01
混凝土地面	0.005
平静的水面	0.0018

3. 确定火焰高度

计算池火焰高度的经验公式如下：

$$L/D = 42\left[m_f/(\rho_0\sqrt{gD})\right]^{0.61} \tag{3-106}$$

式中，L 是火焰高度，m；m_f 是燃烧速率，$kg/(m^2 \cdot s)$；ρ_0 是空气密度，kg/m^3。

4. 计算火灾持续时间

假定燃料的燃烧速率恒定，在没有有效灭火情况下，火灾持续时间为：

$$t = \frac{W}{m_f} \tag{3-107}$$

5. 计算火焰表面热辐射通量

假定能量由圆柱形火焰侧面和顶部向周围均匀辐射，用式（3-108）计算火焰表面热辐射通量：

$$q_0 = \frac{0.25\pi D^2 \Delta H_c m_f f}{0.25\pi D^2 + \pi DL} \tag{3-108}$$

式中，q_0 是火焰表面的热辐射通量，kW/m^2；f 是热辐射系数，可取 0.15。

6. 目标接收到的热辐射通量的计算

目标接收到的热辐射通量的计算公式为：

$$q(r) = q_0(1 - 0.058\ln d)V \tag{3-109}$$

式中，$q(r)$ 是目标接收到的热辐射通量，kW/m^2；d 是目标到泄漏中心的水平距离，m；V 是视角系数。

7. 视角系数的计算

视角系数 V 与目标到火焰垂直轴的距离与火焰半径之比 s 和火焰高度与直径之比 h 有关。

$$V = \sqrt{\sqrt{V_V^2 + V_H^2}} \tag{3-110}$$

$$\pi V_H = A - B \tag{3-111}$$

$$A = (b - 1/s)\left\{\tan^{-1}\left[\frac{(b+1)(s-1)}{(b-1)(s+1)}\right]^{0.5}\right\}/(b^2-1)^{0.5} \tag{3-112}$$

$$B = (a - 1/s)\left\{\tan^{-1}\left[\frac{(a+1)(s-1)}{(a-1)(s+1)}\right]^{0.5}\right\}/(a^2-1)^{0.5} \tag{3-113}$$

$$\pi V_V = \tan^{-1}[h/(s^2-1)^{0.5}]/s + h(J-K)/s \tag{3-114}$$

$$J = \left[\frac{a}{(a^2-1)^{0.5}}\right]\tan^{-1}\left[\frac{(a+1)(s-1)}{(a-1)(s+1)}\right]^{0.5} \tag{3-115}$$

$$K = \tan^{-1}[(s-1)/(s+1)]^{0.5} \tag{3-116}$$

$$a = (h^2 + s^2 + 1)/(2s) \tag{3-117}$$

$$b = (s^2 + 1)/(2s) \tag{3-118}$$

式中，s 是目标到火焰垂直轴的距离与火焰半径之比；h 是火焰高度与直径之比；A、B、J、K、V_H 和 V_V 是为了描述方便而引入的中间变量。

二、喷射火

带压可燃物质泄漏时，从破裂口高速喷出后，如果被点燃，可形成喷射火。喷射火火焰的几何尺寸及热辐射参数按如下步骤计算。

1. 垂直方向喷射火[22]计算

（1）火焰高度的计算

$$\frac{L}{D_j} = \frac{5.3}{C_T}\sqrt{\frac{T_f/T_j}{\alpha_T}\left[C_T + (1-C_T)\frac{M_a}{M_f}\right]} \tag{3-119}$$

式中，L 是火焰长度，m；D_j 是喷管直径，m；C_T 是燃料-空气计算化学反应中燃料的摩尔系数；T_f 是燃烧火焰的绝热温度，K；T_j 是喷射流体的绝热温度，K；α_T 是燃料-空气计量化学反应中产生每摩尔燃烧产物所需反应物的物质的量；M_a 是空气的摩尔质量，g/mol；M_f 是燃料的摩尔质量，g/mol。对于大多数燃料而言，C_T 远小于 1，α_T 近似等于 1，T_f 和 T_j 的比值在 7～9 之间。

（2）目标接收到的热辐射通量的计算

$$q(r) = \tau_a \eta m \Delta H_c F_p \tag{3-120}$$

式中，$q(r)$ 是距离 r 处目标接收到的热辐射通量，kW/m²；τ_a 是大气传输率；η 是热辐射系数；m 是燃料泄漏的质量流速，kg/s；ΔH_c 是燃烧热，J/kg；F_p 是视角因子。

大气传输率 τ_a 可按下式计算：

$$\tau_a = 2.02(p_w d_s)^{-0.09} \tag{3-121}$$

式中，p_w 是大气中水蒸气分压，Pa；d_s 是目标到火焰表面的距离，m。

大气中水蒸气分压 p_w 可按下式计算：

$$p_w = 101325 \times RH \times e^{\left(14.4114 - \frac{5328}{T_a}\right)} \tag{3-122}$$

式中，RH 是相对湿度，%；T_a 是环境温度，K。

视角因子 F_p 可按下式计算：

$$F_p = \frac{1}{4\pi d^2} \tag{3-123}$$

式中，d 是目标到火焰中心的距离，m。

2. 水平方向喷射火计算

加压的可燃物泄漏时形成射流，如果在泄漏裂口处被点燃，则形成喷射火。假定火焰为圆锥形，并用从泄漏处到火焰长度 4/5 处的点源模型来表示。

（1）火焰长度的计算

$$L = \frac{(\Delta H_c m)^{0.444}}{161.66} \tag{3-124}$$

式中，L 是火焰长度，m；ΔH_c 是燃烧热，J/kg；m 是质量流速，kg/s。

（2）热辐射通量的计算　距离火焰点源 d 处接收到的热辐射通量可用下式表示：

$$q(r) = \frac{f H_c m \tau_a}{4\pi d^2 \times 1000} \tag{3-125}$$

式中，$q(r)$ 是距离 d 处接收到的热辐射通量，kW/m²；f 是热辐射率；τ_a 是大气传输率。

大气传输率 τ_a 按下式计算：

$$\tau_a = 1 - 0.0565 \ln d \tag{3-126}$$

三、蒸气云爆炸

当大量的易燃挥发性液体或气体泄漏时，随空气扩散遍布整个工厂，形成蒸气云，遇到点火源会发生剧烈的爆炸。化学工业中，大多数危险和破坏性的爆炸[23,24]是蒸气云爆炸（Vapor Cloud Explosion，VCE）。

VCE 通常采用 TNO 多能法计算，具体步骤如下：

（1）使用扩散模型计算，确定可燃气云的范围。

（2）进行区域检查，确定受限区域。

（3）在被可燃气云覆盖的区域内确定引起强烈爆炸的潜在源，包括：

① 受限的空间和建筑物（如工艺设备、平台和管架等）；

② 平行平面之间的空间（如汽车底部与地面之间等）；

③ 管状结构内的空间（如隧道、桥梁及排污系统等）；

④ 高压泄放喷射形成的剧烈扰动的燃料-空气混合物。

（4）通过下列步骤，估算区域内（作为爆炸源）燃料-空气混合物的燃烧能：

① 单独考虑每一个爆炸源。

② 假设被识别为爆炸源区域中的所有燃料-空气混合物都产生贡献。

③ 估算存在于每个爆炸源区域内的燃料-空气混合物体积。（估算是基于整个区域的尺寸。注意燃料-空气混合物可能没有充满整个区域；此外在估算受限区域体积时，应减去该区域内设备所占体积。）

④ 计算爆炸源的燃烧能

$$E = V_{爆炸源} \times 3.5 \times 10^6 \tag{3-127}$$

式中，E 是爆炸源内燃料-空气混合物的燃烧能，J；$V_{爆炸源}$ 是爆炸源中燃料-空气混合物体积，m^3。

（5）估计爆炸源的强度 $\overline{R}_0$，取值范围为 $1 \sim 10$，如：

① 对气云中未受限部分，取 1；

② 对喷射时强扰动的气云部分，取 3；

③ 典型工艺单元，取 $7 \sim 9$；

④ 最大爆炸源强度，取 10。

（6）计算 Sachs 比例距离 $\overline{R}$

$$\overline{R}=\frac{R}{(E/p_0)^{1/3}} \tag{3-128}$$

式中，$\overline{R}$ 是爆炸源的 Sachs 比例距离（无量纲）；R 是距爆炸源中心的距离，m；p_0 是环境大气压，Pa。

（7）计算爆炸超压和正相持续时间　查图 3-12，得到 Sachs 比例爆炸超压 $\Delta\overline{p}_s$ 和 Sachs 比例正相持续时间 $\overline{t}_d$，爆炸超压和正相持续时间的计算见下式：

$$p=\Delta\overline{p}_s p_0 \tag{3-129}$$

$$t_d=\overline{t}_d\left[\frac{(E/p_0)^{1/3}}{c_0}\right] \tag{3-130}$$

式中，p 是爆炸超压，Pa；t_d 是正相持续时间，s；c_0 是空气中的声速，m/s。

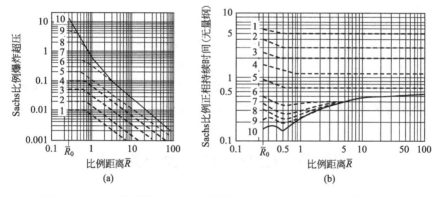

图 3-12　TNO 模型的 Sachs 比例爆炸超压与 Sachs 比例正相持续时间

如果两个爆炸源的距离很近，需考虑两个爆炸源同时爆炸的影响。对于该问题最为保守的方法是假设爆炸强度为最大等级 10，并将相邻爆炸源所产生的燃烧能相加。

四、沸腾液体扩展蒸气爆炸

当储存有温度高于大气压下的沸点的液体储罐破裂时，就会发生沸腾液体扩展蒸气爆炸（Boiling Liquid Expanding Vapor Explosion，BLEVE）。采用国际劳工组织建议的 BLEVE 热辐射模型进行计算，步骤如下：

1. 火球直径的计算

$$D=5.8W^{1/3} \tag{3-131}$$

式中，D 是火球直径，m；W 是火球中消耗的可燃物质量，kg，对于单罐储存，W 取罐容量的 50%；对于双罐储存，W 取罐容量的 70%；对于多罐储存，W 取罐容量的 90%。

2. 火球持续时间的计算

当 $W < 30000$kg 时：

$$t = 0.45W^{1/3} \tag{3-132}$$

当 $W > 30000$kg 时：

$$t = 2.6W^{1/6} \tag{3-133}$$

式中，t 是火球持续时间，s。

3. 火球的中心高度和初始地面水平半球直径的计算

$$h = 0.75D \tag{3-134}$$

$$D_{\text{initial}} = 1.3D \tag{3-135}$$

4. 目标接收到热辐射通量的计算

$$q(r) = \frac{q_0(D/2)^2 d(1 - 0.058\ln d)}{[(D/2)^2 + d^2]^{3/2}} \tag{3-136}$$

式中，q_0 是火球表面的热辐射通量，W/m²，对于柱形罐取 270W/m²，对于球形罐取 200W/m²；d 是目标到火球中心的平均距离，m。

第四节　CFD 在泄漏模型的应用

前面介绍的这些计算方法，大多是在理论分析的基础上，对计算对象进行抽象和简化得到。因此所得的算式中各种影响因素清晰可见，所得结果具有普遍性，是指导实验研究和验证新方法的理论基础。但简化也必然带来其他方面的缺陷，理论方法的准确性往往受到所做假设的限制，而且对于非线性情况，只有少数问题，往往只有在少数情况下能得到解析解。气体扩散过程受到重力、环境条件、初始状态等诸多因素的影响，又往往表现为湍流的形式，理论方法的局限性在这一问题上体现得十分明显。因此随着计算机软、硬件的发展，通过计算流体力学研究解决气体扩散问题正日益得到人们的重视，在此做简略介绍。

计算流体动力学（Computational Fluid Dynamics，CFD）[25-29]是通过计算机数值计算和图像显示，对包含有流体流动和热传导等相关物理现象的系统所做的分析。CFD 的基本思想是把原来在时间域及空间域上连续的物理量的场，如速度场和压力场，用一系列有限个离散点上的变量值的集合来代替，通过一定的原则和方式建立起关于这些离散点上场变量之间关系的代数方程组，然后求解代数方程组获得场变量的近似值。CFD 可以看作是在流动基本方程（质量守恒方程、动量守恒方程、能量守恒方程）控制下对流动的数值模拟。通过这种数值模拟，可以得到极其复杂问题的流场内各个位置上的基本物理量（如速度、压力、温度、浓度等）的分布，以及这些物理量随时间的变化情况，还可据此算出相关的其他物理量。

经过数十年的发展，CFD 已经包含了丰富的内容。根据离散的原理不同，CFD 大致上可以分为有限差分法、有限元法、有限体积法三个分支。求解对象从最初的二维势流到三维湍流和大涡模拟，被广泛应用于航空航天、环境气象、海洋工程、化工冶金等诸多领域。在气体扩散问题中，CFD 常被用于进行复杂的湍流模拟，常见的方法包括雷诺平均（Reynold Averaging）方法和大涡模拟（Large Eddy Simulation）思路。同时也有诸多已相对成熟的数值计算模型，如用于重气扩散的 FEM 模型、HEAVYGAS 模型等。

CFD 方法克服了理论方法和实验方法的弱点，在计算机上实现一个特定的计算，就好像在计算机上做了一次物理实验，它不受物理模型和实验模型的限制，有较多的灵活性，能给出详细和完整的资料，很容易模拟特殊地形、高温、有毒、易燃等复杂条件和实验中只能接近而无法达到的理想条件。但这个过程离不开专用软件的帮助。

针对在含有有毒气体的工艺设施中工作的个人可能面临气体泄漏和中毒风险，许多关于个人风险的研究都是在最坏的情况下进行的。然而，最糟糕的基于场景的方法不能代表现实的发布风险，并且可能高估了个人风险。针对这种情况，张波、刘越、沈巧波提出了一种基于完全事故场景集和计算流体动力学的方法来定量评估过程设施中有毒气体泄漏的个人风险。将漏气概率与风向、风速的联合分布概率相结合，建立了一个完全事故场景集模型。采用 CFD 方法对气体的泄漏和扩散浓度场进行了预测。然后，根据剂量反应模型，将有毒气体浓度转换为中毒死亡概率。通过对各泄漏场景的累计评估，最终确定虚拟个人风险。他们以含氨制冷系统的天然气工艺和二氧化碳回收终端处理设备的个人风险区域分类为例进行了研究。该方法可为工艺设备的个人风险定量分级提供科学依据。

参考文献

[1] Crowl D A, Louvar J F. Chemical Process Safety, Fundamentals with Applications [M]. 3rd ed.

Boston: Pearson Education, 2011.

[2] CCPS. Guidelines for Evaluating the Characteristics of Vapor Cloud Explosions, Pressure Vessel Burst, BLEVEs and Flash Fire Hazards [M]. 2nd ed. New York: John Wiley & Sons Inc. , 2010.

[3] Devaull G E, King J A, Lantzy R L, et al. Understanding Atmospheric Dispersion of Accidental Releases [M]. New York: John Wiley & Sons Inc. , 1995.

[4] CCPS. Guidelines for Consequence Analysis of Chemical Releases [M]. New York: AIChE, 1999.

[5] Prugh R W, Johnson R W. Guidelines for Vapor Release Mitigation [M]. New York: John Wiley & Sons Inc. , 1988.

[6] Mannan S. Lee' s Loss Prevention in the Process Industries [M]. 3rd ed. Oxford: Elsevier Butterworth-Heinemann, 2005.

[7] Levenspiel O. Engineering Flow and Heat Exchange [M]. 2nd ed. New York: Springer, 1998.

[8] McCabe W L, Smith J C, Harriott P. Unit Operations of Chemical Engineering [M]. 7th ed. New York: McGraw-Hill, 2004.

[9] Hooper W B. The Two-K Method Predicts Head Losses in Pipe Fittings [J]. Chemical Engineering, 1981, 24: 97-100.

[10] Keith J M, Crowl D A. Estimating Sonic Gas Flow Rates in Pipelines [J]. Journal of Loss Prevention in the Process Industries, 2005, 18: 55-62.

[11] Perry R H, Chilton C H. Chemical Engineers Handbook [M]. 7th ed. New York: McGraw-Hill, 1997.

[12] Hanna S R, Drivas P J. Guidelines for US vapor Cloud Dispersion Models [M]. New York: American Institute of Chemical Engineers, 1987.

[13] Turner D B. Workbook of Atmospheric Dispersion Estimates [M]. Cincinnati: US Department of Health, Education, and Welfare, 1970.

[14] Crowl D A. Understanding Explosions [M]. New York: John Wiley & Sons Inc. , 2003.

[15] Sutton O G. Micrometeorology [M]. New York: McGraw-Hill, 1953.

[16] Gifford F A. Use of Routine Meteorological Observations for Estimating Atmospheric Dispersion [J]. Nuclear Safety, 1961, 2 (4): 47.

[17] Gifford F A. Turbulent Diffusion -Typing Schemes: A Review [J]. Nuclear Safety, 1976, 17 (1): 68.

[18] Brode H L. Numerical Solutions of Spherical Blast Waves [J]. Journal of Applied Physics, 1995, 26 (6): 766-775.

[19] Lewis B, von Elbe G. Combustion, Flames, and Explosions of Gases [M]. 3rd ed. Burlington MA: Academic Press, 1987.

[20] Pasquill F. Atmospheric Diffusion [M]. London: Van Nostrand, 1962.

[21] Clancey V J. Diagnostic Features of Explosion Damage [C] // Sixth International Meeting of Forensic Sciences, Edinburgh, 1972.

[22] High R W. The Saturn Fireball [J]. Annals New York Academy of Science, 1968, 152:

441-445.

[23] 贝克 W E，考克斯 P A，威斯汀 P S，等. 爆炸危险性及其评估：下册 [M]. 张国顺，文以民，刘定吉译. 北京：群众出版社，1985.

[24] Mercx W P M, van den Berg A C, van Leeuwen D. Application of Correlations to Quantify the Source Strength of Vapour Cloud Explosions in Realistic Situations, Final Report for the Project：'GAMES' [M]. Rijswijk: TNO Prins Maurits Laboratory, 1998.

[25] Dong L, Zuo H, Hu L, et al. Simulation of Heavy Gas Dispersion in a Large Indoor Space Using CFD Model [J]. J Loss Prev Process, 2017, 46: 1-12.

[26] Nagaosa R S. A New Numerical Formulation of Gas Leakage and Spread Into a Residential Space in terms of Hazard Analysis [J]. J Hazard Mater, 2014, 271: 266-274.

[27] Souza A O, Luiz A M, Neto A T P, et al. A New Correlation for Hazardous Area Classification Based on Experiments and CFD Predictions [J]. Process Saf Prog, 2018, 38 (1): 21-26.

[28] Alves J J N, Neto A T P, Araújo A C B, et al. Overview and Experimental Verification of Models to Classify Hazardous Areas [J]. Process Safety and Environmental Protection, 2019, 122: 102-117.

[29] Zhang B, Liu Y, Qiao S. A Quantitative Individual Risk Assessment Method in Process Facilities with Toxic Gas Release Hazards: A Combined Scenario Set and CFD Approach [J]. Process Safety Progress, 2019, 38 (1): 52-60.

第四章

风险评估

风险评估（Risk Assessment）包括场景辨识、可能性分析和后果分析[1,2]。场景辨识侧重分析会有哪些事故，是如何发生的；可能性分析侧重分析事故发生的概率有多大；后果分析侧重分析所预计的破坏程度，包括人员的死亡、对环境或重要设备的破坏，以及停工天数。

第二章中介绍的危险辨识方法中包括了风险评估的部分内容。HAZOP 分析关注于特定的事故是如何发生的，这就是场景辨识的一种形式。Dow F & EI 包括最大可能财产损失和最大可能停工天数的计算，这就是后果分析的一种形式，然而这些数据是由非常简单的计算得到的。本质安全指数法中相关指数的数值，同样也是后果分析的一种形式。第三章中的扩散源模型等为事故后果的准确定量分析奠定了基础。

本章前三节介绍三种常用的可能性分析方法，第四节和第五节侧重介绍综合定量考虑可能性和后果的完整风险评估过程。

本章的主要内容包括：

（1）可能性分析（Probability Analysis，PA）[3]。从系统和设备的失效入手，定义系统和设备相互作用的类型，介绍计算总失效概率的方法。

（2）事件树分析（Event Tree Analysis，ETA）[4-7]。按事故发展的时间顺序由初始事件开始推论可能的后果，从而进行概率计算的方法。

（3）故障树分析（Fault Tree Analysis，FTA）[8-16]。从顶事件开始，按照系统要素之间的关系往下分析，直到找出基本事件的评估方法。

（4）保护层分析（Layer of Protection Analysis，LOPA）[17-30]。包括描述后果和估算频率的简化方法。通过为过程添加各种保护层的方式，来降低不期望后果发生的频率。

（5）定量风险分析（Quantitative Risk Analysis，QRA）[31-35]。系统地进行风险评估的方法，需要专门的知识和投入大量的时间与资源。

第一节　可能性分析

工艺过程中的设备失效是多个元件之间相互作用的结果。过程的整体失效概率依赖于这种相互作用的性质。本节定义了各种相互作用的类型，并且介绍如何计算失效概率。

某一元件在经过一段时间后就会失效，称为失效率，用 μ 来表示，单位是失效次数/时间。假设失效率 μ 为常数，可以用泊松分布来表示元件在时间区间 $(0,t)$ 内不发生失效的概率：

$$R(t) = e^{-\mu t} \tag{4-1}$$

式中，$R(t)$ 为可靠度，随时间可靠度越来越低，最终接近零。可靠度降低的速度依赖于失效率。失效率越大，可靠度降低得越快。

可靠度的补数是失效概率（也称为不可靠度），用 $P(t)$ 表示：

$$P(t) = 1 - R(t) = 1 - e^{-\mu t} \tag{4-2}$$

失效密度函数定义为失效概率的导数，用 $f(t)$ 表示：

$$f(t) = \frac{dP(t)}{dt} = \mu e^{-\mu t} \tag{4-3}$$

过程元件两次失效之间的时间间隔称为平均失效间隔时间（Mean Time Between Failure，MTBF），是平均失效率的倒数：

$$\text{MTBF} = \frac{1}{\mu} \tag{4-4}$$

函数 μ、f、P 和 R 的典型图形，如图 4-1 所示。

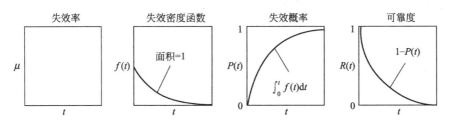

图 4-1　失效率、失效密度函数、失效概率和可靠度的典型图形

泊松分布仅当平均失效率为常数时有效，实际上许多元件的失效率如图 4-2 所示，当元件处于早期和晚期时的失效率最大。在这两者之间失效率相

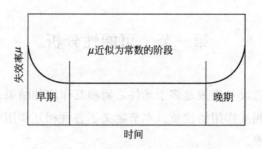

图 4-2 过程硬件的典型失效率曲线

当稳定。

一、工艺单元之间的相互作用

化工厂的事故，通常是众多元件之间相互复杂作用的结果。整个过程的总失效概率可由单个元件的失效概率计算得到。

过程元件以两种不同的方式相互作用：并联和串联。对于并联情形，过程失效需要许多元件同时失效。因此采用单个元件失效概率相乘来计算总失效概率：

$$P = \prod_{i=1}^{n} P_i \tag{4-5}$$

总可靠度，由下式计算：

$$R = 1 - \prod_{i=1}^{n} (1 - R_i) \tag{4-6}$$

对于串联情形，任何一个元件的失效都将导致过程的失效。过程的整体可靠度由单个元件的可靠度相乘得到：

$$R = \prod_{i=1}^{n} R_i \tag{4-7}$$

总失效概率，由下式计算：

$$P = 1 - \prod_{i=1}^{n} (1 - P_i) \tag{4-8}$$

部分典型过程元件的失效率数据见表 4-1。这些数据源自典型的化工过程工厂数据的平均值，实际数据将依赖于制造商、建筑材料、设计、环境及其他因素。在该分析中的假设失效是独立的、绝对的且非间歇性的，一台设备的失效并不新增加邻近设备的失效概率。

表 4-1 部分典型过程元件的失效率数据

设备	失效率/（次/年）	设备	失效率/（次/年）	设备	失效率/（次/年）
控制器	0.29	指示灯	0.044	压力开关	0.14
控制阀	0.60	液位检测	1.70	电磁阀	0.42
流量测量（流体）	1.14	高度测量（固体）	6.86	分挡发动机	0.044
流量测量（固体）	3.75	氧气分析器	5.65	带状记录仪	0.22
流动开关	1.12	pH 计	5.88	热电偶温度测量	0.52
气液色谱仪	30.6	压力测量	1.41	温度计温度测量	0.027
手动阀门	0.13	减压阀	0.022	阀门远程位置调节器	0.44

二、显性失效和隐形失效

如果过程元件（如基本过程控制系统的相关元件）的功能是在运行过程中持续发挥作用，那么元件一旦发生失效，操作人员就能立即发现，这样的失效称为显性失效。如果过程元件（如安全仪表系统的相关元件）的功能仅在发生危险情况才发挥作用，那么它们可能在操作人员意识不到的情况下发生失效，这种失效称为隐性失效。

图 4-3 是对显性失效的描述。过程元件的正常工作时间称为平均无失效时间（Mean Time to Failure，MTTF）。失效发生后，需要一段时间检测到失效

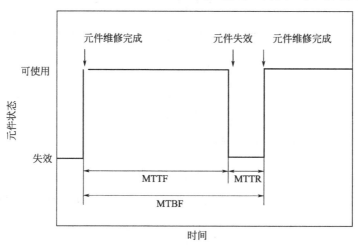

图 4-3 显性失效的元件循环

并维修元件，称为平均修复时间（Mean Time to Restoration，MTTR）。MTBF 是 MTTF 和 MTTR 的总和。

接下来定义可用性和不可用性，可用性 A 是元件能够发挥功能的概率，不可用性 U 是元件发生故障、无法发挥功能的概率，很明显：

$$A + U = 1 \qquad (4\text{-}9)$$

可用性由下式计算：

$$A = \text{MTTF}/\text{MTBF} \qquad (4\text{-}10)$$

类似地，不可用性由下式计算：

$$U = \text{MTTR}/\text{MTBF} \qquad (4\text{-}11)$$

对于隐性失效，失效仅在常规检查后才能被发现。该情况如图 4-4 所示，τ_i 为检查间隔时间，τ_u 为检查间隔期间的平均不可用周期，那么：

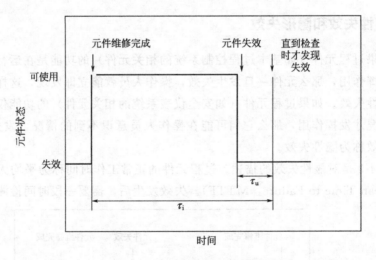

图 4-4　隐性失效的元件循环

$$U = \frac{\tau_u}{\tau_i} \qquad (4\text{-}12)$$

平均不可用周期由失效概率计算：

$$\tau_u = \int_0^{\tau_i} P(t)\,\mathrm{d}t \qquad (4\text{-}13)$$

失效概率 $P(t)$ 由式(4-2)给出，代入积分可得不可用性的计算公式：

$$U = 1 - \frac{1}{\mu\tau_i}(1 - e^{-\mu\tau_i}) \qquad (4\text{-}14)$$

可用性的计算公式如下：

$$A = \frac{1}{\mu \tau_i}(1 - e^{-\mu \tau_i}) \tag{4-15}$$

三、重合概率

对于可能发生隐性失效的过程元件，即使发生失效也不一定会导致危险后果。只有当危险过程事件的发生和元件失效同时出现即重合时，危险后果才会出现。

假设危险的过程事件在时间间隔 T_i 内发生了 p_d 次，该事件的发生频率为：

$$\lambda = \frac{p_d}{T_i} \tag{4-16}$$

对于不可用性为 U 的元件，仅当过程事件发生在该元件不可用时，危险后果才发生，即每 $p_d U$ 次过程事件发生一次危险事件。

危险事件的平均发生频率是上述危险重合的次数除以时间周期，即：

$$\lambda_d = \frac{p_d U}{T_i} \tag{4-17}$$

同时重合间隔时间（Mean Time Between Coincidences，MTBC）是危险事件的平均发生频率的倒数，即：

$$MTBC = \frac{1}{\lambda_d} \tag{4-18}$$

四、冗余

系统设计应使之即使当单一的仪器或控制功能发生失效时，一般情况下也能运行。这是通过冗余控制来完成的，包括两个或更多的测量、处理方式和操作机构来确保系统安全可靠地操作，冗余度依赖于过程的危险性和潜在的经济损失。额外的温度探测器是冗余温度测量的一个例子，而冗余的温度控制回路的例子是额外的温度探测器、控制器和操作机构（如冷却水控制阀）。

五、共模失效

冗余结构中的元件可能因为相同的原因同时失效，称为共模失效。如果简单地将各个失效假设为独立事件，将会低估失效率。目前已有多种共模失效模型。其中最简单的是单一 β 因子模型，采用共模失效因子 β 表示两个或多个元件的共模失效在单个元件失效率中所占的比例。单一 β 因子模型非常简单，对于复杂的冗余结构可能不够精确，在处理复杂的冗余结构时，可以选择一些更为复杂的共模失效模式。

第二节　事件树分析

事件树分析（ETA）是一种按事故发展的时间顺序由初始事件开始推论可能的后果，从而进行风险评估的方法。这种方法是归纳法。其实质是利用逻辑思维的初步规律和形式，分析事故形成过程。通过该方法能够演算得到某初始事件诱发的各种潜在场景的发生频率。

事件树的分析步骤如下：

1. 确定初始事件

事件树分析是系统研究作为危险源的初始事件如何与后续事件形成时序逻辑关系而最终导致事故的方法。正确选择初始事件十分重要。初始事件是事故未发生时，其发展过程中的危险事件，如机器故障、设备损坏、能量外逸或失控、人的误动作等。

2. 确定设计用来处理初始事件的安全功能设施

系统中包括许多安全功能，在初始事件发生时消除或减轻其影响以维持系统的安全运行。常见的安全功能措施如：对初始事件自动采取控制措施的系统，如自动停车系统；提醒操作者初始事件发生了的报警系统；根据报警或工作程序要求操作者采取的措施；缓冲装置，如减震、压力泄放系统或排放系统等；局限或屏蔽措施等。

3. 构造事件树

从初始事件出发，按事件发展过程自左向右绘制事件树，用树枝代表事件发展途径。首先考察初始事件一旦发生时最先起作用的安全功能，把可以发挥功能的状态画在上面的分支，不能发挥功能的状态画在下面的分支。然后依次考察各种安全功能的两种可能状态，直到到达系统失效或事故为止。

4. 描述所导致的事故顺序

构造事件树的目的是确定那些对风险评估有重要影响的事件，但是不同分支的许多结果是相同的，对这些不同的分支进行描述，以表明事件的发生序列，同时根据后果的类型对这些序列进行分类。

　　如果可以得到相当的数据，该方法可以用来为各种事件分配数值。这可以有效地用于确定某一特定事件序列的概率，以及决定需要怎样的改进。

第三节　故障树分析

　　故障树分析（FTA）是一种演绎推理法，这种方法把系统可能发生的某种事故与导致事故发生的各种原因之间的逻辑关系用树形图表示。故障树分析方法是一种作图分析方法，做法是把系统可能发生的事故放在图的最上面，称为顶事件；然后按照系统要素之间的关系，往下分析与灾难事故有关的原因，这些原因可能是其他一些原因的结果，因此称为中间事件；继续往下分析，直到找出不能进一步往下分析的原因，这些原因称为基本事件。图中的各因果关系用不同的逻辑门连接起来。

一、故障树的符号及意义

　　故障树是由一些符号构成的图形。这些符号根据功能可分为三种类型，即事件符号、逻辑门符号和转移符号。表4-2列出的是一些常用符号及意义。

表 4-2　故障树的符号及意义

种类	符号	名称	意义
事件符号	 ▭	顶事件或中间事件	表示由许多其他事件相互作用而引起的事件。这些事件都可进一步往下分析，处在故障树的顶端或中间
	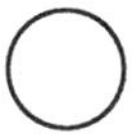 ○	基本事件	故障树中最基本的事件,不能继续往下分析,处在故障树的底端
	 ◇	省略事件	由于缺乏资料不能进一步展开或不愿继续分析而有意省略的事件,也处在故障树的底端
	 ⌂	正常事件	故障树的边界条件事件,处在故障树的底端

续表

种类	符号	名称	意义
逻辑门符号	⌒	与门	表示下面的输入事件都发生,上面的输出事件才能发生
	⌒	或门	表示下面的输入事件只要有一个发生,上面的输出事件就会发生
	⌒—a	条件与门	输入事件都发生还需要满足条件a,输出事件才能发生
	⌒—a	条件或门	任何一个输入事件发生同时满足条件a,上面的输出事件就会发生
	⬡—a	限制门	下面一个输入事件发生同时条件a也发生,输出事件就会发生
转移符号	IN	转入符号	用于将故障树转入
	OUT	转出符号	用于将故障树转出到其他地方(如另一张图纸或另一处重复的地方)

二、故障树的分析步骤

1. 预备步骤

(1) 确定和熟悉系统　这是故障树分析的基础和依据。首先要详细地了解整个系统的工艺、设备、操作环境、控制系统和安全装置等。同时,要广泛收集国内外相关系统已经发生的事故资料。

(2) 准确地定义顶事件　根据系统的工作原理和事故资料确定一个或几个事故作为顶事件进行分析。诸如"较高的反应器温度"或"液位过高"的事件是准确的和适当的。诸如"反应器爆炸"或"过程火灾"的事件太含糊了,然而,诸如"阀门泄漏"的事件又太明确了。

(3) 定义存在的事件　当顶事件发生时,确定什么条件是存在的。

(4) 定义不允许的事件　这些是不太可能或不处于目前考虑范围内的事件,可能包括线路失效、闪电、龙卷风和飓风。

（5）定义过程的物理范围　在该故障树中，应该考虑什么部件？

（6）定义设备结构　哪个阀门被打开或关闭了？液位是多少？这是正常的操作状态吗？

（7）定义分析的程度　分析将仅考虑阀门，或有必要考虑阀门的组件？

2. 故障树的编制

首先，在纸张的顶部绘制顶事件。其次，采用演绎分析方法，逐层向下找出中间事件，直到所有的基本事件为止。每层事件都应按照逻辑关系用逻辑门连接起来。如果这些事件是并联的（为使顶事件发生，所有的事件必须都发生），那么这些事件必须通过与门同顶事件连接。如果这些事件是串联的（任何一个事件的发生，都能导致顶事件的发生），那么这些事件必须通过或门同顶事件连接。最终得到的图形就是完整的故障树。

3. 计算顶事件（事故）发生的概率

故障树编好后，不仅可以直观地看出顶事件发生的途径及相关因素，还可以进行多重计算。根据所调查的情况和资料，确定基本事件发生的概率，并标在故障树上。根据这些基本数据，可以求出顶事件发生的概率。接下来介绍计算顶事件发生的概率方法。

三、计算顶事件发生的概率

计算事故发生概率的方法有两种。第一种计算方法是通过使用故障树图来完成。将所有基本、外部、不再发展的事件的失效概率写在事故树上。然后所需要的计算通过穿越各种逻辑门来完成。通过与门时概率相乘，通过或门时可靠度相乘。计算以这种方式持续进行，直到到达顶事件。限制门被认为是与门的特殊情况。

另一种方法是近似计算方法，包括最小割集法、最小径集法、化相交集为不交集法等。该方法仅当所有事件的概率都很小时，才能得到近似准确的结果。一般情况下，该结果要比实际的概率大。这里只简单介绍最小割集法，对于其他方法，感兴趣的读者可参考相关书籍。

在故障树中，能使顶事件发生的最低限度的基本事件的集合称为最小割集。故障树中每一个最小割集都对应一种顶事件发生的可能性。求最小割集最常用的方法是布尔代数法。建立故障树的布尔表达式，将布尔表达式化为析取标准式，化析取标准式为最简析取标准式，计算顶事件发生的概率。

假设某故障树有 n 个基本事件：$X_1, X_2, \cdots, X_i, \cdots, X_n$。各基本事件发生

的概率分别为：$q_1, q_2, \cdots, q_i, \cdots, q_n$。

其次，假设该故障树有 k 个最小割集：$E_1, E_2, \cdots, E_k$。这时，顶事件 T 等于最小割集的并集，顶事件 T 发生的概率为：

$$P(T) = P\{\bigcup_{r=1}^{k} E_r\} \tag{4-19}$$

得到顶事件的概率公式为：

$$P(T) = \sum_{r=1}^{k} P\{E_r\} - \sum_{1 \leqslant r < s < t \leqslant k} P\{E_r \cup E_s\} + \sum_{1 \leqslant r < s < t \leqslant k} P\{E_r \cup E_s \cup E_t\}$$
$$+ \cdots + (-1)^{k-1} P\{\bigcup_{r=1}^{k} E_r\} \tag{4-20}$$

故顶事件发生的概率为：

$$P(T) = \sum_{r=1}^{k} \prod_{X_i \in E_r} q_i - \sum_{1 \leqslant r < s < t \leqslant k} \prod_{X_i \in E_r \cup E_s} q_i + \sum_{1 \leqslant r < s < t \leqslant k} \prod_{X_i \in E_r \cup E_s \cup E_t}$$
$$q_i + \cdots + (-1)^{k-1} \prod_{\substack{r=1 \\ X_i \in E_r}}^{k} q_i \tag{4-21}$$

式中，r，s，t 为最小割集的序数，$1 \leqslant r < s < t \leqslant k$；$E_r \cup E_s$ 表示第 r 个最小割集和第 s 个最小割集的交集；$X_i \in E_r$ 表示属于第 r 个最小割集的第 i 个基本事件；$X_i \in E_r \cup E_s$ 表示第 r 个最小割集和第 s 个最小割集的交集组成集合中的第 i 个基本事件。

第四节 保护层分析

保护层分析（LOPA）是一种风险评估的半定量工具，该方法包括描述后果和估算频率的简化方法。通过为过程添加各种保护层的方式，来降低不期望后果发生的频率。保护层可能包括本质安全过程设计、基本过程控制系统、安全仪表功能、被动防护（防火堤、防爆墙等）、主动防护（泄放装置）、工厂应急响应和社会应急响应等。关于保护层的概念见图 4-5。

一、LOPA 的基本程序

1. LOPA 基本流程
见图 4-6，主要过程包括：
（1）评估后果和严重度；
（2）筛选事故场景；

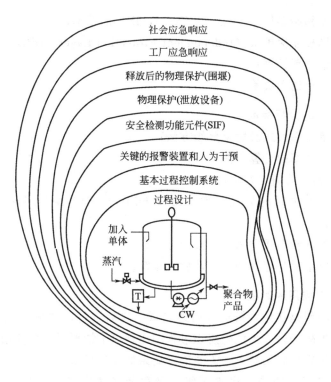

图 4-5 降低特定事故情形发生概率的保护层

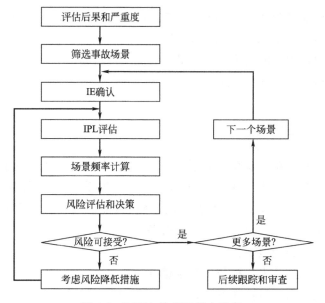

图 4-6 LOPA 分析的基本程序

（3）确定初始事件（Initiating Event，IE）的频率；

（4）识别独立保护层（Independent Protection Layer，IPL）；

（5）场景频率计算；

（6）风险评估和决策。

2. LOPA 的分析标准

（1）后果度量形式及后果分级方法；

（2）后果频率的计算方法；

（3）IE 频率的确定方法；

（4）IPL 要求时的失效概率（Probability of Failure on Demand，PFD）的确定方法；

（5）风险度量形式和风险可接受标准；

（6）分析结果与建议的审查及后续跟踪。

3. LOPA 应用的时机

LOPA 一般是在危险辨识（见第二章）之后进行，并采用危险辨识分析小组确定的事故场景。当危险辨识过程中出现以下情形时，可使用 LOPA：

（1）事故场景后果严重，需要确定后果的发生频率；

（2）确定事故场景的风险等级以及事故场景中各种保护层降低的风险水平；

（3）确定安全仪表功能（Safety Instrumented Function，SIF）的安全完整性等级（Safety Integrity Level，SIL）；

（4）确定过程中的安全关键设备或安全关键活动；

（5）其他适用 LOPA 的情形等。

二、评估后果和严重度

LOPA 分析的第一步就是评估事故后果和严重度。事故后果通常在危险辨识过程中进行了确定。在 LOPA 研究中，首先需要对后果进行评估，通常考虑的后果是危险物质或能量的释放。释放可能由很多事件引发，如容器泄漏、管道破裂、垫片失效或安全阀释放等。

后果评估的类型包括：

（1）不直接涉及人员损伤的半定量方法；

（2）定性评估人员损伤方法；

（3）条件修正的定性评估人员损伤方法；

（4）定量评估人员损伤方法。

1. 不直接涉及人员损伤的半定量方法

这种方法通常使用矩阵对各种后果进行分类，后果划分类别见表4-3。这类方法易于使用，能清楚地确定需要进一步分析的问题，也能识别出由于后果不严重而无需重点关注的问题。

表 4-3 LOPA 的半定量后果分类

泄漏物的特征	泄漏规模（溢出围堰）					
	$1\sim10$lb 泄漏	$10\sim10^2$lb 泄漏	$10^2\sim10^3$lb 泄漏	$10^3\sim10^4$lb 泄漏	$10^4\sim10^5$lb 泄漏	$>10^5$lb 泄漏
剧毒，且温度高于 BP	3 类	4 类	5 类	5 类	5 类	5 类
剧毒，且温度低于 BP；或高毒，且温度高于 BP	2 类	3 类	4 类	5 类	5 类	5 类
高毒，且温度低于 BP；或可燃，且温度高于 BP	2 类	2 类	3 类	4 类	5 类	5 类
可燃，且温度低于 BP	1 类	2 类	2 类	3 类	4 类	5 类
可燃液体	1 类	1 类	1 类	2 类	2 类	3 类
后果特征	损失大小					
	备用件或非重要设备损失	工厂停产 <1 个月	工厂停产 $1\sim3$ 个月	工厂停产 >3 个月	容器破裂 $3\times10^3\sim10^4$gal $100\sim300$psig	容器破裂 $>10^4$gal >300psig
大型主产品工厂的机械破坏	2 类	3 类	4 类	4 类	4 类	5 类
小型副产品工厂的机械破坏	2 类	2 类	3 类	4 类	4 类	5 类
后果特征	后果造成的直接损失/美元					
	$0\sim10^4$	$10^4\sim10^5$	$10^5\sim10^6$	$10^6\sim10^7$	$>10^7$	
类别	1 类	2 类	3 类	4 类	5 类	

注：1. BP 表示常压沸点。

2. 1lb$=0.45359$kg，1gal$=0.0037854$m^3，1psig$=6894.76$Pa，下同。

2. 定性评估人员损伤方法

这种方法将事故对人员的最终影响作为所关心的后果，不过仅使用定性方法估计影响值。表 4-4 给出了采用这种方法的后果等级分类。

表 4-4　LOPA 的定性后果分类

等级	严重程度	分类			
		人员	财产	环境	声誉
1类	低后果	医疗处理,不需住院;短时间身体不适	损失极小	事件影响未超过界区	企业内部关注;形象没有受损
2类	较低后果	工作受限;轻伤	损失较小	事件不会受到管理部门的通报或违反允许条件	社区、邻居、合作伙伴影响
3类	中后果	严重伤害;职业相关疾病	损失较大	泄漏事件受到管理部门的通报或违反允许条件	本地区内影响;政府管制,公众关注负面后果
4类	高后果	1~2人死亡或丧失劳动能力;3~9人重伤	损失很大	重大泄漏,给工作场所外带来严重影响	国内影响;政府管制,媒体和公众关注负面后果
5类	很高后果	3人以上死亡;10人以上重伤	损失极大	重大泄漏,给工作场所外带来严重的环境影响,且会导致直接或潜在的健康危害	国际影响

3. 条件修正的定性评估人员损伤方法

LOPA 分析人员可以使用方法 2 初步定性评估泄漏的严重程度,然后再通过以下条件修正初始事件频率:

（1）生成易燃或有毒气云事件的概率;

（2）对于易燃气云,点火源出现的概率;

（3）当事件发生时,人员在现场的概率;

（4）人员受伤或发生死亡的概率。

4. 定量评估人员损伤方法

这种方法使用数学模型来模拟泄漏过程（源模型）、扩散、毒性或爆炸超压或热辐射的影响。这种方法需要专业的培训和经验,以及巨大的精力,通常只用于有非常严重后果的场景。

三、筛选事故场景

事故场景通常也来自危险辨识过程,根据后果严重度评估结果对场景进行筛选。

事故场景应满足以下基本要求:

（1）每个场景应有唯一的初始事件及其对应的单一后果；

（2）当同一初始事件导致不同的后果时，或多种初始事件导致同一后果时，应假设多个场景；

（3）当场景中存在触发事件或条件，应将其包含在场景中。

每个场景至少包括两个要素：

（1）引起一连串事件的初始事件；

（2）后果，如果事件链继续发展没有中断，所导致的后果。

除了初始事件和后果，一个场景还可能包括：

（1）触发事件，它们在初始事件能导致后果前发生。冷却失效（初始事件）可能导致间歇反应釜放热反应失控和超压，但这种后果只发生在反应阶段（触发条件），即当系统处在对冷却失效敏感的放热反应阶段。

（2）防护措施或独立保护层的失效。具体的防护措施见本节第五部分。

四、确定初始事件的频率

LOPA 的每个场景都有单一的真正初始原因，称为初始事件。初始事件一般分为三类，具体见表 4-5。

表 4-5　初始事件类型

类别	外部事件	设备失效	人员失误
分类	①地震、海啸、龙卷风、飓风、洪水、泥石流、滑坡和雷击等自然灾害 ②空难 ③临近工厂的重大事故 ④破坏或恐怖活动 ⑤邻近区域火灾或爆炸 ⑥其他外部事件	①控制系统失效（如硬件或软件失效、控制辅助系统失效） ②设备失效 a)机械故障（如泵密封失效、泵或压缩机停机）； b)腐蚀/侵蚀/磨蚀； c)机械碰撞或振动； d)阀门故障； e)管道、容器和储罐失效； f)泄漏等 ③公用工程故障（如停水、停电、停气、停风等） ④其他故障	①操作失误 ②维护失误 ③关键响应错误 ④作业程序错误 ⑤其他行为失误

在确定初始事件时，应遵循以下原则：

（1）宜对后果的原因进行审查，确保这个原因为后果的有效初始事件；

（2）应将每个原因细分为具体的失效事件，如"冷却失效"可细分为冷却剂泵故障、电力故障或控制回路失效；

（3）人员失误的根本原因（如培训不完善）、设备的不完善测试和维护等不宜作为初始事件。

初始事件 i 的发生频率，可以用 f_i^I 表示。初始事件的发生频率通常以每年发生的次数来表示，次/年。

初始事件发生频率通常来源于：

（1）行业统计数据；

（2）企业历史统计数据；

（3）基于 FMEA 和 FTA 等的数据；

（4）其他可用数据等。

选择初始事件的发生频率时，应满足以下要求：

（1）在整个分析过程中，使用的所有失效数据的选用原则应一致；

（2）选择的失效率数据应具有行业代表性或能代表操作条件；

（3）使用企业历史统计数据时，只有该历史数据充足并具有统计意义时才能使用；

（4）使用普通的行业数据时，可根据企业的具体条件对数据进行修正；

（5）可对失效率数据取整到最近的整数数量级。

LOPA 使用的典型的初始事件的频率如表 4-6 所示。

表 4-6　初始事件的典型发生频率

初始事件	来自文献的频率范围
压力容器疲劳失效	$10^{-7} \sim 10^{-5}$ 次/年
管道疲劳失效(100m,全部断裂)	$10^{-6} \sim 10^{-5}$ 次/年
管道泄漏(10%截面,100m)	$10^{-4} \sim 10^{-3}$ 次/年
常压储罐失效	$10^{-5} \sim 10^{-3}$ 次/年
垫片/填料爆裂	$10^{-6} \sim 10^{-2}$ 次/年
涡轮/柴油发动机超速导致外壳破裂	$10^{-4} \sim 10^{-3}$ 次/年
第三方破坏(挖掘机、车辆等外部影响)	$10^{-4} \sim 10^{-2}$ 次/年
起重机载荷掉落	$10^{-4} \sim 10^{-3}$ 次/起吊
雷击	$10^{-4} \sim 10^{-3}$ 次/年
安全阀误开启	$10^{-4} \sim 10^{-2}$ 次/年
冷却水失效	$10^{-2} \sim 1$ 次/年
泵密封失效	$10^{-2} \sim 10^{-1}$ 次/年
卸载/装载软管失效	$10^{-2} \sim 1$ 次/年
BPCS仪表控制回路失效	$10^{-2} \sim 1$ 次/年

续表

初始事件	来自文献的频率范围
调节器失效	$10^{-1} \sim 1$ 次/年
小的外部火灾(多因素)	$10^{-2} \sim 10^{-1}$ 次/年
大的外部火灾(多因素)	$10^{-3} \sim 10^{-2}$ 次/年
LOTO(挂牌上锁)程序失效(多个元件的总失效)	$10^{-4} \sim 10^{-3}$ 次/次
操作人员失效(执行常规程序,假设得到较好的培训、不紧张、不疲劳)	$10^{-3} \sim 10^{-1}$ 次/次

可以对初始事件的频率进行条件修正,以反映点火概率、人员暴露于危险中的概率、发生爆炸后人员受伤或死亡概率等因素。

修正公式:

(1) 存在触发事件或条件时:

$$f_i^{I*} = f_i^I f_i^E \tag{4-22}$$

式中,f_i^E 为触发事件或条件的发生概率;f_i^{I*} 为修正后的初始事件频率。

(2) 点火频率:

$$f_i^{fire} = f_i^I P_{ig} \tag{4-23}$$

式中,P_{ig} 为点火概率。

(3) 人员暴露于火灾中的频率:

$$f_i^{fire\text{-}ex} = f_i^I P_{ig} P_{ex} \tag{4-24}$$

式中,P_{ex} 为人员暴露概率。

(4) 火灾引起人员受伤或死亡的频率:

$$f_i^{fire\text{-}injury} = f_i^I P_{ig} P_{ex} P_d \tag{4-25}$$

式中,P_d 为人员受伤或死亡概率。

(5) 对于毒性影响,人员伤害的频率方程与火灾伤害方程相似,毒性影响不需要点火概率:

$$f_i^{tox} = f_i^I P_{ex} P_d \tag{4-26}$$

五、识别独立保护层

独立保护层是能够阻止场景向不良后果继续发展的一种设备、系统或行动,并且独立于初始事件或场景中其他保护层的行动。设备、系统或行动作为独立保护层,应满足以下基本要求:

(1) 有效性 能检测到响应的条件;在有效的时间内,能及时响应;在可用的时间内，有足够的能力采取所要求的行动。独立保护层的有效性通过PFD进行确定。

（2）独立性 独立于初始事件的发生及其后果；独立于同一场景中的其他的独立保护层。

（3）可审查性 应有可用的信息、文档和程序可查，以说明保护层的设计、检查、维护、测试和运行活动能够使保护层达到 IPL 的要求。

判据防护措施是否是独立保护层是 LOPA 的核心内容。防护措施可以是中断初始事件发生的任何设备、系统或行动，但是由于一些防护措施的有效性、独立性缺乏数据，具有不确定性，因此不能确定为独立保护层。化工企业典型的防护措施作为独立保护层即 IPL 的要求见表 4-7。

表 4-7　化工企业典型的保护层及作为 IPL 的要求

防护措施	作为 IPL 的要求		通用要求
	具体要求		
本质安全设计	①当本质安全设计用来消除某些场景时，不应作为 IPL； ②当考虑本质安全设计在运行和维护过程中的失效时，在某些场景中，可将其作为一种 IPL		对于所有的保护层，作为 IPL 应满足以下要求： ①应有控制手段防止非故意的或未授权的变动； ②应执行严格的变更管理程序，以满足变更后保护层的 IPL 要求； ③应有可用的信息、文档和程序可查，以说明保护层的设计、检查、维护、测试和运行活动能够使保护层达到 IPL 的要求
基本过程控制系统（Basic Process Control System，BPCS）	①BPCS 作为 IPL 应满足以下要求： a）BPCS 应与 SIF 在物理上分离，包括传感器、逻辑控制器和最终执行元件； b）BPCS 故障不是造成初始事件的原因。 ②在同一个场景中，当满足 IPL 的要求时，具有多个回路的 BPCS 宜作为一个 IPL。 ③当 BPCS 通过报警或其他形式提醒操作人员采取行动时，宜将这种保护考虑为报警和人员响应保护层		
报警和人员响应	①操作人员应能够得到采取行动的指示或报警； ②操作人员应训练有素，能够完成特定报警所要求的操作任务； ③任务应具有单一性和可操作性，不宜要求操作人员执行 IPL 要求的行动时同时执行其他任务； ④操作人员应有足够的响应时间； ⑤操作人员身体条件合适等		
安全仪表功能（SIF）	①SIF 在功能上独立于 BPCS； ②SIF 的规格、设计、调试、检验、维护和测试应按国家标准的有关规定执行		

续表

防护措施	作为 IPL 的要求	
	具体要求	通用要求
物理保护	①独立于场景中的其他保护层; ②在确定安全阀、爆破片等设备的 PFD 时,应考虑其实际运行环境中可能出现的污染、堵塞、腐蚀、不恰当的维护等因素对 PFD 进行修正; ③当物理保护作为 IPL 时,应考虑物理保护起作用后可能造成的其他危害,并重新假设 LOPA 场景进行评估	对于所有的保护层,作为 IPL 应满足以下要求: ①应有控制手段防止非故意的或未授权的变动; ②应执行严格的变更管理程序,以满足变更后保护层的 IPL 要求; ③应有可用的信息、文档和程序可查,以说明保护层的设计、检查、维护、测试和运行活动能够使保护层达到 IPL 的要求
泄漏后保护设施	①独立于场景中的其他保护层; ②在确定阻火器、隔爆器等设备的 PFD 时,应考虑其实际运行环境中可能出现的污染、堵塞、腐蚀、不恰当的维护等因素对 PFD 进行修正	
工厂和社区应急响应	应确认其有效性	

通常不作为独立保护层的防护措施见表 4-8。

表 4-8 通常不作为 IPL 的防护措施

防护措施	说明
培训和取证	在确定操作人员行动的 PFD 时,需要考虑这些因素,但是它们本身不是 IPL
程序	在确定操作人员行动的 PFD 时,需要考虑这些因素,但是它们本身不是 IPL
正常的测试和检测	正常的测试和检测将影响某些 IPL 的 PFD,延长测试和检测周期可能增加 IPL 的 PFD
维护	维护活动将影响某些 IPL 的 PFD
通信	差的通信将影响某些 IPL 的 PFD
标识	标识自身不是 IPL,标识可能不清晰、模糊、容易被忽略等。标识可能影响某些 IPL 的 PFD
火灾保护	火灾保护的可用性和有效性受到所包围的火灾/爆炸的影响。如果在特定的场景中,企业能够证明它满足 IPL 的要求,则可将其作为 IPL

六、场景频率计算

通过 IPL 缓减后特定场景的后果频率:

$$f_i^C = f_i^I \prod_{j=1}^{J} \mathrm{PFD}_{ij} \tag{4-27}$$

式中，f_i^C 为初始事件 i 的后果 C 的发生频率，次/年；PFD_{ij} 为初始事件 i 中第 j 个阻止后果 C 发生的独立保护层的要求时失效概率。如果考虑条件修正，用修正后的初始事件频率 f_i^{fire}、$f_i^{fire-ex}$、$f_i^{fire-injury}$ 等代替 f_i^I 即可。

独立保护层的 PFD 在 $10^{-5} \sim 10^{-1}$ 之间变化，PFD 的经验取值为 10^{-2}，除非经验表明是更大或更小。化工行业典型 IPL 的 PFD 见表 4-9。

表 4-9 化工行业典型 IPL 的 PFD

IPL		说明 （假设具有完善的设计基础、充足的检测和维护程序、良好的培训）	PFD
本质安全设计		如果正确地执行，能够消除这种场景或大大降低相关场景后果的发生频率	$10^{-6} \sim 10^{-1}$
BPCS		如果与初始事件无关，BPCS 可确认为一种 IPL	$10^{-2} \sim 10^{-1}$
关键报警和人员响应	10min 响应时间内人员行为	简单的、记录良好的行动，行动要求具有清晰的、可靠的指示	$10^{-1} \sim 1$
	40min 响应时间内人员对 BPCS 指令或报警的响应		10^{-1}
	40min 响应时间内人员行为		$10^{-2} \sim 10^{-1}$
SIF	SIL1	典型组成：单个传感器，单个逻辑控制器，单个执行元件（容错冗余）	$10^{-2} \sim 10^{-1}$
	SIL2	典型组成：多个传感器，多个逻辑控制器，多个执行元件（容错）	$10^{-3} \sim 10^{-2}$
	SIL3	典型组成：多个传感器，多个逻辑控制器，多个执行元件	$10^{-4} \sim 10^{-3}$
物理防护	安全阀	此类系统有效性对服役的条件比较敏感	$10^{-5} \sim 10^{-1}$
	爆破片		
泄漏后的保护措施	防火堤	降低储罐溢流、破裂、泄漏等造成的重大后果的发生频率	$10^{-3} \sim 10^{-2}$
	地下排污系统	降低储罐溢流、破裂、泄漏等造成的重大后果的发生频率	$10^{-3} \sim 10^{-2}$
	开式通风口	防止超压	$10^{-3} \sim 10^{-2}$
	耐火涂层	减少热输入率，为减压和消防提供额外的时间	$10^{-3} \sim 10^{-2}$
	防爆墙/舱	限制冲击波，保护设备/建筑物等，降低爆炸重大后果的频率	$10^{-3} \sim 10^{-2}$
	阻火器或防爆器	如果设计、安装和维护合适，能够消除通过管道系统进入容器或储罐的回火	$10^{-3} \sim 10^{-1}$

在确定典型独立保护层的 PFD 时，应考虑实际的运行环境对发生频率或 PFD 的影响：

（1）当系统或操作不连续（装载/卸载、间歇工艺等）时，应根据其实际的运行时间对失效率数据进行修正；

（2）在确定安全阀、阻火器或隔爆器等设备的 PFD 时，应考虑其实际运行环境中可能出现的污染、堵塞、腐蚀、不恰当的维护等因素对 PFD 进行修正。

七、风险评估和决策

与 LOPA 相关联的三种基本风险评估方法如下：

（1）主要的方法　通过使用各类方法将计算的风险与风险容许标准进行比较。

（2）不建议的方法　由风险分析专家进行专家判断。

（3）在备选的风险减缓方案中进行相对比较，可使用以上两种方法。

成本-效益分析也常用来进行可选方案价值的比较，这种方法是对基础风险评估方法的一种补充。

1. 对比计算风险与场景风险容许标准

对于这种风险决策类型，将计算的风险（本章第四节第六部分）与风险标准进行对比。对比可以采用风险矩阵、数值标准、IPL 信用数三种方法。

（1）风险矩阵　风险矩阵方法是一种普通的可视化的方法，它基于后果严重性（本章第四节第二部分）和场景的频率（本章第四节第六部分），表 4-10 为风险矩阵例子。按照"尽可能合理降低"（As Low As Reasonably Practicable，ALARP）原则，风险区域可分为：

表 4-10　具有各类行动区域的风险矩阵

风险	1 类	2 类	3 类	4 类	5 类
$10^{-1}\sim 1$	中	中	高	很高	很高
$10^{-2}\sim 10^{-1}$	中	中	中	高	很高
$10^{-3}\sim 10^{-2}$	低	中	中	高	高
$10^{-4}\sim 10^{-3}$	低	低	中	中	高
$10^{-5}\sim 10^{-4}$	低	低	低	中	中
$10^{-6}\sim 10^{-5}$	低	低	低	低	中
$10^{-7}\sim 10^{-6}$	低	低	低	低	低

注：后果分类参见表 4-3 和表 4-4。

① 不可接受的风险区域。指高风险和很高风险区域。在这个区域，除非特殊情况，风险是不可接受的。

② 允许的风险区域。指中风险区域。在这个区域内必须满足以下条件之一时，风险才是可允许的：

a. 在当前的技术条件下，进一步降低风险不可行；

b. 降低风险所需的成本远远大于降低风险所获得的收益。

③ 广泛可接受的风险区域。指低风险区域。在这个区域，剩余风险水平是可忽略的，一般不要求进一步采取措施降低风险。

（2）数值标准　一些监管机构和大型企业基于各种后果等级，开发了场景最大容许风险的数值标准。一个典型的风险容许标准值见表 4-11。如果计算风险低于最大容许风险，判断场景为低风险和有充足的 IPL，不需要采取进一步行动。然而，如果计算风险超过最大容许风险，判断场景需要额外的 IPL，或要求变更设计，使风险可容许。如果在当前的技术条件下，进一步降低风险不可行，或降低风险所需的成本远远大于降低风险所获得的收益，风险是不可接受的，需要额外的分析，甚至是定量风险评估。

表 4-11　典型的风险容许标准值（所有数值的单位为人的年死亡概率）

监管机构	所有场景公共最大容许风险	所有场景公共可忽略风险
荷兰环境保护和城市规划部 VROM(现存装置)	1×10^{-5}	1×10^{-8}
荷兰环境保护和城市规划部 VROM(新建设施)	1×10^{-6}	1×10^{-8}
英国健康和安全局 HSE(现有设施)	1×10^{-4}	1×10^{-6}
英国健康和安全局 HSE(新建居民区)	3×10^{-6}	3×10^{-7}
英国(新建核电站)	1×10^{-5}	1×10^{-6}
英国(新建危险品运输)	1×10^{-4}	1×10^{-6}
中国香港(新建和已建装置)	1×10^{-5}	-
新加坡(新建和已建装置)	5×10^{-5}	1×10^{-6}
马来西亚(新建和已建装置)	1×10^{-5}	1×10^{-6}
澳大利亚(新建和已建装置)	5×10^{-5}	5×10^{-7}
加拿大	1×10^{-4}	1×10^{-6}
巴西(新建和已建装置)	1×10^{-5}	1×10^{-6}

监管机构	所有场景公共 最大容许风险	所有场景公共 可忽略风险
中国(危险化学品单位周边重要目标和敏感场所) 1. 高敏感场所(学校、医院、养老院等); 2. 重要目标(党政机关、军事管理区等); 3. 特殊高密度场所(大型体育馆或交通枢纽等)	小于 3×10^{-7}	
中国(危险化学品单位周边重要目标和敏感场所) 1. 居住类高密度场所(居民区、宾馆、度假村等); 2. 公众聚集类高密度场所(办公室、写字楼、娱乐场、商场等)	小于 1×10^{-6}	

企业也可以基于各种后果等级、危险物泄漏、火灾的频率、财产破坏或金钱损失等,开发场景最大容许风险的数值标准。例如,可能建立死亡1人的最大频率(每年或每100h),可以从这样的标准中得出雇员的最大个体风险。

(3) IPL 信用数 将风险容许标准置于 IPL 信用数表格 4-12 中,这种表格根据后果严重程度和减缓前的后果频率,确定场景所需的 IPL 信用数值。1个 IPL 信用数表示需要一个 1×10^{-2} PFD 的独立保护层。需要注意的是,减缓前的后果频率计算包含了条件修正,如点火概率、人在影响区内的概率和致死概率等。

表 4-12 IPL 信用数要求

减缓前的后果频率	IPL 信用数	
	后果等级Ⅳ(死亡1人)	后果等级Ⅴ(多人死亡)
频率 $\geqslant 1\times10^{-2}$	2	2.5
$1\times10^{-2}>$ 频率 $\geqslant 1\times10^{-3}$	1.5	2
$1\times10^{-3}>$ 频率 $\geqslant 1\times10^{-4}$	1	1.5
$1\times10^{-4}>$ 频率 $\geqslant 1\times10^{-6}$	0.5	1
$1\times10^{-6}>$ 频率	0	0.5

注:1. 减缓前的后果频率包括使用 P_{ig}、P_{ex} 和 P_d 的频率进行调整;

2. 一个 IPL 信用数定义为对事件频率消减了 1×10^{-2}。

2. 专家判断

当没有可用的风险标准时,或因为分析的过程种类或涉及的危害无法建立风险标准时,就需要进行专家判断。

分析小组可以使用 LOPA 技术确定场景和 IPL,并进行频率计算。但是,是否需要额外的保护层以及确定保护层的性质时,通常将根据风险评估专家的建议进行决策。专家将场景中的 IPL 和其他特征与工业实践、类似工艺过程或本人经验进行参考，提出决策建议。

应注意：这种方法不是"单人决策"的方法。专家可能代表了各个方面的安全评估小组成员。对于涉及过程危害的任何决策，都应为小组讨论的结果，不能是来自一人或两人的决策。

3. 使用成本-效益分析对比可选方案

成本-效益分析是指将减小后果发生频率的成本与降低风险所需改进独立保护层的成本进行对比。成本-效益分析可运用到所有的决策方法中。例如，它常用于选择多个降低场景风险的潜在独立保护层。成本-效益分析通常用于在备选的消减风险的独立保护层中进行选择。

八、LOPA 报告

LOPA 分析结束时，应生成 LOPA 记录表和报告。LOPA 的记录表形式如表 4-13 所示。后续需要对 LOPA 分析结果的执行情况进行跟踪，对 LOPA 提出的降低风险行动的实施情况进行落实。

表 4-13　LOPA 记录表格

场景编号		设备编号	场景	
日期		描述	概率	每年的频率
后果描述/等级				
风险容许标准(等级或频率)				
初始事件(典型频率)				
触发事件或条件				
条件修正(如果合适)				
		点火概率		
		人在影响区内的概率		
		致死概率		
		其他		
减缓前的后果频率				
独立保护层				
BPCS				
人员干预				

续表

SIF			
压力释放设备			
其他保护层(必须证实)			
防护措施(非 IPL)			
所有 IPL 总的 PFD			
减缓后的后果频率			
是否满足风险容许标准(是/否)			
满足风险容许标准所要求采取的行动:			
备注			
参考资料(相关的原始危害审查,PFD,P&ID 等)			
LOPA 分析小组成员			

第五节　定量风险分析

定量风险分析（QRA）是用于辨识操作、工程或管理系统中哪些部分可以改进，从而降低风险的一种方法。QRA 的复杂程度取决于研究的目的和可以利用的信息。将 QRA 用于项目的开始阶段，以及持续用于工厂的生命周期中能够产生最大的益处。

QRA 方法为管理者提供了一种帮助他们评估某一过程总风险的工具。当定性方法不足以让人们充分理解风险时，可以使用 QRA 方法评估潜在的风险。在评估不同风险降低策略时，QRA 特别有效。

一般情况下，QRA 是一种相对复杂的方法，需要专门的知识和投入大量的时间与资源。在某些情况下，这种复杂性可能是不允许的，此时可采用本章第四节节介绍的 LOPA 方法可能会更适合。

一、定量风险分析的基本程序

QRA 的基本程序如图 4-7 所示。

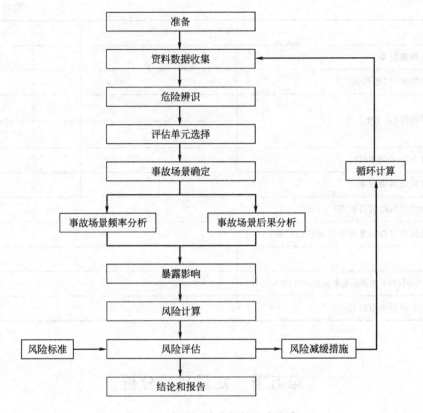

图 4-7　定量风险分析的基本程序

二、准备工作

在进行定量风险分析前，应先确定以下规则：

（1）风险度量形式和风险可接受标准；

（2）数据采集、处理及缺失数据的处理；

（3）评估数据、假设、过程及结果的记录；

（4）评估小组成及培训要求；

（5）失效概率的计算方法及原则；

（6）点火概率的计算方法；

（7）失效后果的计算方法及原则；

（8）风险的计算方法及原则；

（9）风险评估结果及建议的符合性审查。

在开展 QRA 前，宜对定量风险分析小组成员进行培训，明确小组成员所需的技能及在团队中的职责。小组成员包括但不限于风险分析项目经理、企业主管、工艺/设备工程师、安全工程师/风险分析师及风险分析技术专家等。

在 QRA 开始前，应根据评估的目标和深度确定所需收集的资料数据，包括但不限于表 4-14 列出的资料数据。

表 4-14　QRA 收集的资料数据

类别	一般资料数据
危险信息	危险物质存量、危险物质安全技术说明书（MSDS）、现有的工艺危害分析 HAZOP 的结果、点火源等
设计和运行数据	区域位置图、平面布置图、设计说明、工艺技术规程、安全操作规程、工艺流程图（PFD）、管道和仪表流程图（P&ID）、设备数据、管道数据、运行数据等
减缓控制系统	探测和隔离系统（可燃气体和有毒气体检测、火焰探测、电视监控、联锁切断等）、消防、喷淋等减缓控制系统
管理系统	管理制度、操作和维护手册、培训、应急、事故调查、承包商管理、机械完整性管理、变更和作业程序等
自然条件	大气参数（温度、湿度、气压、太阳辐射热等）、风速、风向及大气稳定度联合频率；现场周边地形、现场建筑物等
历史数据	事故案例、设备失效统计数据等
人口数据	评估目标（范围）内室内和室外人口分布

QRA 在进行社会风险分析时，需要用到人员的分布情况，因此需要提前收集相关数据。在进行人口分布统计时，应遵循以下原则：

（1）根据评估目标，确定人口统计的地域边界；

（2）考虑人员在不同时间段的分布，如白天与晚上；

（3）考虑娱乐场所、体育馆等敏感场所人员的流动性；

（4）考虑已批准的规划区内可能存在的人口。

人口数据可采用实地统计数据，也可采用通过政府主管部门、地理信息系统或商业途径获得的数据。

点火源数据是 QRA 的重要数据。点火源是诱发爆炸事故发生的重要条件，化工企业典型点火源分为：

（1）点源，如加热炉（锅炉）、机车、火炬、人员等；

（2）线源，如公路、铁路、输电线路等；

（3）面源，如厂区外的化工厂、冶炼厂等。

在进行 QRA 时，应对评估单元的工艺条件、设备、平面布局等资料进行分析，结合现场调研，确定最坏事故场景影响范围内的潜在点火源，并统计点火源的名称、种类、位置、数量以及出现的概率等要素。

三、危险辨识

常用的危险辨识方法包括安全检查表（SCL）、故障假设分析（What-if）、危险与可操作性（HAZOP）分析、安全审查（SR）、失效模式和影响分析（FMEA）等。相关内容参见第二章。

四、评估单元选择

进行危险辨识得到各单元可能存在的危险后，根据评价目的，可对辨识出的所有危险单元开展定量风险评估；也可对相关单元进行筛选，以去除与评估目的不相符或不必要进行进一步分析的单元，如当定量风险分析的目的是为厂外设施选址提供依据时，则不需要考虑事故影响范围不超过厂界的单元。目前常用的评估单元筛选方法包括危险度评价法和设备选择数法。

设备选择数法主要依据单元中危险物质的量和工艺条件，来表征该单元的相对危险性。

1. 单元划分

划分单元的主要原则如下：

（1）"独立单元"是指该单元内物质的泄漏不会导致相邻其他单元的物质大量泄漏。如果事故发生时，两个单元能够在非常短的时间内切断，则它们可划分为相互独立的单元。

（2）区分工艺单元和储存单元。对于储罐等储存单元，即使储罐包含循环系统和热交换系统，仍作为一个独立的储存单元对待。

2. 计算指示数 A

指示数 A 为无量纲量，表征了单元的固有危险。

$$A = f(Q, Q_1, Q_2, Q_3, G) = \frac{Q Q_1 Q_2 Q_3}{G} \tag{4-28}$$

式中，Q 是单元中物质的质量，kg；Q_1 是工艺条件因子，用以表征单元的类型，即工艺单元或储存单元；Q_2 是工艺条件因子，用以表征单元的布局以及防止物质扩散到环境的措施；Q_3 是工艺条件因子，用以表征单元中物质泄漏后，气相物质的量（基于单元的工艺温度、物质常压沸点、物质的相态和环境温度）；G 是阈值，它表征了物质的危险度，由物质的物理属性和毒性、燃烧爆炸性所决定，kg。

工艺条件因子只适用于有毒物质和可燃物质，对于爆炸物质（炸药、火药等），$Q_1=Q_2=Q_3=1$，则 $A=Q/G$。

（1）工艺条件因子 Q_1：取值见表 4-15。

表 4-15　Q_1取值一览表

单元类型	Q_1	单元类型	Q_1
工艺单元	1	储存单元	0.1

（2）工艺条件因子 Q_2：取值见表 4-16。

表 4-16　Q_2取值一览表

单元布置和防护措施	Q_2	单元布置和防护措施	Q_2
室外单元	1.0	单元有围堰,工艺温度 $T_p \leqslant$ 沸点 $T_{bp}+5℃$	1.0
封闭单元	0.1	单元有围堰,工艺温度 $T_p >$ 沸点 $T_{bp}+5℃$	0.1

注：1. 对于储存单元，工艺温度可视为储存温度。

2. 封闭单元应能阻止物质泄漏时扩散到环境中。它要求封闭设施应能承受装置物质瞬时泄漏的物理压力，此外封闭设施应能极大地降低物质直接泄漏到环境中。如果封闭设施能够使泄漏到大气环境中的物质数量降低为 1/5 或更低，或者封闭设施能够将泄漏物导向安全地点，那么这样的单元可以考虑为封闭的，否则它应该作为一个室外单元。

3. 围堰应能阻止物质扩散到环境中。对于能够容纳液体，并能承受载荷的双层封闭设施，可作为围堰考虑，如双防常压储罐、全防常压储罐、地下常压罐和半地下常压罐。

（3）工艺条件因子 Q_3：取值见表 4-17。

表 4-17　Q_3取值一览表

物质相态	Q_3
物质为气相	10
物质为液相 ①工艺温度下的饱和蒸气压 $\geqslant 3\times10^5$ Pa ②$1\times10^5$ Pa $\leqslant$ 工艺温度下的饱和蒸气压 $<3\times10^5$ Pa ③工艺温度下的饱和蒸气压 $<1\times10^5$ Pa	10 $X+\Delta$ $p_i+\Delta$
物质为固相	0.1

注：1. 表中压力为绝对压力。

2. $X=45p_{sat}-3.5$，p_{sat} 为饱和蒸气压，MPa。p_i 为工艺温度下物质的蒸气分压。

3. Δ 表示环境与液池之间的热传导导致的液池蒸发增量。Δ 由常压沸点 T_{bp} 决定，取值见表 4-18。对危险物质混合物应该使用 10% 蒸馏温度点作为常压沸点，在此温度下混合物的 10% 被蒸馏掉。

4. 对于溶解在非危险性溶剂里的危险物质，应使用工艺温度下饱和蒸气压中的危险物质的分压。

5. $0.1 \leqslant Q_3 \leqslant 10$。

表 4-18 **Δ** 取值一览表

T_{bp}	Δ	T_{bp}	Δ
$-25℃ \leqslant T_{bp}$	0	$-125℃ \leqslant T_{bp} < -75℃$	2
$-75℃ \leqslant T_{bp} < -25℃$	1	$T_{bp} < -125℃$	3

（4）阈值 G

① 有毒物质的阈值：有毒物质的阈值由致死浓度 LC_{50}（老鼠吸入 1h 半数死亡的浓度）和 25℃下物质的相态决定，取值见表 4-19。

表 4-19 有毒物质的阈值

$LC_{50}/(mg/m^3)$	25℃物质的相态	阈值 G/kg
$LC_{50} \leqslant 100$	气相	3
	液相(L)	10
	液相(M)	30
	液相(H)	100
	固相	300
$100 < LC_{50} \leqslant 500$	气相	30
	液相(L)	100
	液相(M)	300
	液相(H)	1000
	固相	3000
$500 < LC_{50} \leqslant 2000$	气相	300
	液相(L)	1000
	液相(M)	3000
	液相(H)	10000
	固相	∞
$2000 < LC_{50} \leqslant 20000$	气相	3000
	液相(L)	10000
	液相(M)	∞
	液相(H)	∞
	固相	∞
$LC_{50} > 20000$	所有相	∞

注：1. 液相（L）表示，25℃≤物质常压沸点＜50℃；

2. 液相（M）表示，50℃≤物质常压沸点≤100℃；

3. 液相（H）表示，物质常压沸点＞100℃。

② 可燃物的阈值：可燃物是指在系统中工艺温度不小于其闪点的可燃物质。可燃物的阈值 $G = 1 \times 10^4$ kg。

③ 爆炸物质的阈值：爆炸物质的阈值等于 1000kgTNT 当量的爆炸物的

质量。

计算单元中物质 i 的指示数 A_i：

$$A_i = \frac{Q_i Q_1 Q_2 Q_3}{G_i} \tag{4-29}$$

式中，Q_i 是单元中物质 i 的质量，kg；G_i 是物质 i 的阈值，kg。

如果单元中出现多种物质和工艺条件，则必须对每种物质和每种工艺条件进行计算，计算时应将物质划分为可燃物、有毒物质和爆炸物质三类，分别计算可燃指示数 A^F、毒性指示数 A^T 和爆炸指示数 A^E：

$$A^T = \sum_{i,P} A_{i,P} \tag{4-30}$$

$$A^F = \sum_{i,P} A_{i,P} \tag{4-31}$$

$$A^E = \sum_{i,P} A_{i,P} \tag{4-32}$$

式中，i 是各类物质；P 是工艺条件。一个单元可能有三个不同的指示数。此外如该物质既属于可燃物又有毒性，则应分别计算该物质的 A^T 和 A^F。

3. 计算选择数 S

选择数 S 计算：

有毒物质 $S^T = (100/L)^2 A^T$ (4-33)

可燃物质 $S^F = (100/L)^3 A^F$ (4-34)

爆炸物质 $S^E = (100/L)^3 A^E$ (4-35)

式中，L 是计算点离单元的实际距离，m，最小值为 100m。

对于每个单元，应至少在评估对象边界上选择 8 个计算点进行选择数计算，相邻两点的距离不能超过 50m，除计算评估对象边界上的选择数外，对于最靠近单元的、已存在的或计划修建的社区，也应计算选择数 S。

4. 选择单元

如果满足下列条件之一的单元，则应进行定量风险分析：

（1）对于评估对象边界上某点，该单元的选择数较大，并大于该点最大选择数的 50%；

（2）某单元对附近已存在或计划修建的社区的选择数大于其他单元的选择数；

（3）有毒物质单元的选择数与最大的选择数处于同一数量级。

五、事故场景确定

选定评估单元后，需要确定可能存在的各种事故场景，事故场景的确定应根据单元设备的实际情况进行针对性的详细分析,以下针对各类典型设备给出了推荐性的物料泄漏场景及相关的失效数据,可以以这些数据为基础,根据实际情况进行调整。

物料泄漏场景见表4-20。当设备直径小于150mm时,取小于设备直径的孔泄漏和完全破裂两种场景。

表 4-20　物料、管线、容器泄漏场景

泄漏场景	范围/mm	代表值/mm
小孔泄漏	0~5	5
中孔泄漏	5~50	25
大孔泄漏	50~150	100
完全破裂	>150	设备完全破裂或泄漏孔径>150全部存量瞬间泄漏

泄漏场景的选择应考虑设备的工艺条件、历史事故和实际的运行环境。

1. 管线

管线泄漏场景如表4-20所示,并满足以下要求:

(1) 对于完全破裂场景,如果泄漏位置严重影响泄漏量或泄漏后果,应至少分别考虑三个位置的完全破裂:管线前端、管线中部、管线末端。

(2) 对于长管线,应沿管线选择一系列泄漏点,泄漏点的初始间距可取为50m,泄漏点数应确保当增加泄漏点数量时,风险曲线不会发生显著变化。

2. 常压储罐

常压储罐的泄漏场景见表4-21。

表 4-21　常压储罐、压力储罐泄漏场景

储罐类型	泄漏到环境中				泄漏到外罐中			
	5mm孔径泄漏	25mm孔径泄漏	100mm孔径泄漏	完全破裂	5mm孔径泄漏	25mm孔径泄漏	100mm孔径泄漏	完全破裂
单层罐	√	√	√	√				
双层罐				√	√	√	√	√
全容积				√				
地下储罐	①							

① 对于地下储罐,如果设有限制液体蒸发到环境中的封闭设施,则泄漏场景应考虑地下储罐完全破裂及封闭设施失效引发的液池蒸发。反之,应根据地下储罐类型,考虑为单层罐、双层罐或全容罐的泄漏场景。

注:1. 如果储罐的储存液位变化较大,且对风险计算结果产生重大影响时,可考虑不同液位的

概率。

2. 对于其他类型的储罐，可根据实际情况选择表 4-21 中的场景。

3. 压力储罐

压力储罐泄漏场景见表 4-21。对于储存压缩液化气体的压力储罐，当储存液位变化较大，且对风险计算结果产生重大影响时，可考虑不同液位的概率。

4. 工艺容器和反应容器

工艺容器和反应容器的定义见表 4-22，其泄漏场景见表 4-20。对于蒸馏塔附属的再沸器、冷凝器、泵、回流罐、工艺管线等其他相关部件的泄漏场景，可按照各自的设备类型考虑。

表 4-22 工艺容器和反应容器定义

类型	定义	例子
工艺容器	容器内只发生物理性质（如温度或相态）变化的容器（不包括表 4-23 中的换热器）	蒸馏塔、过滤器等
反应容器	容器内物质发生了化学变化的容器。如果在一个容器内发生了物质混合放热，则该容器也作为一个反应容器	通用反应器、釜式反应器、床式反应器等

5. 泵和压缩机

泵和压缩机泄漏应按吸入管线泄漏的场景考虑，见表 4-20；当泵或压缩机的吸入管线直径小于 150mm 时，则最后一种泄漏场景的孔尺寸为吸入管线的直径。

6. 换热器

换热器泄漏场景见表 4-23。

7. 压力释放设施

当压力释放设施的排放气直接排入大气环境中时，应考虑压力释放设施的风险，其场景可取压力释放设施以最大释放速率进行排放。

8. 化学品仓库

化学品仓库宜考虑物料在装卸和存储等处理活动中，由毒性固体的泄漏、毒性液体的泄漏或火灾造成的毒性风险。

9. 爆炸物品储存

爆炸物品储存应考虑储存单元发生爆炸和火灾两种场景。在储存单元内发生爆炸，采用储存单元爆炸场景。如果爆炸不会发生，则采用储存单元火灾场景。

表 4-23　换热器泄漏场景

换热器类型	具体分类	泄漏位置	场景			
			1	2	3	4
板式换热器	1. 危险物质在板间通道内	板间危险物质泄漏	5mm孔径泄漏	25mm孔径泄漏	100mm孔径泄漏	破裂
管式换热器	2. 危险物质在壳程	壳程内危险物质泄漏	5mm孔径泄漏	25mm孔径泄漏	100mm孔径泄漏	破裂
	3. 危险物质在管程,壳程设计压力>管程危险物质最大压力	管程内危险物质泄漏				10条管道破裂
	4. 危险物质在管程,壳程设计压力≤管程危险物质最大压力	管程内危险物质泄漏	1条管道5mm孔径泄漏	1条管道25mm孔径泄漏	1条管道破裂	破裂
	5. 壳程和管程同时存在危险物质,壳程设计压力>管程危险物质最大压力	壳程内危险物质泄漏	5mm孔径泄漏	25mm孔径泄漏	100mm孔径泄漏	破裂
		管程内危险物质泄漏				10条管道破裂
	6. 壳程和管程同时存在危险物质,壳程设计压力≤管程危险物质最大压力	壳程内危险物质泄漏	5mm孔径泄漏	25mm孔径泄漏	100mm孔径泄漏	破裂
		管程内危险物质泄漏	1条管道5mm孔径泄漏	1条管道25mm孔径泄漏	1条管道破裂	10条管道破裂

注：1. 假设泄漏物质直接泄漏到大气环境中。

2. 其他换热器可按表 4-23 的具体分类进行泄漏场景设计。

10. 公路槽车或铁路槽车

企业内部公路槽车或铁路槽车的泄漏场景应考虑两种情况：由槽车自身失效引起的泄漏和由装卸活动导致的泄漏，泄漏场景见表 4-24。

表 4-24　公路槽车或铁路槽车泄漏场景

设备	泄漏场景
公路槽车或铁路槽车	(1)孔泄漏,孔径等于槽车最大接管直径 (2)槽车破裂
装卸软管	见表 4-20
装卸臂	见表 4-20

11. 运输船舶

企业内部码头运输船舶的泄漏事件应考虑装卸活动和外部影响（冲击），

泄漏场景见表 4-25。

表 4-25　运输船舶泄漏场景

设备	泄漏场景	备注
装卸臂	见表 4-20	装卸活动
压力式气体罐	见表 4-20	外部影响（冲击）
半冷冻式罐	见表 4-20	外部影响（冲击）
单层液体罐	见表 4-20	外部影响（冲击）
双层液体罐	见表 4-20	外部影响（冲击）

注：1. 外部影响如船舶碰撞引起的泄漏由具体情况确定，可不考虑罐体完全破裂。如果船停泊在港口外，外部碰撞造成的泄漏可不考虑。

2. 如果装卸臂由多根管道组成，装卸臂的完全破裂相当于所有管道同时完全破裂。

六、事故场景频率分析

常用的事故场景频率分析方法有 PA、ETA 和 FTA（本章第一到三节）等，这些分析方法是以泄漏频率为基础的。泄漏频率可使用以下数据来源：

（1）适用于化工行业的失效数据库；

（2）企业历史统计数据；

（3）基于可靠性的失效概率模型；

（4）其他数据来源。

在进行泄漏频率数据选择时，应考虑以下事项：

（1）应确保使用的失效数据与数据内在的基本假设一致；

（2）使用化工行业数据库时，应考虑减薄、衬里、外部破坏、应力腐蚀开裂、高温氢腐蚀、机械疲劳（对于管线）、脆性断裂，及其他引起泄漏的危险因素对泄漏频率造成的影响；

（3）如果使用企业历史统计数据，则只有数据充足并具有统计意义时才能使用。

AQ/T 3046《化工企业定量风险评价导则》等相关文献资料中已经给出了定量风险分析过程中常规使用到的各类失效场景的发生频率统计数据，可作为事故场景频率分析的基础数据。在获得泄漏（初始事件）频率后，为了进一步计算池火、闪火、爆炸及毒性物质扩散等各类事故的发生频率，往往结合点火概率等统计数据进行进一步分析，具体参见本节第七部分中的点火概率。

在进行事故场景频率分析时，如考虑企业过程安全管理水平对泄漏频率的影响，可采用 SY/T 6714《基于风险检验的基础方法》中 8.4 条的规定进行修正，当泄漏场景发生的频率小于 10^{-8} 次/年或事故场景造成的死亡概率小于 1%时，在定量风险分析时可不考虑这种场景。

七、事故场景后果分析

在 QRA 中，通常需要考虑的事故类型包括：泄漏、闪蒸和液池蒸发、射流和气云扩散、火灾及爆炸等。各类型事故后果模型参见第三章，可以根据实际情况进行模型选择，相关的计算参数可从事故场景确定步骤中获取，部分参数的确定过程如下。

1. 泄漏

对每一个泄漏场景应选择一个合适的泄漏源模型，不同泄漏场景的泄漏速率计算方法参见第三章第一节。泄漏位置和泄漏方向应根据设备的实际情况而确定。例如，在工艺容器或反应容器内同时存在气相和液相时，应对气相泄漏和液相泄漏两种场景进行模拟，如果没有准确的信息，泄漏方向宜设为水平方向，与风向相同。对于埋地管道，泄漏方向宜为垂直向上。一般考虑为无阻挡泄漏，以下两种情况应考虑泄漏位置附近的地面或者物体的阻挡作用。

（1）$L_0/L_j < 0.33$，L_0 为泄漏点到阻挡物的距离，L_j 为自由喷射长度：

$$L_j = 12u_0 b_0 / u_{air} \tag{4-36}$$

式中，u_0 是源处的喷射速度，m/s；b_0 是源半径，m；u_{air} 是平均环境风速，m/s，通常取 5m/s。

（2）对所有可能的泄漏方向，$L_0/L_j < 0.33$ 的概率 $P_i > 0.5$。在这种情况下，频率为 f 的泄漏场景应分成两个独立的泄漏场景：频率 $P_i f$ 的有阻挡泄漏和频率为 $(1-P_i)f$ 的无阻挡泄漏。

在考虑最大可能泄漏量时，选取以下两种情况中的较小值：

（1）泄漏设备单元中的物料加上相连设备截断前可流入到泄漏设备单元中的物料，设定流入速度等于泄漏速度；

（2）泄漏设备及相连单元内所有的物料量。泄漏设备及相连单元内所有的物料量应根据实际运行数据确定，当缺乏数据时，可采用 SY/T 6714《基于风险检验的基础方法》中 7.4 条推荐的方法进行估算。

在确定有效泄漏时间时，应考虑如下因素：

（1）设备和相连系统中的存量；

（2）探测和隔离时间；

（3）可能采取的任何反应措施。

此外，还应对每个泄漏场景的有效泄漏时间进行逐个确认，有效泄漏时间可取如下三项中的最小值：

（1）60min；

（2）最大可能泄漏量与泄漏速率的比值；

（3）基于探测及隔离系统等级的泄漏时间。

2. 闪蒸和液池蒸发

（1）过热液体泄漏计算应考虑闪蒸的影响，闪蒸计算参见第三章第一节。

（2）液池扩展应考虑地面粗糙度、障碍物以及液体收集系统等影响，如果存在围堰、防护堤等拦蓄区，且泄漏的物质不溢出拦蓄区时，液池最大半径为拦蓄区的等效半径。

3. 射流和气云扩散

在计算扩散时，应至少考虑以下两种情况：

（1）射流。对于射流，需确定喷射高度或距离。

（2）大气扩散。大气扩散计算应考虑实际气体特性，根据扩散气体的初始密度、Richardson 数等条件选择重气扩散或非重气扩散。

室内的容器、油罐和管道等设备泄漏，应考虑建筑物对扩散的影响，选择模型时应考虑以下情况：

（1）建筑物不能承受物质泄漏带来的压力，可设定物质直接泄漏到大气中。

（2）建筑物可承受物质泄漏带来的压力，则室外扩散源项应考虑建筑物内的源项以及通风系统的影响。

在计算扩散时，宜选择稳定、中等稳定、不稳定、低风速、中风速和高风速等多种天气条件，当使用 Pasquill 大气稳定度时（参见第三章第二节），可选择以下 6 种天气等级，见表 4-26：

表 4-26　选择的天气条件

大气稳定度	风速/（m/s）	大气稳定度	风速/（m/s）
B	中风速 3～5	D	高风速 8～9
D	低风速 1～2	E	中风速 3～5
D	中风速 3～5	F	低风速 1～2

在进行扩散计算时，应考虑当地的风速、风向及稳定度联合频率，宜选择十六种风向。气象统计资料宜采用评估单元附近气象站的气象统计数据。

4. 火灾和爆炸

对于可燃气体或液体泄漏应考虑发生池火、喷射火、蒸气云爆炸及沸腾液体扩展蒸气云爆炸等火灾爆炸场景。具体场景与物质特性、储存参数、泄漏类型、点火类型等有关，可在可燃气体或液体泄漏（初始事件）发生概率的基础上采用事件树分析方法确定各种可燃物质泄漏后，各种事件发生的类型及概率。

（1）点火类型。点火分为立即点火和延迟点火。

（2）点火概率。立即点火的概率应考虑设备类型、物质类别及泄漏。固定装置可燃物泄漏后立即点火概率见表4-27，企业内运输设备可燃物质泄漏后立即点火概率见表4-28，可燃物质分类见表4-29。

表 4-27　固定装置可燃物质泄漏后立即点火概率

物质类别	连续泄漏/(kg/s)	瞬时泄漏/kg	立即点火概率
类别0(中/高活性)	<10	<1000	0.2
	10~100	1000~10000	0.5
	>100	>10000	0.7
类别0(低活性)	<10	<1000	0.02
	10~100	1000~10000	0.04
	>100	>10000	0.09
类别1	任意速率	任意量	0.065
类别2	任意速率	任意量	0.01
类别3,4	任意速率	任意量	0

表 4-28　企业内运输设备可燃物质泄漏后立即点火概率

物质类别	运输设备	泄漏场景	立即点火概率
类别0	公路槽车	连续泄漏	0.1
	公路槽车	瞬时泄漏	0.4
	铁路槽车	连续泄漏	0.1
	铁路槽车	瞬时泄漏	0.8
	运输船	连续泄漏、瞬时泄漏	0.5~0.7
类别1	槽车、运输船	连续泄漏、瞬时泄漏	0.065
类别2	槽车、运输船	连续泄漏、瞬时泄漏	0.01
类别3,4	槽车、运输船	连续泄漏、瞬时泄漏	0

表 4-29 可燃物质分类

物质类别	燃烧性	条件
类别 0	极度易燃	①闪点小于 0℃、沸点≤35℃的液体 ②暴露于空气中,在正常温度和压力下可以点燃的气体
类别 1	高可燃性	闪点<21℃的液体,但不是极度易燃的
类别 2	可燃	21℃≤闪点≤55℃的液体
类别 3	可燃	55℃≤闪点≤100℃的液体
类别 4	可燃	闪点>100℃的液体

注:对于类别 2,3,4 的物质,如果操作温度高于闪点,则立即点火概率按照类别 1 进行考虑。

延迟点火的点火概率应考虑点火源特性、泄漏物特性以及泄漏发生时点火源存在的概率:

$$P(t) = P_{present}(1 - e^{-\omega t}) \qquad (4-37)$$

式中,$P(t)$ 是 0~t 时间内发生点火的概率;$P_{present}$ 是点火源存在的概率;ω 是 1s 的点火效率,与点火源特性有关;t 是时间,s。

常见火源在 1min 内的点火概率参见表 4-30。

表 4-30 点火源在 1min 内的点火概率

点火源	1min 内的点火频率	点火源	1min 内的点火频率
点源		线源	
机动车辆	0.4	输电线路	0.2/100m
火焰	1.0	公路	①
室外燃烧炉	0.9	铁路	①
室内燃烧炉	0.45	面源	
室外锅炉	0.45	化工厂	0.9/座
室内锅炉	0.23	炼油厂	0.9/座
船	0.5	重工业区	0.7/座
危化品船	0.3	轻工业区	按人口计算
捕鱼船	0.2	人口活动	
游艇	0.1	居民	0.01/人
内燃机车	0.4	工人	0.01/人
电力机车	0.8		

① 发生泄漏事故地点周边的公路或铁路的点火概率与平均交通密度 d 有关。平均交通密度 d 的计算公式为:

$$d = NE/V$$

式中,N 是每小时通过的汽车数量;E 是道路或铁路的长度,km;V 是汽车平均速度,km/h。

如果 $d \leq 1$,则 d 的数值就是蒸气云通过时点火源存在的概率,此时:

$$P(t) = d(1 - e^{-\omega t})$$

式中,ω 为单辆汽车每秒的点火效率。

如果 $d \geq 1$,则 d 表示当蒸气云经过时的平均点火源数目,则在 0~t 时间内发生点火的概率为:

$$P(t) = 1 - e^{-d\omega t}$$

注:1. 对某个居民区而言,0~t 时间内的点火概率可由下式给出:

$$P(t) = 1 - e^{-n\omega t}$$

式中,ω 为每个人每秒的点火效率;n 为居民区中存在的平均人数。

2. 如果其他模型中采用不随时间变化的点火概率,则该点火概率等于 1min 内的点火概率。

压缩液化气体或压缩气体瞬时泄漏时，应考虑 BLEVE 或火球的影响。BLEVE 或火球热辐射计算参见第三章第三节。

5. 可燃有毒物质

可燃有毒物质在点火前应考虑毒性影响，在点火后应考虑燃烧影响。可进行如下简化：

（1）对低活性物质（参见表 4-31），假设不发生点火过程，仅考虑有毒物泄漏影响。

（2）对中等活性及高活性物质，宜分成可燃物泄漏和有毒物泄漏两种独立事件进行考虑。

表 4-31　部分化学品活性分类

低	中	高
1-氯-2,3-环氧丙烷	1-丁烷	丁三醇①
1,3-二氯丙烷	1,2-二氨基乙烷	乙炔
3-氯-1-丙烯	乙醛	苯①
氨	乙腈	二硫化碳①
溴甲烷	丁烷	乙硫醇
一氧化碳	氯乙烯	环氧乙烷
氯乙烷	二甲胺乙烷	甲酸乙酯①
氯甲烷	乙基乙酰胺	甲醛①
甲烷	甲酸	甲基丙烯酸酯①
四乙基铅	丙烷	甲酸甲酯①
	丙烯	甲基环氧乙烷①
		石脑油溶剂①
		四氢噻吩①
		乙烯基乙酸盐①

① 此物质化学品活性信息非常少，可将此物质作为高活性物质。

对于喷射火，其方向为物质的实际泄漏方向；如果没有准确的信息，宜考虑垂直方向喷射火和水平方向喷射火，计算方法参见第三章第三节。

气云延迟点火发生闪火和爆炸时，可以将闪火和爆炸考虑为两个独立的过程。

气云爆炸产生的冲击波超压计算应考虑气云的受限状况，计算方法参见第三章第三节。

6. 减缓控制系统

应考虑不同种类的减缓控制系统对危险物质泄漏及其后果的影响。如果能够确定减缓控制系统的效果，应采用下列步骤反映减缓控制系统的作用。

（1）确定系统起作用需要的时间 t；

（2）确定系统的效果；

（3）0 到 t 时间内不考虑减缓控制作用；

（4）t 时间后的源项值应考虑减缓控制系统的效果并进行修正；

（5）应考虑减缓控制系统的失效概率。

八、暴露影响

有毒气体、热辐射和超压的影响参见表 4-32～表 4-34。

表 4-32 是美国工业卫生协会（AIHA）发布的污染空气的应急响应计划指南（ERPG）。其中，ERPG 给出了三个浓度范围：

（1）ERPG-1 是空气中最高浓度，低于该值就可以相信，几乎所有人都能够暴露于其中达 1h，除了轻微的短暂的有害于健康的影响，或明显感觉到令人讨厌的气味，而没有其他影响。

（2）ERPG-2 是空气中最高浓度，低于该值就可以相信，几乎所有人都能够暴露于其中达 1h，除逐步显示出来的不可逆或其他严重的健康影响，或者削弱他们采取保护行动的能力，而没有其他影响。

（3）ERPG-3 是空气中最高浓度，低于该值就可以相信，几乎所有人都能够暴露于其中达 1h，会逐步显示出危及生命健康的影响。

表 4-32　应急响应计划指南（ERPG）（除非注明，所有值的单位均为 10^{-8}）

化学物质	ERPG-1	ERPG-2	ERPG-3
乙醛	10	200	1000
丙烯醛	0.1	0.5	3
丙烯酸	2	50	750
丙烯腈	NA	35	75
烯丙基氯	3	40	300
氨	25	200	1000
苯	50	150	1000
氯苯	1	10	25
溴	0.2	1	5
1,3-丁二烯	10	50	5000

续表

化学物质	ERPG-1	ERPG-2	ERPG-3
丙烯酸丁酯	0.05	25	250
异氰酸丁酯	0.01	0.05	1
二硫化碳	1	50	500
四氯化碳	20	100	750
氯气	1	3	20
三氟化氯	0.1	1	10
三氯硝基甲烷	NA	0.2	3
氯磺酸	2mg/m³	10mg/m³	30mg/m³
三氟氯乙烯	20	100	300
2-丁烯醛	2	10	50
乙硼烷	NA	1	3
双烯酮	1	5	50
二甲胺	1	100	500
二甲基氯硅烷	0.8	5	25
二甲基二硫醚	0.01	50	250
表氯醇	2	20	100
环氧乙烷	NA	50	500
甲醛	1	10	25
六氯丁二烯	3	10	30
六氟丙酮	NA	1	50
六氟环丙烷	10	50	500
氯化氢	3	20	100
铍	NA	25mg/m³	100mg/m³
三氟化硼	2mg/m³	30mg/m³	100mg/m³
乙酸丁酯	5	200	3000
丁基异氰酸酯	0.01	0.05	1
一氧化碳	200	350	500
二氧化氯	NA	0.5	3
一氯二氟乙烷	10000	15000	25000

续表

化学物质	ERPG-1	ERPG-2	ERPG-3
三氟甲烷	NA	50	5000
氯甲基甲醚	NA	1.0	10
硝基三氯甲烷	0.1	0.3	1.5
氯化氰	NA	0.4	4
1,2-二氯乙烷	50	200	300
2,4-二氯酚	0.2	2	20
二聚环戊二烯	0.01	5	75
1,1-二氟乙烷	10000	15000	25000
二乙烯酮	1	5	20
N,N-二甲基酰胺	2	100	200
二甲硫醚	0.5	1000	5000
3-氯-1,2-环氧丙烷	5	20	100
丙烯酸乙酯	0.01	30	300
氯甲酸乙酯	ID	5	10
异辛醇	0.1	100	200
氟	0.5	5	20
呋喃甲醛	2	10	100
戊二醛	0.2	1	5
六氟-1,3-丁二烯	1	3	10
六氟丙烯	10	50	500
1-己烯	NA	500	5000
三氯乙烯	100	500	5000
三甲基氯硅烷	3	20	150
乙烯三氯硅烷	0.5	5	50
八氧化三铀	ID	$10mg/m^3$	$50mg/m^3$
六氟化铀	$5mg/m^3$	$15mg/m^3$	$30mg/m^3$
三乙氧基硅烷	0.5	4	10
甲苯-2,4(2,6-)二异氰酸酯	0.01	0.15	0.6
异戊二烯	5	1000	4000
二乙基苯	10	100	500

续表

化学物质	ERPG-1	ERPG-2	ERPG-3
1,1,1,2-四氟-2-氯乙烷	1000	5000	10000
邻氯亚苄基缩丙二腈	0.005mg/m³	0.1mg/m³	25mg/m³
氰化氢	NA	10	25
氟化氢	2	20	50
硫化氢	0.1	30	100
异丁酯	10	50	200
2-异丙基丙烯酸氰乙酯	NA	0.1	1
氢化锂	25μg/m³	100μg/m³	500μg/m³
甲醇	200	1000	5000
氯甲烷	NA	400	1000
二氯甲烷	200	750	4000
异氰酸甲酯	0.025	0.5	5
甲硫醇	0.005	25	100
甲基三氯硅烷	0.5	3	15
一甲胺	10	100	500
全氟异丁烯	NA	0.1	0.3
苯酚	10	50	200
光气	NA	0.2	1
五氧化二磷	5mg/m³	25mg/m³	100mg/m³
环氧丙烷	50mg/m³	250mg/m³	750mg/m³
苯乙烯	50	250	1000
磺酸	2	10	30
二氧化硫	0.3	3	15
四氟乙烯	200	1000	10000
四氯化钛	5mg/m³	300mg/m³	1000mg/m³
甲苯	50	300	1000
三甲胺	0.1	100	500
六氟化溴	5mg/m³	15mg/m³	30mg/m³
乙酸乙烯酯	5	75	500
乙酸	5	35	250
乙酸酐	0.5	15	100
3-氯丙烯	3	40	300

续表

化学物质	ERPG-1	ERPG-2	ERPG-3
砷化氢	NA	0.5	1.5
苯甲酰氯	0.3	0.1	20
二氯甲醚	ID	5	0.5
无水肼	0.5	75	30
盐酸	3	20	150
氢氰酸	NA	15	25
过氧化氢	10	50	100
硒化氢	NA	0.2	2
氯甲酸异丙酯	ID	5	20
碘	0.1	0.5	5
顺丁烯二酸酐	0.2	2	20
汞	NA	0.25	0.5
溴甲烷	NA	50	200
氯甲酸甲酯	NA	2	5
甲基异氰酸酯	0.025	0.25	1.5
二苯亚甲基二异氰酸酯	$0.2mg/m^3$	$2mg/m^3$	$25mg/m^3$
硝酸	1	6	78
二氧化氮	1	15	30
三氟化氮	NA	400	800
1-辛烯	40	800	2000
四氯乙烯	100	200	1000
磷化氢	NA	0.5	5
三氯化磷	0.5	3	15
四氯化硅	0.75	5	37
氢氧化钠	$0.5mg/m^3$	$5mg/m^3$	$50mg/m^3$
锑化氢	ID	0.5	1.5
正硅酸乙酯	25	100	300
四氢呋喃	100	500	5000
正硅酸甲酯	NA	10	20
氯化亚砜	0.2	2	10
1,1,1-三氯乙烷	350	700	3500
三氯硅烷	1	3	25

续表

化学物质	ERPG-1	ERPG-2	ERPG-3
氯乙烯	500	5000	20000
1,1-二氯乙烯	ID	500	1000
二氧化铀	ID	10mg/m³	30mg/m³
三氧化铀	ID	0.5mg/m³	3mg/m³
三甲氧基甲硅烷	0.5	2	5
甲基丙烯酸异氰基乙酯	ID	0.1	1
2,2-二氯-1,1,1-三氟乙烷	ID	1000	10000
四羟基氢化钴	ID	0.13	0.42
氯乙酰氯	0.05	0.5	10
亚乙基降冰片烯	0.02	100	500

注：1. NA 表示尚未分析；ID 表示数据不充分；

2. 上述物质的 ERPG 数值由美国工业卫生协会 2008 年 1 月 1 日公布，ERPG 值定期更新，宜使用最新的 ERPG 值。

表 4-33 不同热辐射强度造成的伤害和损坏

热辐射强度 /(kW/m²)	对设备的损坏	对人的伤害
37.5	操作设备损坏	1%死亡(10s) 100%死亡(1min)
25	在无火焰时,长时间辐射下木材燃烧的最小能量	重大烧伤(10s) 100%死亡(1min)
12.5	有火焰时,木材燃烧及塑料熔化的最低能量	1 度烧伤(10s) 1%死亡(1min)
9.5	—	在 8s 内裸露皮肤有痛感；无热辐射屏蔽设施时,操作人员穿上防护服可停留 1min
4	—	暴露 20s,裸露皮肤有痛感；无热辐射屏蔽设施时,操作人员穿上防护服可停留几分钟
1.6	—	长时间暴露无不适感

表 4-34 超压对建筑物的影响（近似值）

压力/kPa	影响
0.14	令人厌恶的噪声(137dB,或低频 10～15Hz)
0.21	已经处于疲劳状态下的大玻璃偶尔破碎
0.28	产生大的噪声(143dB)、玻璃破裂

续表

压力/kPa	影响
0.69	处于压力应变状态的小玻璃破裂
1.03	玻璃破裂
2.07	"安全距离"(低于该值,不造成严重损坏的概率为0.95);抛射限值;屋顶出现某些破坏;10%的窗户玻璃被打碎
2.76	有限的较小结构破坏
3.4~6.9	大窗户和小窗户通常破碎;窗户框架偶尔遭到破坏
4.8	房屋建筑物受到较小的破坏
6.9	房屋部分破坏,不能居住
6.9~13.8	石棉板粉碎;钢板或铝板起皱,紧固失效;木板固定失效、吹落
9.0	钢结构的建筑物轻微变形
13.8	房屋的墙和屋顶局部坍塌
13.8~20.7	没有加固的混凝土墙毁坏
15.8	严重结构破坏的低限值
17.2	房屋砌砖50%破坏
20.7	工厂建筑物内的重型机械轻微损坏;钢结构建筑变形,并离开基础
20.7~27.6	自成构架的钢面板建筑破坏;油储罐破裂
27.6	轻工业建筑物的覆层破裂
34.5	木制的支撑柱折断;建筑物内高大液压机轻微破坏
34.5~48.2	房屋几乎完全破坏
48.2	装载货物的火车车厢倾翻
48.2~55.1	未加固的203.2~304.8mm厚的砖板因剪切或弯曲导致失效
62.0	装载货物的火车、货车车厢完全破坏
68.9	建筑物可能全部遭到破坏;重型机械工具移位并严重损坏,非常重的机械工具幸免

通过计算模型得到各事故场景的事故后果后,还需要结合暴露影响相关理论来评估人员目标可能的死亡概率。

1. 死亡概率计算

给定暴露场景下死亡概率可采用概率函数法计算,死亡概率 P_d 与相应的概率值 P_r 函数关系见下式,P_d 和 P_r 的对应关系见表4-35。

$$P_d = 0.5 \times \left[1 + \mathrm{erf}\left(\frac{P_r - 5}{\sqrt{2}} \right) \right] \tag{4-38}$$

$$\mathrm{erf}(x) = \frac{2}{\sqrt{\pi}} \int_0^x \mathrm{e}^{-t^2} \, \mathrm{d}t \tag{4-39}$$

式中，t 是暴露时间，s。

表 4-35　P_d 和 P_r 的对应关系

$P_\mathrm{d}/\%$	0	1	2	3	4	5	6	7	8	9
0		2.67	2.95	3.12	3.25	3.36	3.45	3.52	3.59	3.66
10	3.72	3.77	3.82	3.87	3.92	3.96	4.01	4.05	4.08	4.12
20	4.16	4.19	4.23	4.26	4.29	4.33	4.36	4.39	4.42	4.45
30	4.48	4.50	4.53	4.56	4.59	4.61	4.64	4.67	4.69	4.72
40	4.75	4.77	4.80	4.82	4.85	4.87	4.90	4.92	4.95	4.97
50	5.00	5.03	5.05	5.08	5.10	5.13	5.15	5.18	5.20	5.23
60	5.25	5.28	5.31	5.33	5.36	5.39	5.41	5.44	5.47	5.50
70	5.52	5.55	5.58	5.61	5.64	5.67	5.71	5.74	5.77	5.81
80	5.84	5.88	5.92	5.95	5.99	6.04	6.08	6.13	6.18	6.23
90	6.28	6.34	6.41	6.48	6.55	6.64	6.75	6.88	7.05	7.33
99	0.0	0.1	0.2	0.3	0.4	0.5	0.6	0.7	0.8	0.9
	7.33	7.37	7.41	7.46	7.51	7.58	7.58	7.65	7.88	8.09

通过表 4-35，可以完成 P_r 和 P_d 之间的转换，表中白色底纹表格内容是 P_r 值，其对应的 P_d 值为当前单元格对应的横纵两个方向灰色底纹单元格的数值相加。当由 P_r 值推算 P_d 值时，如果不能在表中找到完全对应的数值，可以采用插值的方法求取近似值。

2. 中毒

毒性暴露下死亡概率值 P_tox：

$$P_\mathrm{tox} = a + b\ln(c^n t) \tag{4-40}$$

式中，P_tox 是毒性暴露下的概率值；a，b，n 是描述物质毒性的常数，见表 4-36；c 是毒性物质在大气中的扩散浓度，$\mathrm{mg/m^3}$；t 是暴露于毒物环境中的时间，min，最大值为 30min。

3. 热辐射危害

火球、池火及喷射火的死亡概率值：

$$P_\mathrm{fire} = -36.38 + 2.56\ln(Q^{4/3}t) \tag{4-41}$$

式中，P_fire 是热辐射暴露下的概率值；Q 是热辐射强度，$\mathrm{W/m^2}$；t 是暴露时间，s，最大值为 20s。

表 4-36 常用物质毒性常数 a、b、n

物质	a	b	n	物质	a	b	n
丙烯醛	-4.1	1	1	氟化氢	-8.4	1	1.5
丙烯腈	-8.6	1	1.3	硫化氢	-11.5	1	1.9
异丙醇	-11.7	1	2	溴甲烷	-7.3	1	1.1
氨	-15.6	1	2	异氰酸钾	-1.2	1	0.7
谷硫磷	-4.8	1	2	二氧化氮	-18.6	1	3.7
溴	-12.4	1	2	对硫磷	-6.6	1	2
二氧化碳	-7.4	1	1	光气	-10.6	2	1
氯	-6.35	0.5	2.75	磷铵	-2.8	1	0.7
乙烯	-6.8	1	1	磷化氢	-6.8	1	2
氯化氢	-37.3	3.69	1	二氧化硫	-19.2	1	2.4
氰化氢	-9.8	1	2.4	四乙基铅	-9.8	1	2

在计算热辐射暴露死亡概率时，处于火球、池火及喷射火火场中或热辐射强度不小于 37.5kW/m² 时，人员的死亡概率为 100%。

4. 闪火和爆炸

闪火的火焰区域等于点燃时可燃云团最小可燃浓度的范围。闪火火焰区域内，人员的死亡概率值为 100%；闪火火焰区域外，人员的死亡概率值为 0。

对于蒸气云爆炸，在 0.03MPa 超压影响区域内，人员的死亡概率为 100%；在 0.01MPa 超压影响区域外，人员的死亡概率为 0。

九、风险计算

在计算个体风险和社会风险时，由于需要考虑区域内多个事故场景在同一地点的风险叠加并绘制个体风险等值线，为方便计算，往往需要对评估区域进行计算网格划分，遵循的原则为：

(1) 网格单元的划分应考虑当地人口密度和事故影响范围，网格尺寸不应影响计算结果；

(2) 确定每个网格单元的人员数量时，可假设网格单元内部有相同的人口密度；

(3) 将点火概率分配到每一个网格单元，如果网格中有多个点火源，则将所有的点火源合并成处于网格单元中心的单个点火源。

个体风险和社会风险的表现形式应满足：

(1) 个体风险应在标准比例尺地形图上以等值线的形式给出，同时应表示出每年频率不小于 10^{-8} 的个体风险等值线，如图 4-8 所示。

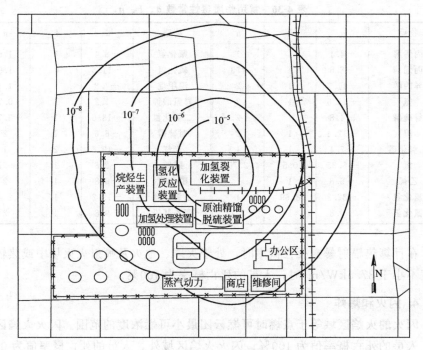

图 4-8　个体风险等值线

（2）社会风险应绘制 F-N 曲线，如图 4-9 所示。

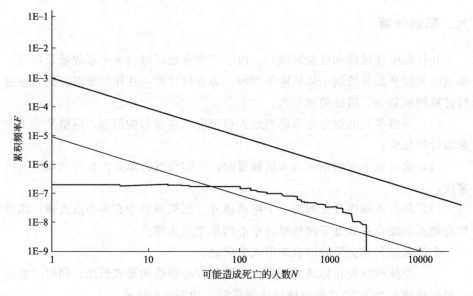

图 4-9　社会风险 F-N 曲线

个体风险的计算应考虑人员处于室外的情况，社会风险应考虑人员处于室外和室内两种情况。在计算个体风险和社会风险时，可进行修正：

$$P_{个体风险} = \beta_{个体风险} P_d \tag{4-42}$$

$$P_{社会风险} = \beta_{社会风险} P_d \tag{4-43}$$

式中，$P_{个体风险}$ 是个体风险计算时的死亡概率；$P_{社会风险}$ 是社会风险计算时的人口死亡百分比；$\beta_{个体风险}$ 是个体风险计算时的死亡概率修正因子；$\beta_{社会风险}$ 是社会风险计算时的人口死亡百分比修正因子。β 取值见表 4-37。

表 4-37　修正因子 β 取值

场景		$\beta_{个体风险}$	$\beta_{社会风险}$	
		室外	室外	室内
爆炸	爆炸超压≥0.03MPa	1	1	1
	0.01MPa<爆炸超压<0.03MPa	①		
	爆炸超压≥0.01MPa	0	0	0
闪火范围内		1	1	1
闪火范围外		0	0	0
热辐射强度<37.5kW/m²	火球	1	0.14②	0
	喷射火	1	0.14②	0
	池火	1	0.14②	0
热辐射强度≥37.5kW/m²	火球	1	1	1
	喷射火	1	1	1
	池火	1	1	1
毒性		1	1	1③

① 爆炸超压 0.01～0.03MPa 半径区域的室外人员的死亡概率为 0；在计算社会风险时，室内人员需考虑的影响，死亡百分比为 2.5%。

② 当计算社会风险时，通常认为在衣服着火以前，室外人员因受到衣服的保护而减弱了热辐射的影响，与没有衣服保护相比，其死亡百分比减小至 0.14 倍，因此修正因子为 0.14。

③ 计算室内人员的死亡百分比时，应考虑室内真实毒性剂量，室内毒性剂量与毒性气团的通过时间和房间通风率有关，在没有具体参数时，可取同样剂量下室外人员死亡概率的 0.1 倍。

个体风险计算程序见图 4-10，步骤如下：

(1) 选择一个泄漏场景（LOC），确定 LOC 的发生频率 f_S。

(2) 选择一种天气等级 M（见表 4-26）和该天气等级下的一种风向 ϕ（共 16 种），给出天气等级 M 和风向 ϕ 同时出现的联合概率 $P_M P_\phi$。

(3) 如果是可燃物泄漏，选择一个点火事件 i 并确定点火概率 P_i。如果考虑物质毒性影响，则不考虑点火事件。

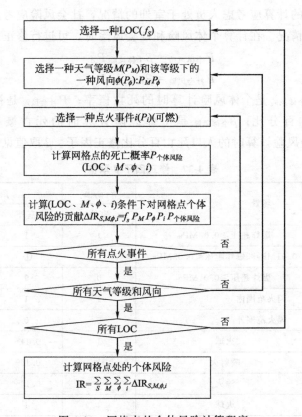

图 4-10 网格点的个体风险计算程序

（4）计算在特定的 LOC、天气等级 M、风向 ϕ 及点火事件 i 条件下网格单元上的死亡概率 $P_{个体风险}$，计算中参考高度取 1m。

（5）计算（LOC、M、ϕ、i）条件下对网格单元个体风险的贡献：

$$\Delta IR_{S,M,\phi,i} = f_S P_M P_\phi P_i P_{个体风险} \tag{4-44}$$

（6）对所有的点火事件，重复（3）～（5）的计算；对所有的天气等级和风向，重复（2）～（5）计算；对所有的 LOC，重复（1）～（5）的计算，网格点处的个体风险计算：

$$IR = \sum_S \sum_M \sum_\phi \sum_i \Delta IR_{S,M,\phi,i} \tag{4-45}$$

社会风险计算程序见图 4-11，步骤如下：

（1）首先确定以下条件：

① 确定 LOC 及其发生频率 f_S；

② 选择天气等级 M，概率为 P_M；

③ 选择天气等级 M 下的一种风向 ϕ，概率为 P_ϕ；

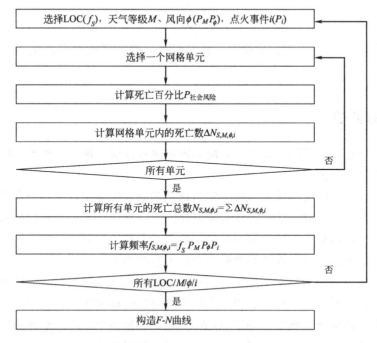

图 4-11　社会风险计算程序

④ 对于可燃物，选择条件概率为 P_i 的点火事件 i。

（2）选择一个网格单元，确定网格单元内的人数 N_{cell}。

（3）计算在特定的 LOC、M、ϕ 及 i 参数下，网格单元内的人口死亡百分比 $P_{社会风险}$，计算中参考高度取 1m。

（4）计算在特定的 LOC、M、ϕ 及 i 下，网格单元内的死亡人数 $\Delta N_{S,M,\phi,i}$

$$\Delta N_{S,M,\phi,i} = P_{社会风险} N_{cell} \tag{4-46}$$

（5）对所有网格单元，重复（2）～（4）的计算，对 LOC、M、ϕ 及 i，计算死亡总人数 $N_{S,M,\phi,i}$：

$$N_{S,M,\phi,i} = \sum_{所有单元网格} \Delta N_{S,M,\phi,i} \tag{4-47}$$

（6）计算 LOC、M、ϕ 及 i 的联合频率 $f_{S,M,\phi,i}$；

$$f_{S,M,\phi,i} = f_S P_M P_\phi P_i \tag{4-48}$$

对所有的 LOC(f_S)、M、ϕ 及 i，重复（1）～（6）的计算，用累积死亡总人数 $N_{S,M,\phi,i} \geqslant N$ 的所有事故发生的频率 $f_{S,M,\phi,i}$ 构造 F-N 曲线。

$$F_N = \sum_{S,M,\phi,i} f_{S,M,\phi,i} \longrightarrow N_{S,M,\phi,i} \geqslant N \tag{4-49}$$

潜在生命损失 PLL 的计算：

$$PLL = \sum_{i=1}^{n} f_i N_i \tag{4-50}$$

式中，PLL 是潜在生命损失；f_i 是事件 i 的每年的频率；N_i 是第 i 个事件的死亡人数。

十、风险评估

企业在进行定量风险评估前，应确定风险可接受标准值。确定风险可接受标准时应遵循的原则有：

（1）风险可接受标准应具有一定的社会基础，能够被政府和公众所接受；

（2）重大危害对个体或群体造成的风险不应显著增加已存在的风险；

（3）风险可接受标准应和社会经济发展水平相适应，并适时更新；

（4）应考虑企业内部和企业外部个体风险的差异。

将风险评估的结果和风险可接受标准比较，判断项目的实际风险水平是否可以接受，可采用 ALARP 原则。个体风险可接受标准值见表 4-11。

社会风险可接受标准值基于 ALARP 原则通过两个风险分界线将风险划分为 3 个区域，即：不可容许区、尽可能降低区和可容许区，见图 4-12。

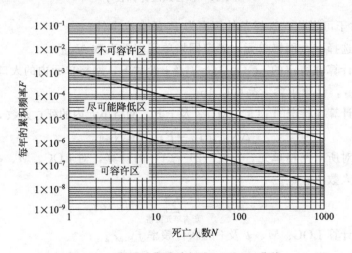

图 4-12　中国社会风险标准（F-N）曲线

参考文献

［1］赵劲松，陈网桦，鲁毅. 化工过程安全［M］. 北京：化学工业出版社，2015.

［2］毕明树，周一卉，孙洪玉. 化工安全工程［M］. 北京：化学工业出版社，2014.

[3] Crowl D A, Louvar J F. Chemical Process Safety, Fundamentals with Applications [M]. 3rd ed. Boston: Pearson Education, 2011.

[4] Fault Tree Analysis (FTA): IEC 61025: 2006 [S].

[5] Elisabeth M Patéxornell. Fault Trees vs Event Trees in Reliability Analysis [J]. Risk Analysis, 2010, 4 (3): 177-186.

[6] CCPS. Guidelines for Hazard Evaluation Procedures [M]. 3rd ed. New Jersey: John Wiley & Sons, 2008.

[7] Mannan S. Lee's Loss Prevention in the Process Industries, Hazard Identification, Assessment and Control [M]. 4rd ed. Oxford: Elsevier, 2012.

[8] 故障树分析程序: GB/T 7829—1987 [S].

[9] 故障树名词术语和符号: GB/T 4888—2009 [S].

[10] Guo L J, Kang J X. An Extended HAZOP Analysis Approach with Dynamic Fault Tree [J]. Journal of Loss Prevention in the Process Industries, 2015 (38): 224-232.

[11] Fussell J B. Fault Tree Analysis: Concepts, and Techniques, Generic Techniques in System Reliability Assessment [R]. NATO, Advanced Study Institute, 1976.

[12] Vesely W E, et al. Fault Tree Handbook [R] //NUREG-0492. Washington, DC: U. S. Nuclear Regulatory Commission, 1981.

[13] Minton L A, Johnson R W. Fault Tree Faults [C] //International Conference on Hazard Identification and Risk Analysis, Human Factors and Human Reliability in Process Safety. New York: American Institute of Chem Engineers, 1992.

[14] Ferdous R, Khan F, Veitch B, et al. Methodology for Computer Aided Fuzzy Fault Tree Analysis [J]. Process Saf Environ, 2009, 87: 217-226.

[15] Curcurù G, Galante G M, La Fata C M. An Imprecise Fault Tree Analysis for the Estimation of the Rate of Occurrence of Failure (ROCOF) [J]. J Loss Prev Proc, 2013, 26: 1285-1292.

[16] Sano K, Koshiba Y, Ohtani H. Risk Assessment and Risk Reduction of an Acrylonitrile Production Plant [J]. Journal of Loss Prevention in the Process Industries, 2020 (63): 104015.

[17] CCPS. Layer of Protection Analysis, Simplified Process Risk Assessment [M]. New York: Library of Congress Cataloging-in-Publication Data, 2001.

[18] 美国化工过程安全中心. 保护层分析——简化的过程风险评估 [M]. 白永忠, 党文义, 于安峰译. 北京: 中国石化出版社, 2010.

[19] Wei C Y, Rogers W J, Mannan M S. Layer of Protection Analysis for Reactive Chemical Risk Assessment [J]. Journal of Hazardous Materials, 2008, 159: 19-24.

[20] Willey R J. Layer of Protection Analysis [C] //2014ISSST, 2014 International Symposium on Safety Science and Technology, Procedia Engineering. 2014: 12-22.

[21] Dowell A M. Layer of Protection Analysis: A New PHA Tool, After HAZOP, Before Fault Tree Analysis [C] //Int Conf and Workshop on Risk Analysis in Process Safety, 1997.

[22] Dowell A M. Layer of Protection Analysis and Inherently Safer Processes [J]. Process Safety Progress, 1999, 18: 214-220.

[23] 保护层分析 (LOPA) 方法应用导则: AQ/T 3054—2015 [S].

[24] Blanco R F. Understanding Hazards, Consequences, LOPA, SILs, PFD, and RRFs as related to Risk and Hazard Assessment [J]. Process Safety Progress, 2014, 33: 208-216.

[25] International Standard IEC 61511-1. Functional Safety-Safety Instrumented Systems for the Process Industry Sector [S]. Geneva, Switzerland: IEC, 2003.

[26] International Standard IEC 61508. Functional Safety of Electrical/Electronic/Programmable Electronic Safety-related Systems [S]. Geneva, Switzerland: International Electrotechnical Commission, 2010.

[27] CCPS. Guidelines for Initiating Events and Independent Protection Layers [M]. New Jersey: John Wiley & Sons, 2014.

[28] Summers A E. Introduction to Layers of Protection Analysis [J]. Journal of Hazardous Materials, 2003, 104: 163-168.

[29] Dowell A M. Layer of Protection Analysis for Determining Safety Integrity Level [J]. ISA Transaction, 1998, 37(3): 155-165.

[30] Kersten R A, Mak W A. Explosion Hazards of Ammonium Nitrate. How to Assess the Risks? [C]//International Symposium on Safety in the Manufacture, Storage, Use, Transport and Disposal of Hazardous Materials, Tokyo, 10-12 March, 2004.

[31] CCPS. Guidelines for Chemical Process Quantitative Risk Analysis [M]. 2nd ed. New York: AIChE, 2000.

[32] 化工企业定量风险分析导则: AQ/T 3046—2013 [S].

[33] CCPS. Proceedings of the International Conference and Workshop on Reliability and Risk Management [M]. New York: AIChE, 1998.

[34] CCPS. Proceedings of the International Conference and Workshop on Risk Analysis in Process Safety [M]. New York: AIChE, 1997.

[35] CCPS. Proceedings of the International Conference on Hazard Identification and Risk Analysis, Human Factors, and Human Reliability in Process Safety [M]. New York: AIChE, 1992.

第五章

化学反应风险分析与评估

化工事故常常是由化学反应失控所导致的。美国化学安全与危险调查局（CSB）调查了1980~2002年22年间发生的167起危险反应事故，结果表明，35%的事故都是由反应热失控导致的[1]。2017年，我国颁布了《国家安全监管总局关于加强精细化工反应安全风险评估工作的指导意见》[2]。

本章对化学反应过程热风险的基本理论进行综述。首先介绍化学反应热效应的基本概念和基础知识；接着介绍化学反应过程中的热量平衡和热失控；然后重点介绍化学反应过程中的热风险，包括热风险的定义、热风险的系统评估方法和评估所需数据的实验获取。最后，具体介绍热风险评估的流程。

第一节　基本概念和基础知识

一、化学反应的热效应

1. 反应热

精细化工和医药化工行业中的大部分化学反应是放热的，即在反应期间有热能的释放。显然，一旦发生事故，能量的释放量越大，潜在的损失就越大。因此，反应热是进行化学反应风险评估中的一个重要数据。用于描述反应热的参数有摩尔反应焓 ΔH_r(kJ/mol) 和比反应热 Q'_r(kJ/kg)。

（1）摩尔反应焓　摩尔反应焓是指在一定状态下单位摩尔反应物料反应时放出的热量。如果是在标准状态下，则称为标准摩尔反应焓。按照惯例，放热反应的摩尔反应焓为负值，而吸热反应的摩尔反应焓为正值。表5-1列出了一些典型的反应焓值[3]。

表 5-1 反应焓的典型值

反应类型	摩尔反应焓 ΔH_r/(kJ/mol)	反应类型	摩尔反应焓 ΔH_r/(kJ/mol)
中和反应(HCl)	-55	氢化反应(硝基类)	-560
中和反应(H_2SO_4)	-105	胺化反应	-120
硝化反应	-130	重氮化反应	-65
磺化反应	-150	环氧化反应	-100
加氢反应(烯烃)	-200	聚合反应(苯乙烯)	-60

（2）比反应热　比反应热是单位质量物料反应时放出的热量。比反应热和摩尔反应焓的关系为：

$$Q'_r = \rho^{-1} c(-\Delta H_r) \tag{5-1}$$

式中，ρ 为反应物料的密度，kg/m^3；c 为反应物料的浓度，mol/m^3；ΔH_r 为摩尔反应焓，kJ/mol。显然，比反应热取决于反应物料的浓度，不同的工艺和操作方式均会影响比反应热的数值。

摩尔反应焓和比反应热可以通过两种途径获得：首先，可以通过量热设备测量获得，大多数量热设备直接以 kJ/kg 来表述，该方法可以模拟反应的实际工艺，关于量热设备的相关内容将在本章第四节进行介绍。其次，可以通过摩尔生成焓 ΔH_f 计算得到[4]，摩尔反应焓等于产物的摩尔生成焓的总和与反应物的摩尔生成焓的总和之差：

$$\Delta H_r^{298} = \sum_{\text{产物}} \Delta H_{f,i}^{298} - \sum_{\text{反应物}} \Delta H_{f,i}^{298} \tag{5-2}$$

常见物质的标准摩尔生成焓可以参见热力学性质表；此外，也可以通过基团贡献法计算得到[5]，如 Benson 基团法。在实际计算过程中，要注意该方法得到的生成焓是假定分子处于气相状态中，因此，对于液相反应必须通过冷凝潜热来修正。

对于有的反应来说，摩尔反应焓也会随着操作条件的不同在很大的范围内变化。例如，根据磺化剂的种类和浓度的不同，磺化反应的反应焓会在 $-60 \sim -150kJ/mol$ 的范围内变动。此外，反应过程中的结晶热和混合热也可能会对实际热效应产生影响[6]。因此，建议尽可能根据实际工艺通过量热设备测量反应热。

2. 分解热

化工行业所使用的相当部分的化合物都是处于所谓的亚稳定状态。如果输入一个附加的能量（如温度升高），可能会使这样的化合物变成高能和不稳定的中间状态，这个中间状态可通过难以控制的能量释放使自身转化成更稳定的状态。图 5-1 显示了这样的一个反应路径。沿着反应路径，能量首先增加，然后降到一个较低的水平，分解热 ΔH_d (kJ/kg) 沿着反应路径释放。它通常比一般的反应热数值大，但比燃烧热低。分解产物往往未知或者不易确定，这意味着很难由标准生成焓估算分解热。

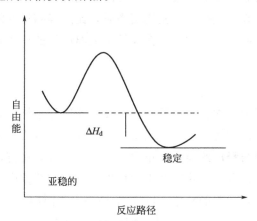

图 5-1 自由能沿着反应路径的变化

3. 热容

反应体系的热容，是指体系温度上升 1K 时所需要的能量，单位是 kJ/K。工程上常用单位质量的热容，即比热容来表示，通常用 c_p 表示，单位 kJ/(K·kg)。典型物质的比热容见表 5-2。相对而言，水的比热容较高，无机化合物的比热容较低，有机化合物的比热容比较适中。混合物的比热容可以根据混合规则由不同化合物的比热容估算得到：

$$c_p = \frac{\sum_i m_i c_p}{\sum_i m_i} \tag{5-3}$$

表 5-2 典型物质的比热容

化合物	比热容 c_p/[kJ/(K·kg)]	化合物	比热容 c_p/[kJ/(K·kg)]
水	4.2	甲苯	1.69
甲醇	2.55	对二甲苯	1.72
乙醇	2.45	氯苯	1.3
2-丙醇	2.58	四氯化碳	0.86
丙酮	2.18	氯仿	0.97
苯胺	2.08	10%的 NaOH 水溶液	1.4
乙烷	2.26	100%的 H_2SO_4	1.4
苯	1.74	NaCl	4.0

比热容随着温度升高而增加，例如，液态水在 20℃时比热容为 4.182kJ/(K·kg)，在 100℃时为 4.216kJ/(K·kg)，比热容随温度的变化通常用式 (5-4) 来描述：

$$c_p(T) = c_{p,0}(1 + aT + bT^2 + \cdots) \tag{5-4}$$

当反应物料的温度可能在较大的范围内变化时，为了获得精确的结果，就需要采用该方程计算。但是对于凝聚相物质，比热容随温度的变化较小，可以忽略。就安全问题而言，通常采用在较低工艺温度下的比热容值进行绝热温升的计算。

4. 绝热温升

一个在反应器中正常进行的反应，当反应器冷却系统失效时，反应体系将进入绝热状态。在这种情况下，目标反应所释放的能量将全部用来使体系温度升高，因此，温升与释放的能量成正比。对于大多数人而言，能量大小的数量级难以估算，因此，利用绝热温升来评估失控反应的严重度是一个比较方便的做法，因而也是比较常用的判据。可以由式(5-5) 计算：

$$\Delta T_{ad} = \frac{(-\Delta H_r)c_{A0}}{\rho c_p} = \frac{Q'_r}{c_p} \tag{5-5}$$

式(5-5) 的中间一项表明绝热温升是摩尔反应焓、反应物初始浓度、反应体系密度和比热容的函数，因此，它取决于工艺条件，尤其是加料方式和物料浓度。该式右边一项涉及比反应热和比热容，由于量热实验的测试结果常以比反应热来表示，这提醒我们，当对测试结果进行解释时，必须考虑其工艺条件。

体系的绝热温升越高，则体系达到的最终温度将越高，这将可能引起反应物料的进一步分解（二次分解），一旦发生二次分解，所放出的热量将远远超过目标反应，从而大大增加了失控反应的风险。为了估算反应失控的潜在严重度，表 5-3 给出了某目标反应及其失控后引发的二次分解反应的典型能量和可能导致的后果。

表 5-3 目标反应和分解反应典型能量

反应	目标反应	分解反应
比反应热	100kJ/kg	2000kJ/kg
绝热温升	50K	1000K
1kg 反应混合物导致甲醇汽化质量	0.1kg	1.8kg
转化为机械势能,相当于把 1kg 物体举起的高度	10km	200km
转化为机械动能,相当于把 1kg 物体加速到的速度	0.45km/s	2km/s

显然，目标反应本身可能并没有多大危险，但分解反应却可能产生显著后果。为了说明这点，我们把热能转化为溶剂（如甲醇）的蒸发量或与之相当的机械能。从表 5-3 可以看出，一旦引发二次分解反应，1kg 反应物料可能导致 1.8kg 甲醇的蒸发，溶剂蒸发会导致密闭反应容器的压力增大，随后有可能发生容器破裂并形成可以爆炸的蒸气云，如果蒸气云被点燃，会导致严重的室内爆炸；从机械能的角度看，相当于把 1kg 物体举起 200km 或加速到 2km/s。

二、压力效应

化学反应发生失控后，除了导致上面介绍的热效应，其破坏作用常常也会导致压力效应。压力效应主要有以下几个方面：

（1）目标反应过程中生成的气体物质，例如脱羧反应生成的 CO_2 等；

（2）二次分解反应常常导致小分子产生，这些物质常呈气态，从而造成容器内压力增大；

（3）整个反应过程（包括目标反应和二次分解反应）中，低沸点组分挥发形成的蒸气，这些低沸点组分可能是溶剂，也可能是反应物，如甲苯磺化反应过程中的甲苯。

化学反应的热失控通常伴随着压力增长，因此必须对目标反应及其可能引发的二次分解反应的压力效应进行评估。

1. 气体释放

分解反应常产生气体。操作条件不同，气体释放的影响也是不同的。在密闭容器中，压力增长可能导致容器破裂，并进一步导致气体泄漏或气溶胶的形成乃至容器爆炸，首先可以利用理想气体定律近似估算压力，即：

$$pV = nRT \tag{5-6}$$

式中，p 为封闭体系中由于气体生成形成的压力，Pa；V 为封闭体系的体积，m^3；R 为普适气体常数，8.314J/(mol·K)；n 为产生气体的物质的量，mol；T 为体系中气体的温度，K。

在开放容器中，气体产物可能导致气体、液体的溢出或气溶胶的形成，这些也可能产生二次效应，如中毒、燃烧、火灾，甚至无约束蒸气云爆炸或者粉尘爆炸。因此，对于评估事故的潜在严重度而言，反应或分解过程中释放的气体量也是一个重要的因素。生成的气体量同样可以利用理想气体定律来估算：

$$V = \frac{nRT}{p} \tag{5-7}$$

这里主要从静态角度给出了气体释放产生的终态压力及总量，解决实际工程问题时还需要考虑气体释放的产气速率等动态问题。目前，尚没有可靠方法可以预测产气速率，该参数主要通过测试获得。

2. 蒸气压

封闭的反应体系中，随着体系的温度升高，低沸点组分逐渐挥发，体系中反应蒸气压也相应增加，产生的压力可以通过 Clausius-Clapeyron 定律进行估算：

$$\ln\frac{p}{p_0}=-\frac{\Delta H_v}{R}\left(\frac{1}{T}-\frac{1}{T_0}\right) \tag{5-8}$$

式中，T_0、p_0 为初始状态的温度和压力；R 为普适气体常数，8.314J/(mol·K)；ΔH_v 为摩尔蒸发焓，kJ/mol。

由于体系的蒸气压随温度呈指数关系增加，温升的影响可能会很大，为了工程应用的方便，可以用一个经验法则说明这个问题，即温度每升高 20K，蒸气压加倍。

3. 溶剂蒸发量

如果反应体系在失控过程中达到溶剂的沸点，那么体系中的低沸点溶剂将大量蒸发。如果产生的蒸气出现泄漏，将可能带来二次效应：形成爆炸性的蒸气云，遇到合适的点火源将发生严重的爆炸。溶剂蒸发量可以由反应热或分解热来计算，即：

$$m_v=\frac{Q_r}{-Q'_v}=\frac{m_r Q'_r}{-Q'_v} \tag{5-9}$$

式中，m_v 为溶剂蒸发量，kg；m_r 为反应物料的总质量，kg；Q_r 为反应热，$Q_r=m_r Q'_r$；Q'_v 为比蒸发焓，即单位质量蒸发物料的蒸发焓，kJ/kg。

通常情况下，反应体系的温度低于溶剂的沸点。冷却系统失效后，反应释放能量首先将反应物料加热到溶剂的沸点，然后其余部分的能量将用于物料蒸发。溶剂蒸发量可以由到沸点的温差来计算，即：

$$m_v=\left(1-\frac{T_b-T_0}{\Delta T_{ad}}\right)\frac{Q_r}{Q'_v} \tag{5-10}$$

式中，T_b 为溶剂沸点；T_0 为反应体系开始失控时的温度。

4. 溶剂的蒸气流率

如果反应体系中有足够的溶剂，且溶剂蒸发后能安全回流或者蒸馏到冷凝管、洗涤器中，那么溶剂挥发可以使反应体系温度稳定在沸点附近，就安全而言，这相当于为反应体系提供了一道移热的"安全屏障"。另外，大量溶剂蒸发通过回流重新回到反应器中对保持反应物料的稳定也是有利的。为此，需要计算溶剂的蒸发流率，并通过该参数评估蒸馏装置、回流装置、洗涤装置的能力是否匹配。

计算溶剂蒸发过程中的蒸气质量流率：

$$w_v = \frac{q'_r m_r}{Q'_v} \tag{5-11}$$

式中，w_v 为溶剂的蒸气质量流率，kg/s；q'_r 为反应的比放热速率，kW/kg。作为初步近似，如果压力状态接近于大气压，蒸气可看成是理想气体，则密度为：

$$\rho_v = \frac{pm_v}{RT_b} \tag{5-12}$$

式中，ρ_v 是蒸气密度，kg/m³；m_v 是蒸汽的摩尔质量，g/mol；T_b 是溶剂的沸点。那么蒸气速率可以根据蒸气管的横截面积来计算：

$$u = \frac{q_r}{(-Q'_v)\rho_v A} \tag{5-13}$$

式中，u 是蒸气速率，m/s；q_r 是反应的放热速率，$q_r = m_r q'_r$，kW；A 是蒸气管的横截面积，m²。如果蒸气管的内径为 d，那么蒸气速率表示为：

$$u = \frac{4R q'_r m_r T_b}{\pi (-Q'_v) d^2 p m_v} \tag{5-14}$$

蒸气流率是评价反应器在沸点温度是否安全的基本信息，该信息对反应器采用蒸发冷却模式工作或反应器发生故障后温度到达沸点附近的紧急处理尤为重要。

第二节　化学反应热平衡及失控反应

考虑工艺热风险时，必须充分理解热平衡的重要性，这方面的知识不仅可以用来解析实验室规模的量热数据，而且对于反应器或储存装置的工业放大同样适用。在这一节，首先介绍反应器热平衡中的不同表达项，然后介绍常用的和简化的热平衡关系，最后研究绝热条件对反应速率的影响。

一、热平衡项

在本书中，从实用性和安全性的角度出发，我们规定所有导致温度升高的影响因素为正。热平衡中不同表达项有以下几种。

1. 热生成

热生成对应于反应的放热速率，是反应速率、反应体积和摩尔反应焓的函数，即：

$$q_r = (-r_A)V(-\Delta H_r) \tag{5-15}$$

式中，ΔH_r 为摩尔反应焓，kJ/mol；r_A 为反应速率，mol/（$m^3 \cdot s$）；V 为反应体积，m^3。

对于单一反应 $A \longrightarrow P$，如果是 n 级反应，反应速率 r_A 可以表示为：

$$-r_A = kc_{A,0}^n(1-x_A)^n \tag{5-16}$$

式中，x_A 为 A 物质的转化率。这表明反应速率随着转化率的增加而降低。根据 Arrhenius 模型，速率常数 k 是温度的指数函数：

$$k = k_0 e^{-E/(RT)} \tag{5-17}$$

式中，k_0 为频率因子，也称指前因子，由于反应速率的单位是以 mol/（$m \cdot s$）来表示的，所以速率常数和指前因子的单位取决于反应级数，为 $m^{n-3}/(mol^{n-1} \cdot s)$；$E$ 为反应的活化能，单位是 kJ/mol。式中，摩尔气体常量 R 取 8.314J/(mol·K)。van't Hoff 规则可粗略地用于考虑温度对反应速率的影响，即温度每上升 10K，反应速率加倍。

因此，式(5-15) 可以表示为：

$$q_r = k_0 e^{-E/(RT)} c_{A0}^n(1-x_A)^n V(-\Delta H_r) \tag{5-18}$$

就安全问题而言，这里必须考虑两个重要方面：首先，反应的放热速率是温度的指数函数；其次，反应的放热速率与反应体积成正比，故随反应器线尺寸的立方值（L^3）而变化。

2. 热移除

对于反应介质和载热体之间的热交换，存在以下几种途径：热传导、热辐射、强制或自然热对流，这里只考虑强制对流。载热体通过反应器壁面的热移除 q_{ex} 与总传热系数 U、总传热面积 A 及传热驱动力成正比，这里的驱动力是指反应介质与载热体之间的温差：

$$q_{ex} = UA(T_j - T_r) \tag{5-19}$$

式中，总传热系数 U 跟反应体系的物理化学性质有关，单位是 W/($m^2 \cdot K$)。当反应体系的物理化学性质发生显著变化时，总传热系数 U 也将发生变化，成为时间的函数，通常反应体系的黏度变化会极大地影响 U 的值。

就安全问题而言，这里必须考虑两个重要方面：首先，热移除是反应介质与载热体之间温差的线性函数；其次，由于热移除速率与总传热面积成正比，故随反应器线尺寸的平方值（L^2）而变化。

　　我们注意到，反应热生成速率与反应器线尺寸的立方值（L^3）成正比，而热移除速率与反应器线尺寸的平方值（L^2）成正比，这意味着当反应器尺寸必须增大时（如工艺放大），热移除能力的增加远不及热生成速率，因此，很可能出现热失衡现象。我们以一个搅拌釜式反应器为例来说明，假设该反应器是一个高度与直径大约为 1∶1 的圆柱体，表 5-4 给出了这个反应器在不同规模下的尺寸参数：

表 5-4　不同规模下的热交换比表面积

规模	反应器体积/m³	总传热面积/m²	比表面积/(1/m)	比冷却能力/[W/(kg·K)]
研究实验	0.0001	0.01	100	30
实验室规模	0.001	0.03	30	9
中试生产	0.1	1	10	3
生产规模Ⅰ	1	3	3	0.9
生产规模Ⅱ	10	13.5	1.35	0.4

　　注：将反应器盛装介质至公称容积，其总传热系数为 300W/(m²·K)，密度为 1000kg/m³，反应器内反应介质与载热体之间的温差为 50K。

　　特别要注意的是，当该反应器从实验室规模按比例放大到生产规模Ⅱ时，反应器的比表面积和比冷却能力大约缩小了两个数量级，这在实际生产中很重要，因为在实验室规模中没有发现放热效应，并不意味着在更大规模的情况下反应是安全的。

3. 热累积

　　热累积体现了体系能量随温度的变化规律，即：

$$q_{ac} = \frac{d \sum_i (m_i c_p T_i)}{dt} = \sum_i \left(\frac{dm_i}{dt} c_p T_i \right) + \sum_i \left(m_i c_p \frac{dT_i}{dt} \right) \tag{5-20}$$

　　该式通常用于计算连续反应器。对于非连续反应器，如果没有气体生成，总质量不会发生变化，热累积可以简化为：

$$q_{ac} = \sum_i \left(m_i c_p \frac{dT_i}{dt} \right) \tag{5-21}$$

　　式中，i 是指反应物料的各组分和反应器本身。原则上，在计算总的热累积时，要考虑到反应体系的每一个组成部分，既要考虑反应物料，也要考虑反应器，通常是考虑跟反应体系直接接触的部分。然而实际过程中，对于工业生产规模的搅拌釜式反应器，相比于反应物料的热容，反应器本身的热容常常可以忽略不计。我们通过下面的例子来说明：一个 $10m^3$ 的搅拌釜式反应器，反应物料热容的数量级大约为 20000kJ/K，而与反应介质接触的反应器热容大约为 200kJ/K，即大约为总热容的 1%。另外，就安全问题而言，这种误差会导致更保守的评估结果，所以是可以接受的。然而，对于某些特定的应用场合，容器的热容是必须要考虑的，如连续反应器，尤其是管式反应器，可以有意识地增大反应器本身的热容，从而增大总热容，来实现反应器的安全。

4. 物料流动引起的对流热交换

在连续体系中，加料时原料的入口温度并不总是和反应器出口温度相同，反应器进料温度（T_0）和出料温度（T_f）之间的温差导致物料间产生对流热交换。热流与热容、体积流率（v）成正比，即：

$$q_{ex} = \rho v c_p (T_f - T_0) \tag{5-22}$$

5. 加料引起的显热

对于半间歇反应器，如果加料物质的入口温度（T_d）与反应器内物料温度（T_r）不同，那么进料的热效应必须在热平衡的计算中予以考虑。这个效应通常被称为"加料显热"：

$$q_d = w_d c_{p,d} (T_d - T_r) \tag{5-23}$$

式中，w_d 表示加料物质的质量流量，单位是 kg/s。此效应在半间歇反应器中尤为重要。如果加料物质和反应器内物料之间温差大，或加料速率很高时，加料引起的显热可能起主导作用，通常情况下，加料物质的入口温度低于反应器内物料温度，就安全问题而言，显热明显有助于反应器冷却。在这种情况下，一旦停止进料，可能导致反应器内温度突然升高，在实际操作中，要特别注意这一点。

6. 搅拌装置

搅拌器与反应物料摩擦会产生机械能耗散，最终转变为热能。大多数情况下，相对于化学反应释放的热量，这可忽略不计。然而，对于黏性较大的反应物料（如聚合反应），这点必须在热平衡中考虑。当反应物料存放在一个带搅拌的容器中时，搅拌器的能耗（转变为体系的热能）可能会很重要。可以由式 (5-24) 估算：

$$q_s = Ne\rho n^3 d_s^5 \tag{5-24}$$

式中，Ne 为搅拌器的功率数，也称为牛顿数或湍流数，不同几何形状搅拌器的功率数不同，感兴趣的读者可以参考有关书籍；n 为搅拌器的转速，r/min；d_s 为搅拌器的叶尖直径，m。

7. 热散失

出于安全原因（如设备的热表面可能引起人体的烫伤）和经济原因（如设

备的热散失），工业反应器都是隔热的。然而，在温度较高时，热散失可能变得比较重要。热散失的计算可能很烦琐枯燥，因为热散失通常要考虑辐射热散失和自然对流热散失。如果需要对其进行估算，用式（5-25）进行计算：

$$q_{\text{loss}} = \alpha(T_{\text{amb}} - T_{\text{r}}) \tag{5-25}$$

式中，T_{amb} 为环境温度；α 为总热散失系数，W/K。单位质量物料的总热散失系数定义为比热散失系数，W/(kg·K)。表 5-5 对比了不同容积反应器的比热散失系数的数值[7]。从表中可以看出，工业反应器和实验室设备的热散失可能相差 2 个数量级，这就解释了为什么放热化学反应在小规模实验室中发现不了其热效应，而在大规模设备中却可能变得很危险。

表 5-5　不同容积反应器的比热散失系数

反应器	比热散失系数/[W/(kg·K)]
2.5m³反应器	0.054
5m³反应器	0.027
12.7m³反应器	0.020
25m³反应器	0.005
10mL 试管	5.91
100mL 玻璃烧杯	3.68
DSC-DTA	0.5~5
1L 杜瓦瓶	0.018

二、热平衡及其简化表达式

如果考虑到上述所有因素，可建立如下的热平衡方程：

$$q_{\text{ac}} = q_{\text{r}} + q_{\text{ex}} + q_{\text{d}} + q_{\text{s}} + q_{\text{loss}} \tag{5-26}$$

然而，在大多数情况下，只包括式（5-26）右边前两项的简化热平衡表达式对于安全问题来说已经足够了。考虑一种简化热平衡，忽略如搅拌器带来的热输入或热散失之类的因素，则间歇反应器的热平衡可写成：

$$q_{\text{ac}} = q_{\text{r}} + q_{\text{ex}} \tag{5-27}$$

$$\rho V c_p \frac{\mathrm{d}T_{\text{r}}}{\mathrm{d}t} = (-r_{\text{A}})V(-\Delta H_{\text{r}}) - UA(T_{\text{r}} - T_{\text{j}}) \tag{5-28}$$

对一个 n 级反应，考虑温度随时间的变化：

$$\frac{\mathrm{d}T_{\text{r}}}{\mathrm{d}t} = \Delta T_{\text{ad}} \frac{-r_{\text{A}}}{c_{\text{A0}}} - \frac{UA}{\rho V c_p}(T_{\text{r}} - T_{\text{j}}) \tag{5-29}$$

式中，$\dfrac{UA}{\rho V c_p}$ 项是反应器热时间常数的倒数。利用该时间常数可以方便地估算出反应器从室温升温到工艺温度的时间。

三、绝热条件下的反应速率

绝热条件下进行放热反应，导致温度升高，并因此使反应加速，但同时反应物的消耗导致反应速率降低。因此，这两个效应相互对立：温度升高导致速率常数和反应速率指数性增加，而反应物消耗使反应减慢。这两个变化相反的因素的综合作用结果将取决于两个因素的相对重要性。

绝热条件下进行的一级反应，速率随温度的变化：

$$-r_{\mathrm{A}}=k_0\mathrm{e}^{-E/(RT)}\underbrace{}_{\text{温度因素}}\underbrace{c_{\mathrm{A}0}(1-x_{\mathrm{A}})}_{\text{物料转化因素}} \tag{5-30}$$

绝热条件下温度随转化率增大而升高。反应热不同，一定转化率导致的温升有可能支配平衡，也有可能不支配平衡。为了说明这点，分别计算两个反应的速率与温度的函数关系：第一反应是弱放热反应，绝热温升只有 20K，而第二个反应是强放热反应，绝热温升为 200K，结果列于表 5-6 中。

表 5-6 不同反应热的反应绝热条件下的反应速率

温度/K	100	104	108	112	116	120	—	200
速率常数/(1/s)	1.00	1.27	1.61	2.02	2.53	3.15	—	118
反应速率($\Delta T_{\mathrm{ad}}=20\mathrm{K}$)	1.00	1.02	0.96	0.81	0.51	0.00	—	
反应速率($\Delta T_{\mathrm{ad}}=200\mathrm{K}$)	1.00	1.25	1.54	1.90	2.33	2.84	—	59

对于绝热温升只有 20K 的反应，反应速率仅仅在第一个 4K 过程中缓慢增加，随后反应物的消耗占主导，反应速率下降，这不能视为热爆炸，而只是一个自加热现象。对于绝热温升为 200K 的反应，反应速率在很大的温度范围内急剧增加。反应物的消耗仅仅在较高温度时才有明显的体现。这种行为称为热爆炸。

图 5-2 显示了一系列具有不同反应热，但具有相同初始放热速率和活化能的反应绝热条件下的温度变化。对于较低反应热的情形，即 $\Delta T_{\mathrm{ad}}<200\mathrm{K}$，反应物的消耗导致一条 S 形曲线的温度-时间关系，这样的曲线并不体现热爆炸的特性，而只是体现了自加热的特性。很多放热反应不存在这种效应，意味着反应物的消耗实际上对反应速率没有影响。事实上，只有在高转化率情形时才出现速率降低。对于总反应热高（相应绝热温升高于 200K）的反应，即使大

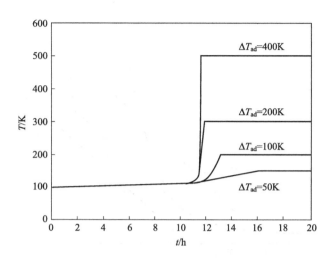

图 5-2　不同反应热的反应温度随时间的函数关系

约 5％的转化就可导致 10K 的温升或者更多。因此，由温升导致的反应加速远远大于反应物消耗带来的影响，这相当于认为它是零级反应。基于这样的原因，从热爆炸的角度出发，常常将反应级数简化成零级。这也代表了一个保守的近似，零级反应比具有较高级数的反应有更短的热爆炸形成时间。

四、失控反应

1. 热爆炸

若冷却系统的冷却能力低于反应的热生成速率，反应体系的温度将升高。温度越高，反应速率越大，反过来又使热生成速率进一步加大。因为反应热生成速率随温度呈指数增加，而反应器的冷却能力随着温度只是线性增加，于是冷却能力不足，温度进一步升高，最终发展成反应失控或热爆炸。

2. Semenov 热温图

考虑一个零级动力学放热反应的简化热平衡。反应放热速率 q_r 随温度呈指数关系变化。反应移热速率 q_{ex} 随温度呈线性变化，直线的斜率为 UA，与横坐标的交点是冷却介质的温度 T_j。热平衡可通过 Semenov 热温图（图 5-3）体现出来。热量平衡是指反应放热速率等于移热速率（$q_r = q_{ex}$）的平衡态，这发生在 Semenov 热温图[8]中放热曲线 q_r 和移热曲线 q_{ex} 的两个交点上。

我们首先分析交点 S，当温度由 S 点向高温移动时，热移出占主导地位，温度降低直到反应放热速率等于移热速率，系统恢复到其稳态平衡；反之，温

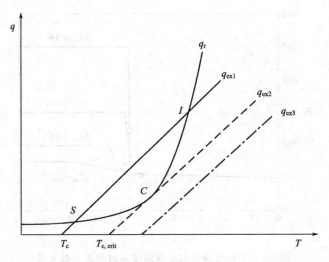

图 5-3　Semenov 热温图

度由 S 点向低温移动时，反应放热会占主导地位，温度升高直到再次达到稳态平衡。因此，较低温度下的交点 S 是一个稳定平稳点。对较高温度处交点 I 作同样的分析，发现系统变得不稳定，从 I 点向低温方向的一个小偏差，热移出占主导地位，温度降低直到再次到达 S 点；从 I 点向高温方向的一个小偏差，导致产生过量热，因此形成失控条件。

移热曲线和温度轴的交点代表冷却系统的温度 T_j。因此，当冷却系统温度较高时，相当于移热曲线向右平移。当移热曲线由 q_{ex1} 向右平移到 q_{ex2} 时，两个交点 S 和 I 相互逼近直到它们重合为一点 C。C 点对应于切点，是一个不稳定工作点。此时冷却系统的温度叫做临界温度 T_c，相应的反应体系的温度称为不回归温度 T_{NR}，表示一旦反应体系越过这个温度，失控将不可避免。当冷却系统的温度大于 T_c 时，移热曲线 q_{ex3} 与放热曲线 q_r 没有交点，意味着热平衡方程无解，失控也将不可避免。

3. 参数敏感性

若反应器在临界冷却温度运行，冷却系统温度的一个无限小增量也会导致失控状态，这就是所谓的参数敏感性，即操作参数的一个小的变化导致状态由受控变为失控。此外，除了冷却系统温度改变会产生这种情形，传热系数的变化也会产生类似的效应。

由于移热曲线的斜率等于 UA，总传热系数 U 的减小会导致其斜率的降低，从 q_{ex1} 变化到 q_{ex4}，从而形成临界状态（图 5-4 中的 C），这可能在热交换系统存在污垢、反应器内壁结皮或固体物沉淀的情况下发生。在传热面积 A

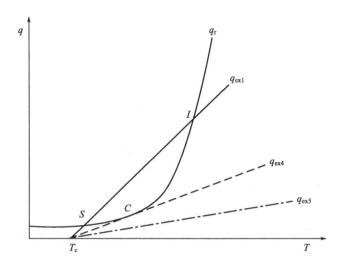

图 5-4 Semenov 热温图：反应器传热参数 UA 发生变化的情形

发生变化（如工艺放大时），也可以产生同样的效应。即使在操作参数如 U、A 和 T_j 发生很小变化时，也可能导致状态由受控变为失控。其后果就是反应器稳定性对这些参数具有潜在的高的敏感性，实际操作时反应器很难控制。因此，化学反应器的稳定性分析需要了解反应器的热平衡知识，从这个角度来说，临界温度的概念也很有用。

4. 临界温度

如上所述，如果反应器运行时的冷却介质温度接近其临界温度，冷却介质温度的微小变化就有可能会导致过临界的热平衡，从而发展为失控状态。因此，为了分析操作条件的稳定性，了解反应器运行时冷却体系温度是否远离或接近临界温度就显得很重要了。这可以利用 Semenov 热温图（图 5-5）来评估。

我们考虑零级反应的情形，在临界情况，放热速率：

$$q_r = k_0 e^{-E/(RT_{NR})} Q_r \tag{5-31}$$

反应的放热速率与反应器的移热速率相等：

$$q_r = q_{ex} \Leftrightarrow k_0 e^{-E/(RT_{NR})} Q_r = UA(T_{NR} - T_c) \tag{5-32}$$

由于两线相切于此点，则其导数相等：

$$\frac{dq_r}{dT} = \frac{dq_{ex}}{dT} \Leftrightarrow k_0 e^{-E/(RT_{NR})} Q_r E/(RT_{NR}^2) = UA \tag{5-33}$$

两个方程同时满足，得到临界情况下，反应体系的温度 T_{NR} 和冷却系统的温度 T_c 的差值：

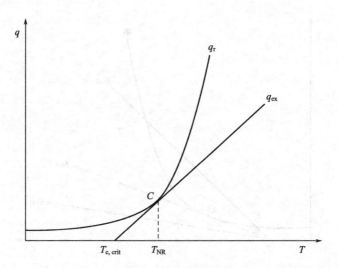

图 5-5　Semenov 热温图：临界温度的计算

$$\Delta T_c = T_{NR} - T_c = R T_{NR}^2 / E \tag{5-34}$$

实际上这个临界差值是保证反应器稳定所需的最低温度差值。所以，在一个给定的反应器（指该反应器的热交换系数 U 与 A、冷却介质温度 T_0 等参数已知）中进行特定的反应（指该反应的热力学参数 Q_r 及动力学参数 k_0、E 已知），只有当反应体系温度与冷却系统温度之间的差值大于该临界温差时，才能保持反应体系（由化学反应与反应器构成的体系）稳定。

对此状态进行评估需要知道两方面的参数：反应的热力学、动力学参数和反应器冷却系统的热交换参数。可以运用同样的原则来评估物料储存装置的状态，即需要知道分解反应的热力学、动力学参数和储存容器的热交换参数。

5. 绝热条件下热爆炸形成时间

失控反应的另一个重要参数就是绝热条件下热爆炸的形成时间，或称为绝热条件下最大反应速率到达时间，也有文献称为绝热诱导期（Time to Maximum Rate under Adiabatic Condition，TMR$_{ad}$）[9]。由于推导过程的复杂性，这里仅给出有关结论，对推导过程有兴趣的读者可以参考相关书籍。

如果分解反应是一个单一的 n 级反应，反应过程的机理不变（即动力学参数不变），则 TMR$_{ad}$ 的精确积分式：

$$TMR_{ad} = \int_T^{T_m} \frac{dT}{k \left(\dfrac{T_f - T}{\Delta T_{ad}} \right)^n \Delta T_{ad} n_{A0}^{n-1}} \tag{5-35}$$

式中，T_m 表示最大反应速率所对应的温度；T_f 表示体系达到的最终温度；ΔT_{ad}表示分解反应的绝热温升。

TMR_{ad}的一个近似解为：

$$TMR_{ad} = \frac{c_p RT^2}{q'_r(T)E} - \frac{c_p RT_m^2}{q'_r(T_m)E} \tag{5-36}$$

式中，$q'_r(T)$、$q'_r(T_m)$分别为温度T、T_m下的比放热速率。有时为了简化计算，式（5-36）中最后一项可以忽略不计。

6. 绝热诱导期为 24h 时的引发温度

进行工艺热风险评估时，还需要用到一个很重要的参数，绝热诱导期为 24h 的引发温度，用T_{D24}表示。该参数常常作为制定工艺温度的一个重要依据。

如上，绝热诱导期随温度呈指数关系降低，如图 5-6，一旦通过实验测试得到了绝热诱导期与温度的关系，可以由图解或求解有关方程获得T_{D24}。

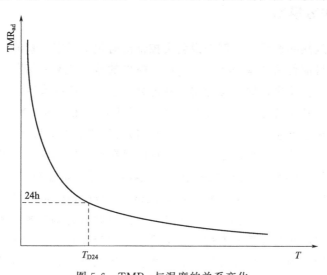

图 5-6　TMR_{ad}与温度的关系变化

第三节　化学反应热风险的评估方法

一、热风险

化学反应的热风险就是由反应失控及其相关后果（如引发的二次效应）带来的风险。所以，必须搞清楚一个反应怎样由正常过程"切换"到失控状态。

为了进行这样的评估，除了上节的热爆炸理论，还需要掌握风险评估的相关内容，这就是学习本节的意义所在。

从传统意义上说，风险被定义为潜在的事故的严重度和发生可能性的组合。因此，风险评估必须既评估其严重度又评估其可能性。显然，这样分析的结果有助于设计各种风险降低措施。现在的问题是："对于特定的化学反应或工艺，其固有热风险的严重度和发生可能性到底是什么含义？"

为了进行严重度和发生可能性的评估，必须对事故情形包括其触发条件及导致的后果进行辨识、描述。通过定义和描述事故的引发条件和导致结果来对其严重度和发生可能性进行评估。对于热风险，最糟糕的情况是发生反应器冷却失效，或通常所认为的反应物料或物质处于绝热状态。这里，我们考虑冷却失效的情形。

二、冷却失效模型

以一个放热间歇反应为例来说明失控情形时化学反应体系的行为。对其行为的描述，目前普遍接受的是 R. Gygax 提出的冷却失效模型[10]。该模型认为：在室温下将反应物加入反应器，在搅拌状态下将反应体系加热到目标反应温度，然后使其保持在反应停留时间和产率都经过优化的水平上。反应完成后，冷却并清空反应器（图 5-7 中虚线）。假定反应器处于目标反应温度 T_p 时发生冷却失效（图中点 4），如果未反应物质仍存在于反应器中，则继续进行的反应将导致温度升高。此温升取决于未反应物料的量，即取决于工艺操作条件。温度将到达合成反应的最高温度（Maximum Temperature of the Synthesis Reaction，MTSR）。该温度有可能引发反应物料的分解（称为二次分解反应），而二次分解反应放热会导致温度进一步上升（图中阶段 6），到达最终温度 T_{end}。

这里我们看到，目标反应失控有可能会引发二次反应。目标反应与二次反应之间存在的这种差别可以使评估工作简化，因为这两个由 MTSR 联系在一起的反应阶段事实上是分开的，允许分别进行研究。下面的问题代表了 6 个关键点，这些关键点有助于建立失控模型，并对确定风险评估所需的参数提供指导。

（1）正常反应时，通过冷却系统是否能够控制工艺温度？

正常操作时，必须保证足够的冷却能力来控制反应器的温度，从而控制反应历程，工艺研发阶段必须考虑到这个问题。为了确保能够有效移除反应体系放出的热量，冷却系统必须具有足够的冷却能力。此外，需要特别注意：反应物料可能出现的黏性变化问题（如聚合反应）；反应器壁面可能出现的积垢问题；以及反应器应在动态稳定性区内运行（即反应器内的目标反应是否存在参

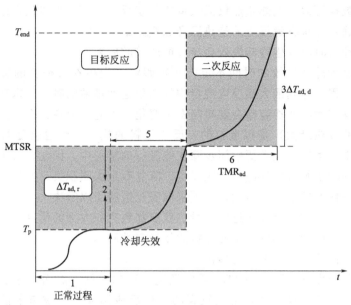

图 5-7　冷却失效模型

数敏感的问题）。

对于这个问题，必须获得反应的放热速率 q_r 和反应器的冷却能力 q_{ex}，这些数据可以通过反应量热仪获得（将在下一节中介绍）。

（2）目标反应失控后体系温度会达到什么样的水平？

冷却失效后，如果反应混合物中仍然存在未转化的反应物，则这些未转化的反应物将在不受控的状态下继续反应并导致绝热温升，这些未转化的反应物被认为是物料积累，产生的热量与累积百分数成正比。所以，要回答这个问题就需要研究反应物的转化率和时间的函数关系，以确定未转化反应物的累积度 X_{ac}。由此可以得到合成反应的最高温度 MTSR：

$$\text{MTSR} = T_p + X_{ac}\Delta T_{ad,r} \tag{5-37}$$

这些数据可以通过反应量热仪获得。反应量热仪可以提供目标反应的反应热，从而确定目标反应的绝热温升 $\Delta T_{ad,r}$。对放热速率进行积分就可以确定物料的转化率，从而进一步获得物料的累积度 X_{ac}。

（3）二次反应失控后温度将达到什么样的水平？

由于 MTSR 高于设定的工艺温度，有可能引发二次反应。不受控制的二次反应，将进一步导致温度失控。由二次反应的放热量可以计算出绝热温升，并确定从 MTSR 开始后所到达的最终温度：

$$T_{end} = \text{MTSR} + \Delta T_{ad,d} \tag{5-38}$$

这些数据可以由绝热量热仪或微量热仪获得，这两类量热仪可以提供分解热，从而确定二次分解反应的绝热温升 $\Delta T_{ad,d}$。

（4）什么时刻发生冷却失效会导致最严重的后果？

因为发生冷却失效的时间不定，必须假定其发生在最糟糕的瞬间，也就是，在物料累积达到最大或反应混合物的热稳定性最差的时候。未转化反应物的量以及反应物料的稳定性会随时间发生变化，因此知道在什么时刻累积度最大（潜在的放热最大）是很重要的。反应物料的热稳定性也会随时间发生变化，这常常发生在反应需要中间步骤才能进行的情形中。因此，为了回答这个问题必须同时了解目标反应和二次反应。既具有最大累积又存在最差热稳定性的情况是最糟糕的情况。显然，必须采取安全措施予以解决。

对于这个问题，可以通过反应量热获取物料累积方面的信息，同时组合采用绝热量热仪或微量热仪来研究物料的热稳定性问题。

（5）目标反应发生失控有多快？

从工艺温度开始到达 MTSR 需要经过一定的时间。然而，为了获得较好的经济效益，工业反应器常常在较高的目标反应温度（反应速率很快）下运行。因此，正常工艺温度之上的温度升高将导致反应明显加速。大多数情况下，这个时间很短（见图 5-7 阶段 5）。

可通过反应量热仪获得反应在 T_p 温度下的比放热速率 $q'_r(T_p)$，估算目标反应失控后的绝热诱导期 $\text{TMR}_{ad,r}$：

$$\text{TMR}_{ad,r} = \frac{c_p R T_p^2}{q'_r(T_p) E_r} \tag{5-39}$$

（6）从 MTSR 开始，分解反应失控有多快？

MTSR 温度下，有可能触发二次反应，从而导致进一步的失控，二次反应的动力学对确定事故发生可能性起着重要的作用。可通过绝热量热仪获得反应在 MTSR 温度下的比放热速率 $q'_r(T_{MTSR})$，估算二次反应失控后的绝热诱导期 $\text{TMR}_{ad,d}$：

$$\text{TMR}_{ad,d} = \frac{c_p R (T_{MTSR})^2}{q'_r(T_{MTSR}) E_d} \tag{5-40}$$

以上 6 个关键问题说明了工艺热风险知识的重要性。从这个意义上说，它体现了工艺热风险分析和建立冷却失效模型的系统方法。一旦模型建立，下面就是对工艺热风险进行实际评估，这需要评估准则。

三、严重度评估判据

所谓严重度即指失控反应不受控的能量释放可能造成的破坏。由于精细化工行业的大多数反应是放热的，反应失控的后果与释放的能量有关。绝热温升与反应热成正比，因此，可以采用绝热温升作为严重度评估的一个非常直观的判据。

最终温度越高，失控反应的后果越严重。如果温升很高，反应混合物中一些组分可能蒸发或分解产生气态化合物，因此，体系压力将会增加。这可能导致容器破裂和其他严重破坏。例如，以丙酮作为溶剂，如果最终温度达到200℃，就可能具有较大的危险性，而以水作为溶剂，最终温度达到80℃时也没有危险。

绝热温升不仅是影响温度水平的重要因素，而且对失控反应的动力学行为也有重要影响。通常而言，如果活化能、初始放热速率和起始温度相同，释放能量大的反应会导致快速失控或热爆炸，而释放能量低的反应（绝热温升低于100K）所对应的温升速率较低（参见图5-2）。如果目标反应（问题2）和二次分解反应（问题3）在绝热条件下进行，则可利用所达到的温度水平来评估失控严重度。

表5-7建议性地给出了一个四等级的评估判据。如果按照三等级进行评估，则可以将位于四等级顶层的两个等级（灾难性的和危险的）合并为一个等级的（高的）。这个判据是由苏黎世保险公司在其推出的苏黎世危险性分析法（Zurich Hazard Analysis，ZHA）中提出[11]，通常用于精细化工行业。

这个判据基于这样的事实：如果绝热条件下温升达到或超过200K，则温度-时间的函数关系将产生急剧变化（图5-2），导致剧烈的反应和严重的后果。另外，对应于绝热温升为50K或更小的情形，反应物料不会导致热爆炸，这时温度-时间曲线较平缓，相当于体系自加热而不是热爆炸，因此，如果没有类似溶解性气体导致压力增长带来的危险时，则这种情形的严重度是低的。

表 5-7　失控反应严重度的评估判据

三等级分级	四等级分级	$\Delta T_{ad}/\mathrm{K}$	Q'的数量级/(kJ/kg)
高的	灾难性的	>400	>800
	危险的	200~400	400~800
中等的	中等的	50~200	100~400
低的	可忽略的	<50 且无压力	<100

需要强调的是，当目标反应失控导致物料体系温度升高后，影响严重度的因素除了绝热温升、体系压力外，还应该考虑溶剂的蒸发速率、有毒气体或蒸气的扩散范围等因素，这样建立的严重度判据才比较全面、科学，但相对而

言，这样的判据体系比较复杂，本章仅考虑将绝热温升作为严重度的判据。

四、可能性评估判据

目前还没有可以对事故发生可能性进行直接定量的方法，或者说还没有能直接对工艺热风险领域中的失控反应发生可能性定量的方法。然而，如果考虑如图 5-8 所示的案例 1 和 2 的失控曲线，则发现差别是很大的。在案例 1 中，由目标反应导致温度升高后，将有足够的时间来采取措施，从而实现对工艺的再控制，或者说有足够的时间使系统恢复到安全状态。如果比较两个案例发生失控的可能性，虽然案例 2 比案例 1 引发二次分解失控的可能性大。因此，尽管不能轻易地对可能性进行定量，但至少可以半定量化地进行评估。

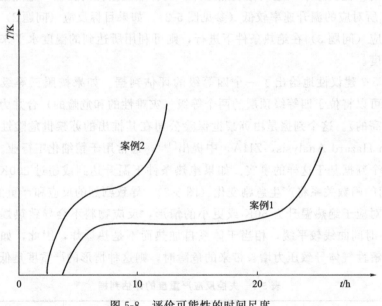

图 5-8　评价可能性的时间尺度

利用时间尺度可对事故发生可能性进行评估，如果在冷却失效后（问题 4），有足够的时间（问题 5 和问题 6）在失控变得剧烈之前采取应急措施，则发生失控的可能性就降低了。

对于可能性的评估，通常使用由 ZHA 法提出的六等级分级评估判据，参见表 5-8。如果使用简化的三等级评估判据，则可以将等级频繁发生的和很可能发生的合并为同一级高的，而等级很少发生的、极少发生的和几乎不可能发生的合并为同一级低的，中等等级偶尔发生的变为中等的。对于工业规模的化学反应（不包括存储和运输），如果在绝热条件下失控反应最大速率到达时间超过 1 天，则认为其发生可能性是低的。如果最大速率到达时间小于 8h（一个班次），则发生可能性是高的。这些时间尺度仅仅反映了数量级的差别，实际上取决于许多因素，如自动化程度、操作者的培训情况、电力系统的故障频率、反应器大小等。只有对已知严重度评估采取了一些措施，其发生可能性的分类才有意义。另外，这种分类仅适合于反应过程，而不适用于储存过程。

表 5-8 失控反应发生可能性的评估判据

三等级分级	六等级分级	TMR_{ad}/h
高的	频繁发生的	<1
	很可能发生的	$1\sim8$
中等的	偶尔发生的	$8\sim24$
低的	很少发生的	$24\sim50$
	极少发生的	$50\sim100$
	几乎不可能发生的	>100

五、矩阵评估判据

风险矩阵是以失控反应发生后果严重度和相应的可能性进行组合，得到不同的风险类型，从而对失控反应的反应安全风险进行评估，并按照可接受风险、有条件接受风险和不可接受风险，分别用不同的区域表示，具有良好的辨识性。

以最大反应速率到达时间作为风险发生的可能性，失控体系绝热温升作为风险导致的严重程度，通过组合不同的严重度和可能性等级，对化工反应失控风险进行评估。风险评估矩阵参见图 5-9。

失控反应安全风险的危险程度由风险发生的可能性和风险带来后果的严重度两个方面决定，风险分级原则如下：

Ⅰ级风险为可接受风险：可以采取常规的控制措施，并适当提高安全管理和装备水平。

Ⅱ级风险为有条件接受风险：在控制措施落实的条件下，可以通过工艺优化，工程、管理上的控制措施，降低风险等级。

Ⅲ级风险为不可接受风险：应当通过工艺优化，技术路线的改变，工程、管理上的控制措施，降低风险等级，或者采取必要的隔离方式，全面实现自动控制。

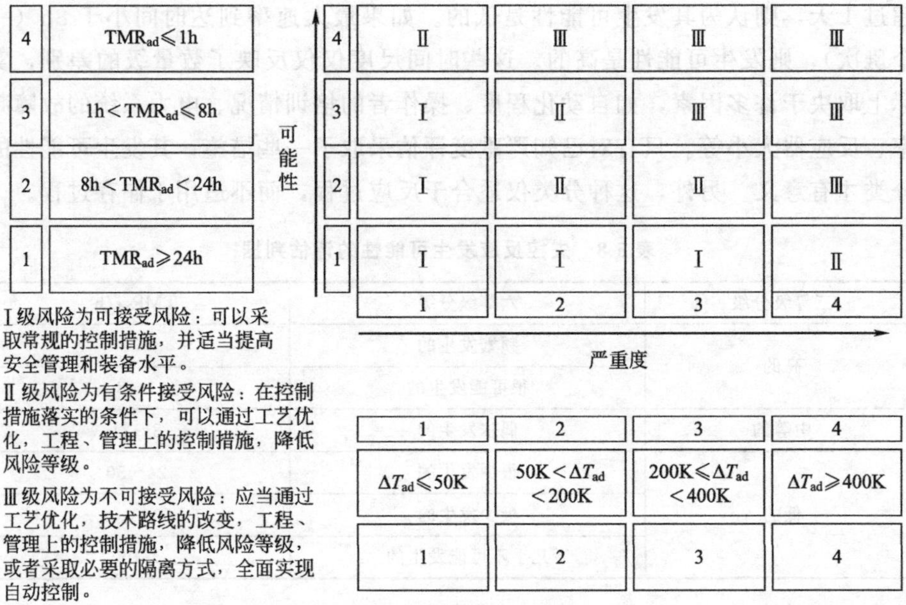

4	TMR$_{ad}$≤1h
3	1h<TMR$_{ad}$≤8h
2	8h<TMR$_{ad}$<24h
1	TMR$_{ad}$≥24h

可能性

	1	2	3	4
4	Ⅱ	Ⅲ	Ⅲ	Ⅲ
3	Ⅰ	Ⅱ	Ⅲ	Ⅲ
2	Ⅰ	Ⅰ	Ⅱ	Ⅲ
1	Ⅰ	Ⅰ	Ⅰ	Ⅱ

严重度

Ⅰ级风险为可接受风险：可以采取常规的控制措施，并适当提高安全管理和装备水平。

Ⅱ级风险为有条件接受风险：在控制措施落实的条件下，可以通过工艺优化，工程、管理上的控制措施，降低风险等级。

Ⅲ级风险为不可接受风险：应当通过工艺优化，技术路线的改变，工程、管理上的控制措施，降低风险等级，或者采取必要的隔离方式，全面实现自动控制。

1	2	3	4
ΔT_{ad}≤50K	50K<ΔT_{ad}<200K	200K≤ΔT_{ad}<400K	ΔT_{ad}≥400K
1	2	3	4

图 5-9　矩阵评估判据

六、物料分解热评估判据

对反应物料进行测试，获得物料的分解放热情况，开展风险评估，评估判据参见表 5-9。

表 5-9　物料的分解热评估判据

等级分级	$\Delta H_d/(J/g)$
分解放热量很大，潜在爆炸危险性很高	>3000
分解放热量大，潜在爆炸危险性高	1200~3000
分解放热量较大，潜在爆炸危险性较高	400~1200
潜在爆炸危险性	<400

分解放热量是物质分解释放的能量，分解放热量大的物质，绝热温升高，潜在较高的燃爆危险性。实际应用过程中，要通过风险研究和风险评估，界定物料的安全操作温度，避免超过规定温度，引发爆炸事故的发生。

七、危险度评估判据

上述冷却系统失效情形利用温度尺度来评估严重度，利用时间尺度来评估发生可能性。一旦发生冷却故障，温度从工艺温度（T_p）出发，首先上升到合成反应的最高温度（MTSR），在该温度点必须检查是否会出现由二次反应引起的进一步升温。为此，绝热诱导期为 24h 时的引发温度，T_{D24} 非常有用。

除了上述三个温度参数之外，还有另外一个重要的温度参数，即技术极限温度（Maximum Temperature for Technical Reasons，MTT）。这取决于结构材料的强度、反应器的设计参数如压力或温度等。在开放的反应体系中（即在标准大气压下），常常把沸点看成是技术极限温度。在封闭体系中（即带压运行的情况），常常把体系达到压力泄放系统的设定压力所对应的温度看成是技术极限温度。

因此，考虑到温度尺度，对于放热化学反应，以下 4 个温度可以视为热风险评估的特征温度：

（1）工艺温度（T_p）：目标反应出现冷却失效情形的温度，对于整个失控模型来说，是一个初始引发温度。冷却失效时，如果反应体系同时存在物料最大量累积和物料具有最差稳定性的情况，在考虑控制措施和解决方案时的初始温度，安全地确定工艺温度。

（2）合成反应的最高温度（MTSR）：这个温度本质上取决于未转化反应物料的累计度，反应物料的累积程度越大，反应发生失控后，体系能达到的最大温度 MTSR 越大。因此，该参数在很大程度上取决于工艺设计。

（3）二次分解反应的绝热诱导期为 24h 的温度（T_{D24}）：它是反应物料热稳定性不出现问题的最高温度。这个温度取决于反应混合物的热稳定性。

（4）技术极限温度（MTT）：对开放体系而言即为沸点，对于封闭体系是最大允许压力（安全阀或爆破片设定压力）所对应的温度。

根据这 4 个温度参数出现的不同次序，可以对工艺热风险的危险度进行分级，对应的危险度指数为 1~5 级[12,13]，见图 5-10。该指数不仅对风险评估有用，对选择和确定足够的风险降低措施也非常有帮助。

需要说明的是，根据图 5-10 对合成工艺进行的热风险分级体系主要基于 4 个特征温度参数，没有考虑到压力效应、溶剂蒸发速率、反应物料液位上涨等更加复杂的因素，因而是一种初步的热风险分级体系。对复杂分级体系感兴趣的读者可以参考其他相关书籍。

1. 1 级危险度情形

在目标反应发生失控后，若没有达到技术极限（MTSR＜MTT），且由于 MTSR 低于 T_{D24}，不会触发分解反应。只有当反应物料在热累计情况下停留很长一段时间后，才有可能达到 MTT，此时蒸发冷却能充当一个辅助的安全

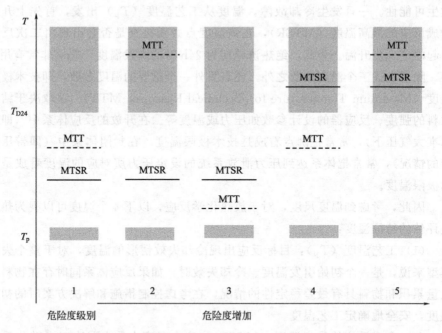

图 5-10 根据 T_p、MTSR、MTT 和 T_{D24} 4 个温度水平对危险度分级

屏障。这样的工艺热风险较低。

所以对于该危险度情形，反应物料不应长时间停留在热累积状态，此外应配置常规的自动控制系统（Distributed Control Systems，DCS 或 Programmable Logic Controller，PLC），对主要反应参数进行集中监控及自动调节。

2. 2 级危险度情形

目标反应失控后，温度达不到技术极限（MTSR＜MTT），且不会触发分解反应（MTSR＜T_{D24}）。情况类似于 1 级危险度情形，但是由于 MTT 高于 T_{D24}，如果反应物料长时间停留在热累积状态，可能会引发分解反应，温度达到 MTT。在这种情况下，如果在 MTT 时放热速率很高，温度到达沸点可能会引发危险。只要反应物料不长时间停留在热累积状态，则工艺过程的热风险较低。

那么对于该危险度情形，在配置常规 DCS 的基础上，还要设置偏离正常值的报警和联锁控制，在非正常条件下有可能超压的反应系统，应设置爆破片或安全阀等泄放设施[13-15]。根据评估建议，设置相应的安全仪表系统（Safety Instrument System，SIS）。

3. 3 级危险度情形

目标反应失控后，温度达到技术极限（MTSR＞MTT），但不触发分解反应（MTSR$<T_{D24}$）。这种情况下，工艺安全取决于 MTT 时目标反应的放热速率。

对于反应工艺危险度为 3 级的工艺过程，在配置常规 DCS、报警和联锁控制、泄放设施的基础上，还要设置紧急切断、紧急终止反应、紧急冷却降温等控制设施。根据评估建议，设置相应的 SIS。

4. 4 级危险度情形

在合成反应发生失控后，温度将达到技术极限（MTSR＞MTT），并且从理论上说会触发分解反应（MTSR＞T_{D24}）。在这种情况下，工艺安全取决于 MTT 时目标反应和分解反应的放热速率。蒸发冷却或紧急泄压可以起到安全屏障的作用。情况类似于 3 级危险度情形，但有一个重要的区别：如果技术措施失效，则将引发二次反应。

所以，需要一个可靠的技术措施。它的设计与 3 级危险度情形一样，但还应考虑到二次反应附加的放热速率，因为放热速率加大后的风险更大。需要强调的是，对于该级危险度情形，由于 MTSR 高于 T_{D24}，这意味着如果温度不能稳定于 MTT 水平，则可能引发二次反应。因此，二次反应的潜能不可忽略，且必须包括在反应严重度的评价中，即应该采用体系总的绝热温升（$\Delta T_{ad}=\Delta T_{ad,rx}+\Delta T_{ad,d}$）进行严重度分级。

如果是必须实施产业化的项目，要努力优先开展工艺优化或改变工艺方法降低风险，例如通过微反应、连续流完成反应；在配置常规 DCS、报警和联锁控制、泄放设施、紧急切断、紧急终止反应、紧急冷却等控制设施的基础上，还需要配置独立的 SIS。

5. 5 级危险度情形

在目标反应发生失控后，将触发分解反应（MTSR＞T_{D24}），且温度在二次反应失控的过程中将达到技术极限。在这种情况下，蒸发冷却或紧急泄压很难再起到安全屏障的作用。这是因为温度为 MTT 时二次反应的放热速率太高，会导致一个危险的压力增长。所以，这是一种很危险的情形。另外，其严重的评价同 4 级危险度情形一样，需同时考虑到目标反应及二次反应的潜能。

因此，对于该级危险度情形，目标反应和二次反应之间没有安全屏障。所以，只能采用骤冷或紧急放料措施。由于大多数情况下分解反应释放的能量很大，必须特别关注安全措施的设计。为了降低严重度或至少是减小触发分解反应的可能性，非常有必要重新设计工艺。作为替代的工艺设计，应考虑到下列措施的可能性：降低浓度，将间歇反应变换为半间歇反应，优化半间歇反应的操作条件从而使物料累积最小化，转为连续操作等。

对于必须实施产业化的项目，在设计时，应设置在防爆墙隔离的独立空间中，并设置完善的超压泄爆设施，实现全面自控，除装置安全技术规程和岗位操作规程中对于进入隔离区有明确规定的，反应过程中操作人员不应进入所限制的空间内。

八、MTT 作为安全屏障时的注意事项

在 3 级和 4 级危险度情形中，技术极限温度（MTT）发挥了重要的作用。在开放体系中，这个极限可能是沸点，这时应该按照这个特点来设计蒸馏或回流系统，其能力必须完全适应失控温度下的蒸气流率。尤其需要注意可能出现的蒸气管溢流或反应物料的液位上涨的问题，这两种情况都会导致压头损失加剧。冷凝器也必须具备足够的冷却能力，即使是在蒸气流速很高的情况也必须如此。此外，回流系统的设计必须采用独立的冷却介质。

在封闭体系中，技术极限温度 MTT 为反应器压力达到泄压系统设定压力时的温度。这时，在压力达到设定压力之前，可以对反应器采取控制减压的措施，这样可以在温度仍然可控的情形下对反应进行调节。

如果反应体系的压力升高到紧急泄压系统（安全阀或爆破片）的设定压力，压力增长速率可能足够快从而导致两相流和相当高的释放流率。必须提醒的是，紧急泄压系统的设计必须由具有资质的部门专门设计。

第四节 评估参数的实验获取

对一个具体工艺的热风险进行评估，必须获得相关的放热速率、放热量、绝热温升、分解温度等参数，而这些参数的获取必须通过量热测试。本节首先介绍量热设备的运行模式，然后介绍几种常用的量热仪。

一、量热仪的运行模式

大多数量热仪都可以在不同的温度控制模式[16]下运行。常用的温控模式如下。

（1）等温模式 采用适当的方法调节环境温度从而使样品温度保持恒定，这种模式的优点是可以在测试过程中消除温度效应，不出现反应速率的指数变化，直接获得反应的转化率。缺点是如果只单独进行一个实验，不能得到有关

温度效应的信息，如果需要得到这样的信息，必须在不同的温度下进行一系列的实验。

（2）恒温模式　环境温度保持恒定，而样品温度随着热量发生变化。这种模式可以很好地模拟工厂实际工艺情况，而且能够得到同时考虑到物料消耗和温度效应的热流曲线。

（3）动态模式　样品温度在给定温度范围内呈线性（扫描）变化。这类实验能够在较宽的温度范围内显示热量变化情况，且可以缩短测试时间。这种方法非常适合反应放热情况的初步测试。对于动力学研究，温度和转化率的影响是重叠的。因此，对于动力学问题的研究还需要采用更复杂的评价技术。

（4）绝热模式　样品温度源于自身的热效应，这种方法可直接得到热失控曲线，但是测试结果必须利用热修正系数进行修正，因为样品释放的热量有一部分用来升高样品温度。

二、几种常用的量热设备

1. 反应量热仪

常见的反应量热仪[17-22]包括：反应量热仪 RC1e（Reaction Calorimeter）

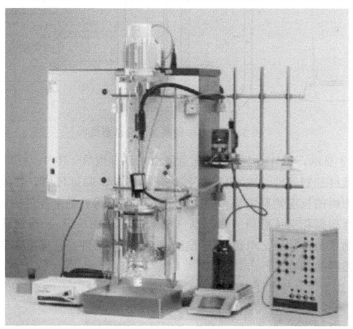

图 5-11　RC1e 实验装置图

和全自动反应量热仪 Simular 等。

这里以 RC1e 为例，说明反应量热仪的工作原理。该型量热仪（图 5-11）以实际工艺生产的间歇、半间歇反应釜为真实模型，可在实际工艺条件的基础上模拟化学工艺过程的具体过程及详细步骤，并能准确地监控和测量化学反应的过程参量，例如温度、压力、加料速率、混合过程、反应热流、热传递数据等。所得出的结果可较好地放大至实际工厂的生产条件。其工作原理见图 5-12。

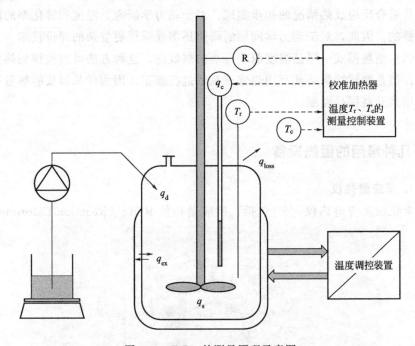

图 5-12　RC1e 的测量原理示意图

图 5-12 显示，RC1e 的测试系统主要由 6 部分组成：RC1e 主机、反应釜、控制器、最终控制部件、PC 机以及各种传感器。实验过程中，计算机根据热传感器所测得的反应物料的温度 T_r、夹套温度 T_c 等参数来控制 RC1e 主机运行，控制器根据相应传感器所测数据（例如压力、加料等），按照计算机设定的程序控制系统的加料、电磁阀、压力、控制器等部件，这样可实现对反应体系的在线检测和控制。

RC1e 的测试基于如下热平衡理论（不考虑回流情形）：

$$q_{ac} = q_r + q_{ex} + q_d + q_s + q_{loss} + q_{comp} \qquad (5-41)$$

对比热平衡方程式(5-26)，其中多出了一项 q_{comp}。q_{comp} 为校准功率，即校准加热器的功率，W。校准功率的产生是由 RC1e 的工作原理决定的，RC1e

在校准阶段，需要通过校准加热器对体系输出功率，在反应阶段，校准加热器是不工作的，如果忽略搅拌效应和热损失时，反应放热速率可以由下式得到：

$$q_r = q_{ac} - q_{ex} - q_d \tag{5-42}$$

对上式积分便可以得到反应过程中总的放热量：

$$Q_r = \int_{t_0}^{t_{end}} q_r dt \tag{5-43}$$

式中，Q_r 为总放热量，kJ；t_0 为反应开始时刻；t_{end} 为反应结束时刻。

由任意时刻反应已放出热量和反应总放热的比可得到反应的热转化率 X：

$$X = \frac{\int_{t_0}^{t} q_r dt}{Q_r} \tag{5-44}$$

如果反应物的实际转化率较高或完全转化为产物时，任意时刻的热转化率 X 即可认为是目标反应的实时转化率。

该反应过程的摩尔反应焓为：

$$\Delta H_r = \frac{Q_r}{n_k} \tag{5-45}$$

式中，n_k 为关键组分的物质的量，mol。

该反应过程的绝热温升为：

$$\Delta T_{ad,r} = \frac{Q_r}{m_r c_p} \tag{5-46}$$

2. 绝热量热仪

常见的绝热量热仪主要有：加速度量热仪（Accelerating Rate Calorimeter，ARC)[9,23,24]、自动压力跟踪绝热加速量热仪（Automatic Pressure Tracking Adiabatic Calorimeter，APTAC)[25,26]、高性能绝热量热仪（Phi-Tec II)[27-29]、杜瓦瓶量热仪（Dewar Calorimeter)[30]、泄放口尺寸测试装置（Vent Sizing Package，VSP)[31] 和反应系统筛选装置（Reactive System Screening Tool，RSST)[25,26] 等。

这里我们以 ARC 为例进行说明。该绝热量热仪，其绝热性不是通过隔热而是通过调整炉腔温度（图 5-13），使其始终与所测得的样品池（也称样品球）外表面热电偶的温度一致来控制热散失。因此，在样品池与环境间不存在温度梯度，也就没有热流动。测试时，样品置于 $10cm^3$ 的钛质球形样品池（S）中，试样量为 $1\sim10g$（根据样品的放热量、放热速率调整试样量）。样品池安放于加热炉腔（H）的中心，炉腔温度通过温度控制系统（Th）进行精确调节。样品池还可以与压力传感器（P）连接，从而进行压力测量。

该设备有两种工作模式：

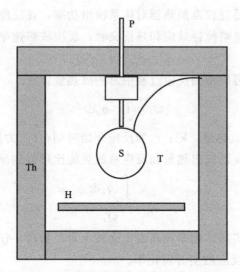

图 5-13　加速度量热仪操作原理的示意图

（1）加热-等待-搜索（Heat-Wait-Seek，HWS）模式　此为主要工作模式。通过设定的一系列温度步骤来检测放热反应的开始温度。对于每个温度步骤，在设定的时间内系统达到稳定状态，然后控制器切换到绝热模式。如果在某个温度步骤中检测到放热温升速率超过某设定的水平值（一般为 0.02K/min），炉膛温度开始与样品池温度同步升高，使其处于绝热状态。如果温升速率低于这一水平，则进入下一个温度步骤（图 5-14）。

（2）等温老化模式　样品被直接加热到预定的初始温度，在此温度下仪器检测产生如上所述的热效应。

ARC 可以模拟最严格的密闭条件，能够准确地测定物质的分解热。通过温度 T 曲线，得到初始分解温度 T_0 和最终温度 T_f，那么绝热温升（$\Delta T_{ad,d}$）可以直接计算：

$$\Delta T_{ad,d} = T_f - T_0 \tag{5-47}$$

假设分解反应的形式是：

$$A \longrightarrow \nu_B B + \nu_C C \tag{5-48}$$

得到 $\Delta T_{ad,d}$ 之后，计算该分解反应过程的分解热：

$$\Delta H_d = \frac{(m_s c_{p,s} + m_b c_{p,b})\Delta T_{ad,d}}{n_{A0}} \tag{5-49}$$

式中，n_{A0} 是分解物质 A 的物质的量；m_s 是反应体系的质量；$c_{p,s}$ 是反应体系的平均比热容；m_b 是测试样品池的质量；$c_{p,b}$ 是样品池的比热容。这是因为在 ARC 测试中，分解热不仅用来加热物料，也会同时给样品池进行

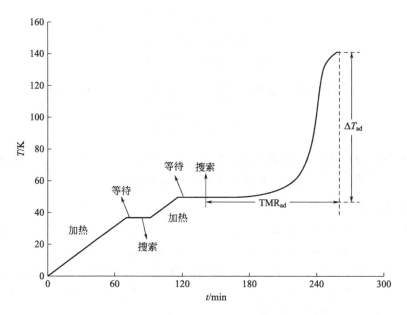

图 5-14　加速度量热仪 HWS 模式的典型温度-时间曲线

加热。

绝热温升速率方程可以表示为：

$$\frac{dT}{dt} = k_0 \exp\left[-E_d/(RT)\right] \left(\frac{T_f - T}{\Delta T_{ad,d}}\right)^n \Delta T_{ad,d} n_{A0}^{n-1} \tag{5-50}$$

利用上式可以由多种方法求得分解反应的活化能 E_d 和指前因子 k_0。但需注意的是，这个式子只适用于式(5-48)这种简单情形，对于多组分的复杂反应体系，需要详细了解反应的路径和机理，才能得到准确的动力学数据。

特别要说明的是，ARC 的绝热状态，实际上是"准绝热状态"，之所以称为"准"，是因为样品释放的热量有一部分不可避免地用来加热样品池。因此，必须对测试结果进行修正。通常采用热修正系数，也称为热惯量（Thermal Inertia）ϕ[25]来进行修正：

$$\phi = \frac{m_s c_{p,s} + m_b c_{p,b}}{m_s c_{p,s}} \tag{5-51}$$

理想绝热条件的热修正系数 $\phi = 1$。在正常操作条件下，该系数为 $1.05 \sim 1.2$ 时测试精度较高。热修正系数取决于样品池中物料的装载量。

测量得到的数据都需要通过热惯量进行校正：

$$T_{0,\phi} = \left(\frac{1}{T_0} + \frac{R}{E_d}\ln\phi\right)^{-1} \tag{5-52}$$

$$T_\phi = T_{0,\phi} + \phi(T - T_0) \tag{5-53}$$

$$\Delta T_{ad,d,\phi} = \phi \Delta T_{ad,d} \tag{5-54}$$

$$(dT/dt)_{0,\phi} = \phi(dT/dt)_0 \tag{5-55}$$

$$(dT/dt)_{max,\phi} = \phi\left(\frac{E_d}{RT_{max}} - \frac{E_d}{RT_{max,\phi}}\right)(dT/dt)_{max} \tag{5-56}$$

$$TMR_{ad,\phi} = \frac{TMR_{ad}}{\phi} \tag{5-57}$$

式中，$(dT/dt)_0$ 是初始分解温度 T_0 对应的温升速率，℃/min；$(dT/dt)_{max}$ 是最大温升速率，℃/min；下标含有 ϕ 的是校准后的值。

3. 微量热仪

微量热仪的设备有很多，包括差热分析（Differential Thermal Analysis，DTA)[32]、差示扫描量热仪（Differential Scanning Calorimeter，DSC)[33-35]、热重分析（Thermal Gravimetric Analysis，TGA）、混合反应微量热仪 C80[36]、热筛选仪（Thermal Screening unit，TS^U)[37]、热反应性监测仪（Thermal Activity Monitor，TAM)[38]等。

这里以 DSC 为例说明其工作原理。DSC 广泛运用于工艺安全领域，这是由于它在进行实验筛选时具有多种功能，而且只需要很少量的样品，仅为毫克量级，因此可以研究每个放热现象，即使在很恶劣条件下进行测试，对实验人员或仪器也没有任何危险。此外，扫描温度从室温升至 500℃，以 4K/min 的升温速率仅需要 2h，即在较短的时间内就能获得定量的数据。

DSC 的工作原理是差值方法，因此不仅需要样品池（样品坩埚），还需要一个参比池，参比坩埚可以是空的，也可以装入惰性物质。目前 DSC 采用的测量原理为：记录样品坩埚和参比坩埚之间的温度差，并以温度差-时间或温度差-温度关系作图（图 5-15）。仪器必须进行校准以确定放热速率和温差之间的关系。通常利用标准物质的熔化焓进行校准，包括温度校准和量热校准。仪器 DSC 加热炉的温度控制有两种方法：

（1）动态模式　也称为扫描模式，加热炉温度随时间呈线性变化，这是最常用的一种模式。

（2）等温模式　加热炉的温度保持恒定。一些特定的反应，如自催化反应的甄别等常采用这种模式。

DSC 的灵敏度由以下参数决定：

（1）测量器的结构　所使用的材质和热电偶的数量不同，灵敏度不同。

（2）使用坩埚的类型　出于安全目的，常常采用相对耐高压的坩埚，这将影响其灵敏度。

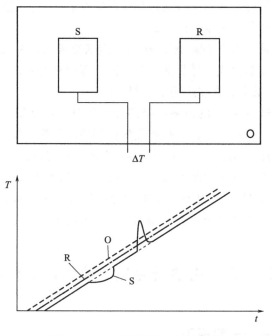

图 5-15　DSC 操作原理的示意图

（3）实验条件　如扫描速率等。

因此 DSC 的灵敏度范围通常为 $2\sim20W/kg$，这个放热速率对应于绝热条件下 $4\sim40℃/h$ 的温升速率。

由于样品中可能含有挥发性物质，在扫描过程中，这些物质可能蒸发，并产生两个结果：蒸发吸热对热平衡产生负影响，也就是说测量信号会掩盖放热反应；实验中部分样品的蒸发散失可能导致对测试结果的错误解释。因此，为测定样品的潜能值，实验必须采用密闭耐压坩埚。市场上的 $50\mu L$ 的镀金密闭坩埚，其耐压可以达到 200bar（$1bar=10^5Pa$，下同），非常适合实验研究。

DSC 非常适合测定分解热。另外，如果反应物料在很低温度下混合（低温可以减慢反应速率），同时从很低的温度开始扫描，那么也可以测定反应热。这样做，必须清醒地意识到 DSC 中的样品是不能搅拌的，也无法在反应过程中添加其他物料。不过，DSC 坩埚尺寸小，物质扩散时间短，即使不搅拌，通过扩散也能达到混合。

这种扫描实验的目的在于模拟最坏情况：试样加热到 400℃ 或 500℃，在这个温度范围内大多数有机化合物都会发生分解。此外，此类实验在密闭容器中进行，没有分解产物从容器中溢出。得到的热谱图显示了试样的热特性，类似于试样的"能量指纹"。由于可以获得定量测试结果，因此这样简单的方法就可以得到绝热温升，从而进行失控反应严重度的评估。这类筛选实验对于混合物潜在危险性的分析是很有用的。

需要注意的是，由于 DSC 测试样品量为毫克量级，温度控制大多采用非等温、非绝热的动态模式，样品池、升温速率等因素对测试结果影响较大，所以 DSC 的测试结果不能直接应用于工程实际。

一般来说 DSC 对物质的初筛，得到的起始分解温度很大程度取决于实验条件，尤其取决于扫描速度、实验装置的检测值以及样品量。在 DSC 实验中，根据起始分解温度（Onset Temperature）中减去一定的温度"间距"，来定义一个安全温度的方法称为"距离法则"。此规则意味着当温度低于安全温度时，反应不会发生。20 世纪 70 年代初期普遍使用的是 50K 规则，但实践表明其预测结果并不安全，于是安全距离增加到 60K，最后增加到 100K。

第五节　化学反应热风险的评估程序

一、热风险评估的一般规则

读者从上面的介绍可能觉得用于热风险评估的数据和概念很复杂且不易搞懂。实际上，有两个规则可以简化程序并将工作量降低到最小。

（1）简化评估法　将问题尽可能地简化，从而把所需要的数据量减少到最小，这种方法比较经济，适合于初步的评估。

（2）深入评估法　该方法从最坏情形出发，需要更多更准确的数据才能做出评估。

如果由简化评估法得到的结果为正结果（即被评估的工艺操作在安全上可行），则应保证有足够大的安全裕度，如果简化法评估得到的是一个负结果，也就是说得到的结果不能保证工艺操作的安全，这意味着需要更加准确的数据来做最后的决定，即需要进一步采用深入的更加复杂的体系与方法进行评估。通过这样的评估，可以为一些工艺参数的调整提供充分的依据，并解决安全上的难点问题。

二、热风险评估的实用程序

冷却失效情形中描述的 6 个关键问题使得我们能够对化工工艺的热风险进行识别和评估，首先需要构建一个冷却失效情形，并以此作为评估的基础，

图 5-16 提出的评估程序，将严重度和可能性分开进行考虑，并考虑到了安全实验室中获取数据的经济性。其次，在所构建情形的基础上，确定危险度等级，从而有助于选择和设计风险降低措施。

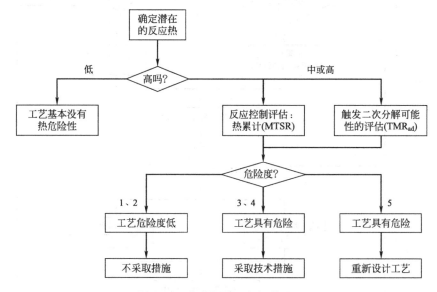

图 5-16　简化评估法的评估流程

如果采用简化评估法得到了负结果，则需要开展进一步的深入评估，为了保证评估工作的经济性（只对所需的参数进行测定），可以采用如图 5-17 所示的评估程序，在程序的第一部分假定了最坏条件，例如对于一个反应，假设其物料累积度为 100%。

评估的第一步是对反应物料所发生的目标反应进行鉴别，考察反应热的大小、放热速度的快慢，对反应物料进行评估，考察其热稳定性。这些参数可以通过对不同阶段（反应前、反应期间和反应后）的反应样品进行 DSC 实验获得，显然，在评估样品的热稳定性时，可以选择具有代表性的反应物料进行分析。如果没有明显的放热效应（如绝热温升低于 50K），且没有超压，那么在此阶段就可以结束研究工作。

如果发现存在显著的反应放热，必须确定这些放热是来自目标反应还是二次分解反应：如果来自目标反应，必须研究放热速率、冷却能力和热累积，即 MTSR 有关的因素，如果来自二次反应，必须研究其动力学参数以确定 MTSR 时的 $TMR_{ad,d}$。

具体评估步骤如下：

（1）首先考虑目标反应为间歇反应，此时物料累积度为 100%，计算间歇

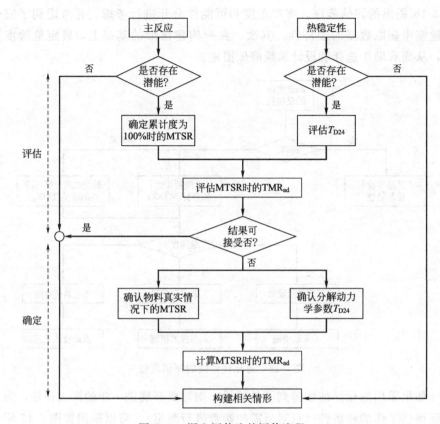

图 5-17　深入评估法的评估流程

反应的 MTSR。

（2）计算 $TMR_{ad,d}$ 为 24h 的温度 T_{D24}。如果所假设的最坏情况的后果不可接受，这样的结论必须基于准确的参数。

（3）采用反应量热的方法确定目标反应中反应物的累积情况。反应量热法可以确定物料的真实累积情况，因此可以得到真实的 MTSR。反应控制过程中，要考虑最大放热速率与反应器冷却能力相匹配的问题，气体释放速率与洗涤器气体处理能力相匹配的问题等。

（4）根据复杂性递增原则，必须根据二次反应动力学确定 $TMR_{ad,d}$ 与温度的函数关系，由此可以确定诱导期为 24h 的温度 T_{D24}。

然后，将这些数据概括成如图 5-18 所示的形式，通过该图可以对给定工艺的热风险进行快速的检查与核对。这个程序基于准确度递增原则，仅需要确定评估所需的数据。如果评估基于简单实验，那么预留的安全裕度是比较大的。然而，如果具有更多的准确数据，可以将安全裕度减少到很小的范围，从

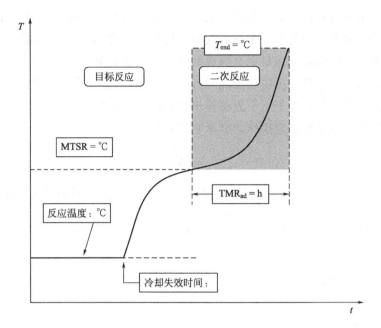

图 5-18　与工艺过程相关的热风险的图形描述

而可以回避涉及更复杂的工艺热安全问题的研究。

第六节　化学反应热风险评估的进展

本章第三节提出的化学反应热风险评估方法，采用 MTSR 来表征目标反应，采用 T_{D24} 来表征二次反应，同时考虑到了目标反应和二次反应，是一种简单、通用性强的评估方法。

实际上对于目标反应，我们不仅关注放热量（通过 MTSR 表征），也会关注放热的历程。当反应的操作参数发生变化时，反应历程也会相应发生变化。研究发现当操作参数处在某一区域时，反应过程的温度可能会出现急剧升高的现象[8]，也称为"飞温"现象。通常认为反应处在了热失控区域。

研究者们开发了众多的临界判据来表征反应体系的热失控行为。本节将对这些临界判据做一个简单的介绍。首先介绍一些基于几何尺寸的临界判据。这些判据的特点是反应失控通常与反应体系的一些几何性质相关。

Semenov[8] 最早对反应热失控的临界判据进行了研究（本章第二节的失控反应理论）。其基于两个假设：一是零级动力学假设，也就是说在反应过程中没有反应物的消耗；二是活化能为无穷大。通过研究反应热生成速率和热移除速率之间的关系，得到了一个判断反应失控临界点的 Semenov 热温图。

这个方法的优点显而易见是简单易懂，能直观地说明反应失控的原理，然而这个方法由于忽略了反应物消耗和近似极大值的活化能，因此与化学反应系统的真实情况不符，基于这个方法得出的判据往往是偏于保守的。零级动力学假设下判断反应系统稳定操作的显示表达式是：

$$\psi_c^S = (\theta_c - \theta_j) \exp\left(-\frac{\theta_c}{1+\theta_c/\gamma}\right) \tag{5-58}$$

式中，ψ_c^S 是临界 Semenov 数；$\theta_c = 0.5\gamma\left[(\gamma-2) - \sqrt{\gamma(\gamma-4)-4\theta_j}\right]$，是临界无量纲夹套温度；$\theta_j = \frac{T_j - T_0}{T_0}\gamma$，是无量纲夹套温度；$\gamma = E/(RT_0)$，是无量纲活化能。

假设活化能无穷大，可以简化为 Semenov 判据：

$$\psi_c = 1/e \tag{5-59}$$

e 为自然常数。

上式对于强放热反应体系有很好的一致性。图 5-19 分别绘制了基于 Semenov 判据的临界、非临界和超临界状态时反应体系温度随时间的变化曲线。由于不考虑物料的消耗，因此一旦失控，反应体系的速率为无穷大。

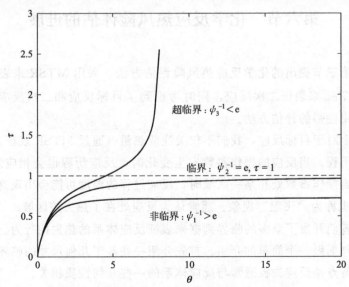

图 5-19　不同 Semenov 数温度随时间的变化曲线，
分别为非临界、临界和超临界

　　Todes 等[39,40]在确定系统热失控的临界条件时首次考虑了反应物的消耗。然而，考虑反应物消耗时，反应系统的动力学变得复杂，确定临界失控条件需要非常复杂的数值计算，然而受当时的手动积分计算水平的限制，这些研究者没有计算出反应系统的临界条件。

　　Thomas 和 Bowes[41]提出了 TB 判据，这个标准认为在反应温度最大值出现前，温度的变化曲线有可能是一直凸变化的，不存在拐点。也有可能会出现两个拐点。在第一个拐点处，曲线由凸变凹，第二个拐点处，曲线又由凹变凸。那么临界条件就可以被定义为是两个拐点重合的时候，即凹曲线段将出现的点。从数学角度出发，对应于温度随时间的二阶、三阶导数刚好为 0，即：

$$\frac{\mathrm{d}^2\theta}{\mathrm{d}\tau^2}=0, \quad \frac{\mathrm{d}^3\theta}{\mathrm{d}\tau^3}=0 \tag{5-60}$$

　　其中，$\tau=tk(T_0)c_0^{n-1}$ 是无量纲时间。TB 判据需要采用试差法来进行求解。此外，上式虽然定义了临界拐点的位置，但没有说明此拐点出现在最大温度达到之前。因此，仍然需要运用一定的数值分析方法来确定拐点是否出现在温度最大值之前。

　　Thomas[42]对经典 Semenov 判据进行了改进，适用于活化能无限大的反应，在反应级数小于 0.5 时较为准确。其表达式为：

$$\psi_c=\frac{\mathrm{e}^{-1}}{[1-2.85(n/B)^{\frac{2}{3}}]} \tag{5-61}$$

　　之后，Gray 与 Lee[43]对式(5-61)进行了修正，适用于活化能无穷大的一级反应。

$$\psi_c=\frac{\mathrm{e}^{-1}}{[1-2.52(n/B)^{\frac{2}{3}}]} \tag{5-62}$$

　　Morbidelli 与 Varma[44]将式(5-62)推广到活化能无穷大的任何反应级数的情形：

$$\psi_c=\frac{\mathrm{e}^{-1}}{1-(B_c^0/B)^{\frac{2}{3}}}, \quad B_c^0=(1+\sqrt{n})^2 \tag{5-63}$$

　　Wu 等[45]仿照式(5-63)，将式(5-58)修正为式(5-64)，适用于任意活化能和反应级数的反应：

$$\psi_c=\frac{\theta_c}{\exp\left(\dfrac{\theta_c}{1+\theta_c/\gamma}\right)[1-(B_c^0/B)^{\frac{2}{3}}]} \tag{5-64}$$

　　其中，$B_c^0=\theta_c^0-\dfrac{n\theta_c^0(1+\theta_c^0/\gamma)^2}{(1+\theta_c^0/\gamma)^2-\theta_c^0}$，$\theta_c^0$ 是方程 $(n-1)(\theta_c^0)^4+2\gamma(n-1)$

$(2-\gamma)(\theta_c^0)^3+[2(n-1)(3-\gamma)-\gamma(\gamma-2)]\gamma^2(\theta_c^0)^2+2[2(n-1)+\gamma]\gamma^3\theta_c^0+(n-1)\gamma^4=0$ 的解。

Adler 和 Enig[46]提出了 AE 判据,这个判据是把反应温度随时间换成了随转化率的函数,当反应温度与组分的转化率符合下列式子时反应就处于临界操作状态。

$$\frac{\mathrm{d}^2\theta}{\mathrm{d}x^2}=0, \quad \frac{\mathrm{d}^3\theta}{\mathrm{d}x^3}=0 \tag{5-65}$$

van Welsenaere 和 Froment[47]提出了 VF 判据,将反应体系的最大温度 T_{max} 定义为热点,采用热点轨迹来表征临界条件,当温度转化率曲线超过热点轨迹的极小值时,便发生热失控。并且采用外推法得到了临界条件的显示表达式,但是只适用一级反应,该表达式可以看作是 Semenov 判据的二阶修正式:

$$\phi_c^{\mathrm{VF}}=\left(1+\frac{1}{Q}+\frac{1}{Q^2}\right)\phi_c^{\mathrm{S}} \tag{5-66}$$

其中,$Q=0.5\left[\sqrt{1+4\left(\dfrac{B}{\theta_c-\theta_j}-1\right)}-1\right]$,$B=\dfrac{-\Delta H_r c_0\gamma}{\rho_0 c_p T_0}$ 是反应数。

此外,还有一种方法是基于等斜线原理。这种方法将描述反应体系温度随转化率变化的曲线定义为操作线,同时引入等斜线和轨迹线的概念。Chambre[48]和 Barkelew[49]针对 1 级反应,且活化能无穷大的情形,采用图示法通过试差得到了临界条件。Oroskar 和 Stern[50]将图示法改进为解析法。Morbidelli 和 Varma[51]将该方法扩展到了任意的正反应级数和任意活化能的反应。通过求解等斜线方程二阶导数等于 0 的代数方程,得到临界温度;通过求解轨迹线代数方程,得到临界转化率,采用试差法使该临界点位于操作线方程上。

接下来介绍一些基于参数敏感度[52]的判据。模型参数的值会影响反应体系的放热情况,当系统处于操作参数敏感区域时,即便是参数极其微小的扰动都可能导致反应体系的急剧变化。

最早的敏感度判据是由 Lacey[53]和 Boddington 等[54]提出的,他们研究了反应体系的最大温度随 Semenov 数的敏感性。随后 Hub 和 Jones 提出了 HJ 判据[55],这个判据认为当反应体系温度的一阶、二阶导数同时大于 0 时,反应失控就会发生,表达式如下:

$$\frac{\mathrm{d}T}{\mathrm{d}t}>0, \quad \frac{\mathrm{d}^2 T}{\mathrm{d}t^2}>0 \tag{5-67}$$

HJ 判据认为只要反应体系的温度开始增加,那么温度的一阶导数就是大于 0 的,温度再次增加,反应速率加快,当反应温度的二阶导数从小于 0 变为大于 0 后，那么反应失控就会发生。

随后 Morbidelli 和 Varma[56] 在研究反应系统稳定性时，提出了 MV 判据，即：

$$S(\theta_{max})_\phi = \frac{\phi}{\theta_{max}} \times \frac{d\theta_{max}}{d\phi} \qquad (5-68)$$

式中，θ_{max} 是反应体系的无量纲最大温度；ϕ 代表独立参数。对于间歇反应，如反应级数 n、活化能 γ、夹套温度 θ_j、Semenov 数 ψ 和反应数 B，反应系统的参数敏感区域对应于最大温度的标准目标敏感性达到最大值。

MV 判据可用到各种反应器，如（半）间歇釜式、管式、连续或固定床式反应器，也可用于不同的操作模式，如等温、恒温、绝热和程序升温，同时适用于单一反应或复杂反应[57]，如连串、平行和自催化等。MV 判据还考虑到了外部冷却介质、催化剂颗粒内、颗粒间的传热、传质对热失控区域的影响。因此 MV 判据适用性极广，其缺点是需要进行大量的数值计算。

另一个可以用来判断反应失控边界的判据是散度判据。散度判据最早是被提出用来检查反应体系随时间变化的不稳定性，检查的方法是通过监控过程模型的特征值。

这个过程模型可以是雅克比矩阵[58]（Jacobian Matrix），也可以是格林函数矩阵[59]（Green's Function Matrix）。当为雅克比矩阵时，临界条件是特征值呈现极大值，当为格林函数矩阵时，临界条件是至少有一个特征值的散度值为 0。

Strozzi 和 Zaldivar 等[60,61]使用混沌理论（Chaos Theory）中的 Lyapunov 指数来作为过程模型。Lyapunov 指数可以使用反应体系物料衡算和能量衡算方程组成的常微分方程组的散度来表示，如果在温度随时间变化轨迹上某些点处的散度出现正值，那么反应系统就会热失控。散度的定义式为：

$$\frac{dX(t)}{dt} = F[X(t)] \qquad (5-69)$$

$$\text{div} F[X(t)] = \frac{\partial F_1[X(t)]}{\partial X_1(t)} + \frac{\partial F_2[X(t)]}{\partial X_2(t)} + \dots \frac{\partial F_d[X(t)]}{\partial X_d(t)} > 0 \qquad (5-70)$$

进一步使用非线性动态理论和相空间重组技术[62,63]，将散度转化为相空间单元体积变化，这个相空间单元体积代表质量和能量守恒。相空间单元体积变化可以近似表达为：

$$\Delta V = (V_t - V_{t-\Delta t}) > 0 \qquad (5-71)$$

散度判据应用范围也极其广泛，可用到不同的反应釜、不同的操作模式以及不同类型的反应。此外，散度判据还可运用到在线监测反应系统的热失控行为和早期预警系统[64-66]。Guo 等基于散度判据的思路，假设反应体系处于极端情形，绝热情形，推导出了绝热判据[67]。

Adrover 等[68]通过研究反应体系状态参数轨迹的切线性质，把散度判据进一步发展成了一种新的判据，其临界条件为系统轨迹的标准化拉伸速率呈现极大值。

在精细化工和医药化工领域，涉及的化学反应批次量相对较小，放热量相对又较大，所以通常采用半间歇操作模式。研究发现半间歇反应体系，除了热失控行为，还存在一个"又快又好"的反应区域，通常称为 QFS 区域。

恒温半间歇反应体系最早的研究是始于 Hugo 和 Steinbach 等[69,70]，他们发现，对于均相反应，当冷却介质的温度过低时，会导致物料危险累积，是造成反应失控的根本原因。根据经验关系设定一条分界线，将无量纲反应条件平面划分为安全和不安全区域。

Steensma 和 Westerterp[71,72]将均相反应体系扩展到了液-液非均相反应体系，定义了目标温度 T_{ta}，通过比较反应的最大温度和目标温度，将无量纲反应条件平面划分为未引燃 NI、热失控 TR 和无害 QFS 区域。并把 Hugo 等[69]提出的无量纲数群 a 和 b 分别用反应数 R_y 和放热数 E_x 代替，得到了安全界限图。在后续的研究中[73]，他们基于最小反应数 $R_{y,min}$ 和最大放热数 $E_{x,max}$ 定义了本质安全操作区域，给出了通过安全界限图识别本质安全操作区域的流程。随后将本质安全操作区域和识别流程用于均相反应体系[74,75]。

Woezik 和 Westerterp[76,77]通过研究硝酸氧化 2-辛醇生成辛酮的非均相反应，把安全界限图扩展到了复合反应，通过实验观察和模型分析，结合安全界限图，迅速获得了该反应的最优工艺条件。

Maestri 和 Rota[78,79]研究了均相和非均相反应体系反应级数对安全界限图的影响，证明初始物料的反应级数对分界线的影响很小，可以忽略不计；滴加物料的反应级数对分界线的形状和位置影响很大，必须予以考虑。在后续的研究中他们提出了温度界限图[80]，通过温度界限图来预测是否引发二次反应。

Z. C. Guo 等[81,82]将安全界限图与 Hugo 等[69]提出的一个经验公式相结合，该公式为 $v_A Da R_E \kappa = 2/(\pi X_{ac,max}^2)$，开发了一个新的临界判据，不需要反应体系的热动力学数据，只需要数次等温量热实验，就能够快速识别均相和非均相反应体系进入 QFS 区域的操作条件，并提出了一个鲁棒的操作流程。

W. S. Bai 等[83,84]通过分析恒温半间歇均相反应体系的 $MTSR_0$ 和 θ_{MTSR} 的变化轨迹，提出了一个新的临界判据，建立了一个新的安全界限图。该方法的优势是不再依赖近似的目标温度，且同时考虑到目标反应和冷却失效情形下的二次反应。B. Zhang 等[85,86]将均相反应体系扩展到了非均相反应体系。

Alós 等[87]将参数敏感性判据[56]引入到半间歇非均相反应体系，证明当反应体系的最大温度随夹套温度的标准化敏感度达到最大值时，对应于 NI 和 TR 区域的分界线，同样地，该判据也不能区分 TR 和 QFS 区域，他们进而对该判据进行了改良，证明当反应体系的最大温度处所对应的时刻随夹套温度的标准化敏感度等于 0 时，对应于 TR 和 QFS 区域的分界线。

Copelli 等[88,89]通过反应体系的最大温度对该处的转化率作图得到了拓扑曲线，证明每当曲线趋势发生转折时，反应体系就进入到不同的操作区域：出现向左的凹形时所对应的冷却介质温度，是反应体系从 NI 进入 TR 区域的临界阈值；而出现向右的凹形时所对应的冷却介质温度，是反应体系从 TR 进入 QFS 区域的临界阈值。

Maestri 和 Rota 等[90,91]在最新的研究中，基于简单的代数运算提出了一个 ψ 数判据，只需要测量两个流量、两个温度差和反应体系的焓值，就可以快速计算反应体系的 ψ 值，证明当反应体系的 ψ 值在加料的早期阶段大于临界阈值，就能保证反应体系进入了 QFS 区域。

参考文献

[1] CBS. Hazard Investigation: Improving Reactive Hazard Management [R]. 2002.

[2] 国家安全监管总局关于加强精细化工反应安全风险评估工作的指导意见 [Z]. 安监总管三〔2017〕1号.

[3] Gygax R. Thermal Process Safety, Data Assessment, Criteria, Measures [J]. ESCIS, 1993, 8.

[4] Perry R, Green D. Perry's Chemical Engineer's Handbook [M]. 7th ed. New York: McGraw-Hill, 1998.

[5] Wang R, Hao L, Yang X W, et al. Systematic Verification and Correction of the Group Contribution Method for Estimating Chemical Reaction Heats [J]. Acta Physico-Chimica Sinica, 2016, 32(6): 1404-1415.

[6] 赵劲松，陈网桦，鲁毅. 化工过程安全 [M]. 北京：化学工业出版社，2015.

[7] Barton A, Rogers R. Chemical Reaction Hazards [M]. 2nd. Rugby: Institution of Chemical Engineers, 1997.

[8] Semenov N N. Zur theorie des Verbrennungsprozesses [J]. Zeitschrift fur Physik, 1928, 48: 571-581.

[9] Townsend D I, Tou J C. Thermal Hazard Evaluation by an Accelerating Rate Calorimeter [J]. Thermochimica Acta, 1980, 37: 1-30.

[10] Gygax R. Chemical Reaction Engineering for Safety [J]. Chemical Engineering Science, 1988, 44: 1759-1771.

[11] Frei H. Zurich's Hazard Analysis Process, a Systematic Team Approach [C]. Houston: En-

ergy Week'97 Conference &; Exhibition, 1997.

[12] Stoessel F. What is Your Thermal Risk? [J]. Chemical Engineering Progress, 1993, 89 (10): 68-75.

[13] CCPS. Guidelines for Pressure Relief and Effluent Handling Systems [M]. New York: AIChE, 1998.

[14] Fisher H G, Forrest H S, Grossel S S, et al. Emergency Relief System Design Using DIERS Technology, the Design Institute for Emergency Relief Systems Project Manual [M]. New York: AIChE, 1992.

[15] Etchells J, Wilday J. Workbook for Chemical Reactor Relief System Sizing [M]. Norwich: HSE, 1998.

[16] Stoessel F. Thermal Safety of Chemical Processes: Risk Assessment and Process Design [M]. Weinheim: Wiley-VCH, 2008.

[17] Zogg A, Stoessel F, Fischer U, et al. Isothermal Reaction Calorimetry as a Tool for Kinetic Analysis [J]. Thermochim Acta, 2004, 419: 1-17.

[18] Casson V, Lister D G, Milazzo M F, et al. Comparison of Criteria for Prediction of Runaway Reactions in the Sulphuric Acid Catalyzed Esterification of Acetic Anhydride and Methanol [J]. Journal of Loss Prevention in the Process Industries, 2012, 25: 209-217.

[19] Stoessel F. Application of Reaction Calorimetry in Chemical Engineering [J]. Journal of Thermal Analysis, 1997, 49 (3): 1677-1688.

[20] Wei H Y, Guo Z C, Hao L, et al. Identification of the Kinetic Parameters and Autocatalytic Behavior in Esterification via Isoperibolic Reaction Calorimetry [J]. Organic Process Research & Development, 2016, 20 (8): 1416-1423.

[21] Guo Z C, Hao L, Bai W S, et al. Investigation into Maximum Temperature of Synthesis Reaction and Accumulation in Isothermal Semibatch Processes [J]. Industrial & Engineering Chemistry Research, 2015, 54 (19): 5285-5293.

[22] Zogg A, Fischer U, Hungerbuehler K. A New Approach for a Combined Evaluation of Calorimetric and Online Infrared Data to Identify Kinetic and Thermodynamic Parameters of a Chemical Reaction [J]. Chemometrics and Intelligent Laboratory Systems, 2004, 71: 165-176.

[23] Yang X W, Zhang X Y, Guo Z C, et al. Effects of Incompatible Substances on the Thermal Stability of Dimethyl Sulfoxide [J]. Thermochimica Acta, 2013, 559: 76-81.

[24] Guo Z C, Hao L, Wei H Y. A New Method for Calculating Time to Maximum Rate under Adiabatic Condition [J]. CIESC Journal, 2016, 67 (S1): 22-27.

[25] Wei C, Saraf S R, Rogers W J, et al. Thermal Runaway Reaction Hazards and Mechanisms of Hydroxylamine with Acid/base Contaminants [J]. Thermochimica Acta, 2004, 421 (1): 1-9.

[26] Wei C, Rogers W J, Mannan M S. Thermal Decomposition Hazard Evaluation of Hydroxylamine Nitrate [J]. Journal of Hazardous Materials, 2006, 130 (1-2): 163-168.

[27] Singh J. Reliable Scale-Up of Thermal Hazards Data Using the Phi-Thc II Calorimeter [J]. Thermochimica Acta, 1993, 226 (1-2): 211-220.

[28] Andreozzi R, Marotta R, Sanchirico R. Thermal Decomposition of Acetic Anhydride-nitric Acid Mixtures [J]. Journal of Hazardous Materials, 2002, 90 (2): 111-121.

[29] Valdes O J R, Moreno V C, Waldram S, et al. Runaway Decomposition of Dicumyl Peroxide by Open Cell Adiabatic Testing at Different Initial Conditions [J]. Process Safety and Environmental Protection, 2016, 102: 251-262.

[30] Rogers R L. The Advantages and Limitations of Adiabatic Dewar Calorimetry in Chemical Hazards Testing [J]. Plant Operation Progress, 1989, 8 (2): 109-112.

[31] Hu K H, Kao C S, Duh Y S. Studies on the Runaway Reaction of ABS Polymerization Process [J]. Journal of Hazardous Materials, 2008, 159 (1): 25-34.

[32] Koleva V, Stoilova D. DTA, DSC and X-ray Studies on Copper and Manganese Selenate Hydrates [J]. Thermochimica Acta, 1999, 342 (1-2): 89-95.

[33] Wang S Y, Kossoy A A, Yao Y D, et al. Kinetics-based Simulation Approach to Evaluate Thermal Hazards of Benzaldehyde Oxime by DSC Tests [J]. Thermochimica Acta, 2017, 655: 319-325.

[34] Bou-Diab L, Fierz H. Autocatalytic Decomposition Reactions, Hazards and Detection [J]. Journal of Hazardous Materials, 2002, 93 (1): 137-146.

[35] Malow M, Wehrstedt K D. Prediction of the Self-accelerating Decomposition Temperature (SADT) for Liquid Organic Peroxides from Differential Scanning Calorimetry (DSC) Measurements [J]. Journal of Hazardous Materials, 2005, 120 (1-3): 21-24.

[36] Yu Y, Hasegawa K. Derivation of the Self-accelerating Decomposition Temperature for Self-reactive Substances Using Isothermal Calorimetry [J]. Report of National Research Institute of Fire & Disaster, 1996, 45 (2-3): 193-205.

[37] Mcintosh R D, Waldram S P. Obtaining More, and Better, Information from Simple Ramped Temperature Screening Tests [J]. Journal of Thermal Analysis and Calorimetry, 2003, 73 (1): 35-52.

[38] Liu S H, Cao C R, Lin W C, et al. Experimental and Numerical Simulation Study of the Thermal Hazards of Four Azo Compounds [J]. Journal of Hazardous Materials, 2019, 365: 164-177.

[39] Todes O M. Zh Fiz Khim, 1939, 13: 868.

[40] Todes O M, Melent'ev P V. Zh Fiz Khim, 1940, 14: 1026.

[41] Thomas P H, Bowes P C. Some Aspects of the Self-heating and Ignition of Solid Cellulosic Materials [J]. British Journal of Applied Physics, 1961, 12: 222-229.

[42] Thomas P H. Effect of Reactant Consumption on the Induction Period and Critical Condition for a Thermal Explosion [J]. Proceedings of the Royal Society A: Mathematical, Physical and Engineering Sciences, 1961, 262 (1309): 192-206.

[43] Gray P, Lee P R. Thermal Explosions and the Effect of Reactant Consumption on Critical Conditions [J]. Combustion & Flame, 1965, 9 (2): 201-203.

[44] Morbidelli M, Varma A. On Parametric Sensitivity and Runaway Criteria of Pseudohomogeneous Tubular Reactors [J]. Chemical Engineering Science, 1985, 40 (11): 2165-2168.

[45] Wu H, Morbidelli M, Varma A. An Approximate Criterion for Reactor Thermal Runaway

[J]. Chemical Engineering Science, 1998, 53（18）: 3341-3344.

[46] Adler J, Enig J W. The Critical Conditions in Thermal Explosion Theory with Reactant Consumption [J]. Combustion and Flame, 1964, 8: 97-103.

[47] Van Welsenaere R J, Froment G F. Parametric Sensitivity and Runaway in Fixed Bed Catalytic Reactors [J]. Chemical Engineering Science, 1970, 25: 1503-1516.

[48] Chanbre P L. On the Characteristics of a Nonisothermal Chemical Reactor [J]. Chemical Engineering Science, 1956, 5（5）: 209-216.

[49] Barkelew C H. Stability of Chemical Reactors [J]. Chemical Engineering Progress Symposium Series, 1959, 55（25）: 37-46.

[50] Oroskar A, Stern S A. Stability of Chemical Reactors [J]. AIChE Journal, 1979, 25（5）: 903-905.

[51] Morbidelli M, Varma A. Parametric Sensitivity and Runaway in Tubular Reactors [J]. AIChE Journal, 1982, 28: 705-713.

[52] Bilous O, Amundson N R. Chemical Reactor Stability and Sensitivity: II. Effect of Parameters on Sensitivity of Empty Tubular Reactors [J]. AIChE Journal, 1956, 2（1）: 117-126.

[53] Lacey A A. Critical Behavior for Homogeneous Reacting Systems with Large Activation Energy [J]. International Journal of Engineering Science, 1983, 21（5）: 501-515.

[54] Boddington T, Gray P, Kordylewski W, et al. Thermal Explosions with Extensive Reactant Consumption: a New Criterion for Criticality [J]. Proceedings of the Royal Society of London, Series A, Mathematical and Physical Sciences, 1983, 390: 13.

[55] Hub L, Jones J D. Early On-line Detection of Exothermic Reactions [J]. Plant/ Operation Progress, 1986, 5: 221-224.

[56] Morbidelli M, Varma A. A Generalized Criterion for Parametric Sensitivity: Application to Thermal Explosion Theory [J]. Chemical Engineering Science, 1988, 43: 91-102.

[57] Varma A, Morbidelli M, Wu H. Parametric Sensitivity in Chemical Systems [M]. Cambridge: Cambridge University Press, 1999.

[58] Vajda S, Rabitz H. Parametric Sensitivity and Self-similarity in Thermal Explosion Theory [J]. Chemical Engineering Science, 1992, 47: 1063-1078.

[59] Hedges R M, Rabitz H. Parametric Sensitivity of System Stability in Chemical Dynamics [J]. The Journal of Chemical Physics, 1985, 82: 3674.

[60] Strozzi F, Alos M A, Zaldivar J M. A General Method for Assessing the Thermal Stability of Batch Chemical Reactors by Sensitivity Calculation based on Lyapunov Exponents [J]. Chemical Engineering Science, 1994, 49（16）: 2681-2688.

[61] Strozzi F, Alos M A, Zaldivar J M. A General Method for Assessing the Thermal Stability of Batch Chemical Reactors by Sensitivity Calculation based on Lyapunov Exponents: Experimental Verification [J]. Chemical Engineering Science, 1994, 49（24B）: 5549-5561.

[62] Strozzi F, Zaldivar J M, Kronberg A E, et al. On-line Runaway Detection in Batch Reactors Using Chaos Theory Techniques [J]. AIChE Journal, 1999, 45（11）: 2429-2443.

[63] Bosch J, Strozzi F, Zbilut J P, et al. On-line Runaway Detection in Isoperibolic Batch and

Semibatch Reactors Using the Divergence Criterion ［J］. Computer and Chemical Engineering, 2004, 28: 527-544.

［64］ Bosch J, Kerr D C, Snee T J, et al. Runaway Detection in a Pilot-plant Facility ［J］. Industrial Engineering and Chemical Research, 2004, 43: 7019-7024.

［65］ Copelli S, Torretta V, Pasturenzi C, et al. On the Divergence Criterion for Runaway Detection: Application to Complex Controlled Systems ［J］. Journal of Loss Prevention in the Process Industies, 2014, 28: 92-100.

［66］ Bosch J, Strozzi F, Lister D G, et al. Sensitivity Analysis in Polymerization Reactions Using the Divergence Criterion ［J］. Process Safety and Environmental Protection, 2004, 82: 18-25.

［67］ Guo Z C, Bai W S, Chen Y J, et al. An Adiabatic Criterion for Runaway Detection in Semibatch Reactors ［J］. Chemical Engineering Journal, 2016, 288: 50-58.

［68］ Adrover A, Creta F, Giona M, et al. Explosion Limits and Runaway Criteria: a Stretching-based Approach ［J］. Chemical Engineering Science, 2007, 62: 1171-1183.

［69］ Hugo P, Steinbach J. Practically Oriented Representation of Thermal Safe Limits for an Indirectly Cooled Semi-batch Reactor ［J］. Chemical Engineering Technology, 1985, 57: 780-782.

［70］ Hugo P, Steinbach J, Stoessel F. Calculation of the Maximum Temperature in Stirred Tank Reactors in Case of a Breakdown of Cooling ［J］. Chemical Engineering Science, 1988, 43: 2147-2152.

［71］ Steensma M, Westerterp K R. Thermally Safe Operation of a Semibatch Reactor for Liquid-liquid Reactions, Slow Reactions ［J］. Industrial & Engineering Chemistry Research, 1990, 29: 1259-1270.

［72］ Steensma M, Westerterp K R. Thermally Safe Operation of a Semibatch Reactor for Liquid-liquid Reactions, Fast Reactions ［J］. Chemical Engineering Technology, 1991, 14: 367-375.

［73］ Westerterp K R, Molga E. No More Runaways in Chemical Reactors ［J］. Industrial & Engineering Chemistry Research, 2004, 43: 4585-4594.

［74］ Molga E J, Lewak M, Westerterp K R. Runaway Prevention in Liquid-phase Homogeneous Semibatch Reactors ［J］. Chemical Engineering Science, 2007, 62: 5074-5077.

［75］ Westerterp K R, Lewak M, Molga E. Boundary Diagrams Safety Criterion for Liquid Phase Homogeneous Semibatch Reactors ［J］. Industrial & Engineering Chemistry Research, 2014, 53: 5778-5791.

［76］ van Woezik B A A, Westerterp K R. The Nitric Acid Oxidation of 2-Octanol, a Model Reaction for Multiple Heterogeneous Liquid-liquid Reaction ［J］. Chemical Engineering and Processing: Process Intensification, 2000, 39: 521-537.

［77］ van Woezik B A A, Westerterp K R. Runaway Behavior and Thermally Safe Operation of Multiple Liquid-liquid Reactions in the Semi-batch Reactor, the Nitric Acid Oxidation of 2-Octanol ［J］. Chemical Engineering and Processing: Process Intensification, 2002, 41:

59-77.

[78] Maestri F, Rota R. Thermally Safe Operation of Liquid-liquid Semibatch Reactors: Part I -
Single Kinetically Controlled Reactions with Arbitrary Reaction Order [J] . Chemical Engi-
neering Science, 2005, 60: 3309-3322.

[79] Maestri F, Rota R. Thermally Safe Operation of Liquid-liquid Semibatch Reactors: Part II -
Single Diffusion Controlled Reactions with Arbitrary Reaction Order [J] . Chemical Engi-
neering Science, 2005, 60: 5590-5602.

[80] Maestri F, Rota R. Temperature Diagrams for Preventing Decomposition or Side Reactions
in Liquid-liquid Semibatch Reactors [J] . Chemical Engineering Science, 2006, 61:
3068-3072.

[81] Guo Z C, Chen L P, Rao G N, et al. Kinetic-parameters-free Determination of Thermally
Safe Operation Conditions for Isoperibolic Homogeneous Semibatch Reactions: a Practical
Procedure [J] . Chemical Engineering Journal, 2017, 326: 489-496.

[82] Guo Z C, Chen L P, Chen W H. Designing Thermally Safe Operation Conditions for Iso-
peribolic Liquid   liquid Semibatch Reactors Without Kinetic and Solubility Parameters: I
Development of the Procedure for Kinetically Controlled Reactions [J] . Industrial Engi-
neering Chemistry Research, 2017, 56: 10428-10437.

[83] Bai W S, Hao L, Guo Z C, et al. A New Criterion to Identify Safe Operating Conditions
for Isoperibolic Homogeneous Semi-batch Reactions [J] . Chemical Engineering Journal,
2017, 308: 8-17.

[84] Bai W S, Hao L, Sun Y Z, et al. Identification of Modified QFS Region by a New General-
ized Criterion for Isoperibolic Homogeneous Semi-batch Reactions [J] . Chemical Engi-
neering Journal, 2017, 322: 488-497.

[85] Zhang B, Hou H R, Hao L, et al. Identification and Optimization of Thermally Safe Oper-
ating Conditions for Single Kinetically Controlled Reactions with Arbitrary Orders in Isoperi-
bolic Liquid-liquid Semibatch Reactors [J] . Chemical Engineering Journal, 2019,
375: 121975.

[86] Zhang B, Hao L, Hou H R, et al. A Multi-feature Recognition Criterion for Identification
of Thermally Safe Operating Conditions for Single Kinetically-controlled Reactions Occurring
in Isoperibolic Liquid-liquid Semibatch Reactors [J] . Chemical Engineering Journal,
2020, 382: 122818.

[87] Alós M A, Nomen R, Sempere J M, et al. Generalized Criteria for Boundary Safe Condi-
tions in Semi-batch Processes: Simulated Analysis and Experimental Results [J] . Chemi-
cal Engineering and Processing, 1998, 37: 405-421.

[88] Copelli S, Derudi M, Cattaneo C S, et al. Classification and Optimization of Potentially
Runaway Processes Using Topology Tools [J] . Computers and Chemical Engineering,
2013, 56: 114-127.

[89] Copelli S, Derudi M, Rota R. Topological Criterion to Safely Optimize Hazardous Chemical
Processes Involving Arbitrary Kinetic Schem [J] . Industrial & Engineering Chemistry Re-
search, 2011, 50: 1588-1598.

［90］ Maestri F, Rota R. Kinetic-free Safe Optimization of a Semibatch Runaway Reaction: Nitration of 4-Chloro Benzotrifluoride ［J］. Industrial & Engineering Chemistry Research, 2016, 55: 12786-12794.

［91］ Maestri F, Copelli S, Rizzini M, et al. Safe and Selective Monitoring of Consecutive Side Reactions ［J］. Industrial & Engineering Chemistry Research, 2017, 56: 11075-11087.

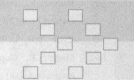

第六章

基于化工工艺生命周期的风险评估

生命周期评价的起源来自于 20 世纪 70 年代研究废弃物对环境影响。生命周期评价（Life Cycle Assessment，LCA）是对产品从"摇篮"到"坟墓"的全过程进行综合评价，对产品生命周期各个环节对环境的影响进行全面、综合的评价[1]。后来，生命周期这个概念应用广泛，在政治、经济、环境、技术、社会等领域都有应用。其基本内涵是从"摇篮"到"坟墓"的全过程进行综合评价。

针对化工过程中一个产品生产或者一个工艺开发，经历了从最初的合成化学的想法到小试的研究和工艺优化，再到工程放大，从小试到中试，然后进入工业化阶段，工业生产中的操作、生产和工艺改造，最后工业生产停止，废弃物的处置等。这符合生命周期从"摇篮"到"坟墓"的全过程的基本内涵。所以，生命周期评价在化工过程的安全评价有用武之地。利用生命周期评价这个方法，我们可以对化工过程每个阶段进行安全评估，在每个阶段做好安全评估和安全措施，在每个阶段降低化工过程中的风险，从而从整体上最大限度地降低化工过程的风险。这样摆脱了传统的末端处理思维的缺点，传统的末端处理思维，寄希望最后处理所有的安全风险，这势必造成末端高风险的积累和处理风险的高成本。我们需要指出的本质安全的理念与全生命周期评价的关系，本质安全的理念从源头上减少了化工过程的安全风险，这符合我们使用全生命周期评价对化工过程进行安全评估的初衷。我们希望在化工过程的设计和开发过程中利用好本质安全的理念，将安全评估融入到工艺开发和化工设计整个过程中，实现化工过程的经济、环保、安全生产。

下面对基于化工过程生命周期的安全评估进行深入的展开，让读者有个清晰的认识。

第一节　工艺开发小试阶段

在工艺开发小试阶段，需要对实验室小试工艺反应的安全性做出评估[2]。在这个阶段的安全评估相当重要。化工过程开发的成本和建厂后的工艺灵活性差，不可能对工艺进行大改或者重新上一套工艺路线，这个阶段的工艺路线或者工艺条件一旦选择，就决定了后续所有的开发，包括中试和工业化生产都围绕这个工艺路线。所以很有必要对这个工艺路线进行安全评估，可以对不同的工艺路线进行安全评估，选择更安全的工艺路线，更重要的是在这个阶段，本质安全的理念可以发挥重要的作用。

这个阶段的安全评估可以根据文案筛选和量热实验（参见第五章第四节）进行评估。反应的量热实验是相当重要的，在一个工艺中，反应是最重要的单元操作。

一、文案筛选

文案筛选[3-6]的工作可以在安全性实验测试之前进行，化工工艺研究、反应风险研究和工艺风险评估需要根据文献数据对实验室小试工艺反应的安全性做出评估，文献数据可以检索到工艺所用的化学物质的物理化学性质，这些化学物质包括工艺中所用的溶剂和一些常见的原料、中间体及产物。特别是工艺路线所用化学物质的 MSDS 数据，这包括了化学物质的许多重要的安全数据，包括闪点、易燃性、热稳定性、反应活性、毒性、环境危害以及对使用者健康等（如致癌、致畸等）。这些都是进行安全评估重要的基础数据。文献数据也可能给出反应的热力学和动力学数据，热力学包括反应热、熵变、自由能，动力学包括活化能、指前因子等。可以从反应的热力学获得反应进行的方向和化学平衡的信息。动力学可以反映出反应进行的快慢。这些信息都给出了反应条件的温和或苛刻程度，包括温度和压力的高低等等，这都和反应的安全性有关，从本质安全角度出发，偏好温和的温度和压力。而反应熵是进行反应安全评估的重要参数，该参数和绝热温升直接相关。

需要注意的是文献数据并不能取代实验测试，对于一个全新的化学反应工艺，当没有相应的文献安全数据作为参考时，或者成熟工艺缺乏必要的安全数据的时候，实验测试[7-13]是一个必不可少的研究起点。

此外，有很多计算软件也可以用来对化学反应潜在的风险性进行估算。例如：CHETAH 软件[14]和 Gaussia 软件[15,16]。这两种软件基于不同的理论方法。CHETAH 是基于基团贡献法理论设计的。该软件可以估算反应热、反应熵、热容、自由能等热力学数据，进而初步评估有机化合物的反应风险情况。CHETAH 程序的热力学计算基于气态状况。通过使用 CHETAH 程序，可以得到如下信息：

（1）CHETAH 程序能够得到化学反应的放热量，但不能得到相应的放热速率值；

（2）CHETAH 程序能够估算物质的热力学性质；

（3）CHETAH 程序能够预测化合物或者混合物的爆炸性和燃爆倾向等情形。

CHETAH 软件是预测化学反应的热力学性质和化学反应潜在风险的基础性工具，在物质热危险性评估中的应用已经非常广泛使用。但是需要注意的是CHETAH 方法理论基础是基团贡献法，而且计算基态是气态状况，基团贡献法估算本质上存在误差。所以，CHETAH 方法或其他任何方法仅可用于对实验测试结果进行补充和比较，用于帮助和指导进行实验测试，并不能取代对物质的安全性数据测试。而且 CHETAH 使用理论方法预测它们的热力学性质及潜在危险性，但不能预测反应动力学能量释放的快慢。反应动力学参数需要由相关实验来确定。

Gaussia 软件是基于分子力学方法和电子结构理论设计的量子化学软件。分子力学方法是用经典力学定律预测分子的结构和性质。电子结构理论是以量子力学作为计算的基础。在量子力学中，分子的能量和其他相关性质是通过求解薛定谔方程得到的。利用 Gaussia 软件可以优化物质分子结构，计算分子和反应过渡态能量，并能预测化学反应路径和活化能等。

二、初期筛选测试

初期扫描筛选测试可以获得工艺中物料的热稳定性和分解特性等安全性数据。扫描测试方法多种多样，牵涉的仪器设备也有很多种，测试样品的需求量可以少至毫克级、多至千克级，常用的初期筛选测试仪器参见第五章第四节介绍的微量热仪。

上述测试可以对样品进行初始扫描，也可以对反应过程进行扫描测试，适用于实验室样品测试。可以获得样品的热稳定数据，还可以在反应的不同阶段从反应混合物中取样，测试反应混合物的热不稳定性以及物质发生热分解的可能性，测试在反应温度条件下反应时间对物质热稳定性的影响。实验还可以得到吸（放）热量及吸（放）热速率、气体产生量及逸出速率、反应物质剧烈分解爆炸等信息。

上述的各种扫描测试的缺点是测试条件均趋向于离析热，此外，热分解温度与加热速率相关，因此，测试结果的稳定性不是很强。此外，由于测试的样品量比较少，属于少量样品测试，测试结果不能够充分反映大规模生产时的情况。

三、正常反应过程表征与数据分析

上面的热分析手段可以得到样品的热稳定的情况，但是无法准确获取反应过程的热数据。而对于反应过程，反应热数据是对反应进行安全评估的一个起决定性的数据。所以反应热数据的准确取得和应用，对于研究反应的特征、工艺设计、反应风险研究和工艺风险评估等有着至关重要的意义。

按照工艺的流程开发，合成工艺研究是第一步，在工艺研究的基础上并同时开展工艺的反应风险研究，实验室研究过程中，工艺研究和风险研究应该互相补充，实现安全、高效地生产，并为后续工厂设计提供参考性数据，完整的工艺研究应该取得如下一些数据：

（1）合成工艺所牵涉的所有物料的热数据，包括反应物料、中间产物、产物和溶剂等；

（2）放热反应的热量生成数据，包括热生成量、热量生成速率等；

（3）体系的热交换情况和反应热移出效果情况，包括热移出能力、热移出速率等；

（4）反应混合物的热传递性质以及反应和热传递对设备材质型号的要求；

（5）反应动力学信息，获取反应动力学方程；

（6）各种工艺条件实验，例如：温度实验、催化剂筛选实验、反应时间实验、物料配比实验、pH 条件实验等，还包括影响热生成的一些其他因素的实验。

在工艺研究的基础上，有必要进一步开展反应风险研究，反应风险研究与工艺研究同等重要，反应风险的基本研究内容如下：

（1）关注和研究化学物质的风险，确定工艺所使用的各种化学物质的安全操作条件，并充分考虑错误加料和错误的加料方式对反应危险性的影响；

（2）开展工艺过程的反应风险研究，关注工艺过程的反应风险，同时关注物料本身具有的自催化性质，充分考虑物质自身发生分解反应的条件和温度范围，以及产生的后果情况等；

（3）关注反应过程中气体产生的条件、气体的逸出速率和气体逸出量等。

工艺研究和反应风险研究是分阶段进行的，研究由浅入深。目前，还没有单项的研究和单一的实验仪器，能够同时得到上述全部的工艺数据和安全性测试数据。即便是采用比较高端的实验仪器，也需要通过几种不同的实验手段，进行多种不同的测试，然后联合分析，才能得出相应比较全面的、有参考价值和实际应用意义的实验数据以及安全性操作数据。开展工艺研究和反应风险研究的最终目的是实现工业化安全生产，因此，研究的目的是能够得到指导工程化放大并与进一步的放大生产相关的信息。初始的工艺研究包括实验室内的小试工艺研究及工程化放大实验研究，此外，还需要开展反应风险研究。

反应风险研究需要重点关注反应的热风险，尤其对于精细化工（包含制药）行业来说，大多数反应是有机合成反应，以放热反应居多，反应的热风险是一个非常重要的工艺风险。

实验室工艺研究及工程化放大研究需要得到的重要的热数据如下：

（1）采用较优的工艺条件，包括加料的速度、反应的温度和时间曲线等开展反应风险研究，考察反应热情况，并考察搅拌、蒸馏、回流等不同条件下的反应对热效应的影响；

（2）考虑物质在不同的传质条件下和物理变化过程中的热现象，例如流体的黏度对传热效果的影响、晶体析出时特殊热量的产生情况等；

（3）考虑生产过程中任何步骤的热散失，例如搅拌输入的能量、冷凝器的热损失等，放大生产过程中，由于投料体积的改变，需要根据反应器夹套面积来计算热传递的变化情况。

反应量热仪（参见第五章第四节）是研究工艺反应过程热风险性的首选测试仪器，测试装置的设计思想是使工艺反应的操作条件尽可能地接近于工业化实际操作条件。反应量热仪允许反应物以一定的控制方式进行滴加料的操作，进行蒸馏或者回流等操作，此外，还包括反应过程中有气体产生的反应，测试装置的操作条件和放大生产设备的工业搅拌釜式反应设备的操作条件是相同的。反应量热仪也对工艺研发和工程化放大具有很强大的帮助。此外，反应量热测试精确的温度控制及对反应放热速率的测量，对开展反应动力学实验研究有很大的帮助。目前采用在线红外 React IR 与反应量热仪 RC1 联合使用[17]，已经成为反应动力学的重要研究工具。

第二节　中试规模阶段

按照工艺开发的流程，小试之后就要进行工程放大，进行中试规模阶段的研究。小试阶段的安全评估的结果和获取的安全数据，如物质热稳定数据，爆炸和燃烧极限，反应热数据等可以作为基础数据用于指导中试阶段的安全评估和风险研究。需要提到的是第二章和第四章提到的危险辨识和风险评估方法可以用到这个阶段了，这些方法的评估案例与评估报告范本可以在第七章中获得。

下面介绍一下化工工程放大的概念和工程放大中需要注意的一些涉及的安全问题，重点介绍从小试到中试放大引起的放大效应，特别是传热问题，这与化工过程的安全息息相关。此外基于最坏情况的考虑——绝热条件，重点介绍绝热量热仪（参见第五章第四节）在安全评估和放大的应用。由于本书的宗旨是阐述化工过程的安全评估，详细的化工过程放大不在本书的考虑范围之内，有兴趣的读者可以阅读相关书籍和文献 [18]。

化工过程可以分为两种类型：一是传递过程，包括动量传递、热量传递、质量传递过程，属于没有发生物料组分变化的物理过程；二是化学反应过程，属于物料组分发生变化的化学过程，上述化工过程简称"三传一反"。在化工生产过程中，流体输送、过滤、沉降、固体流态化等单元操作属于动量传递过程，加热、冷却、蒸发、冷凝等单元操作属于热量传递过程，蒸馏、吸收、萃取、干燥等单元操作属于质量传递过程，这些化工单元操作以及有化学反应发生的操作，往往交叉发生。化工过程放大是新产品开发过程中的必由之路，而"三传一反"是化工过程放大的基础。

下面用三个例子来说明放大面临的问题的实质。这三个例子分别是作为杂质存在的水，爆炸限值的确定，以及不稳定物料的存储。

生产操作遇到的最严重问题之一是工业过程中存在某些杂质，但却没有在小型实验或半工业实验中考察和研究过有些杂质可能使催化剂失去活性，或增加过程副产品的产率，从而完全改变催化过程的特征。此外，一旦工业设施安装完成而没有充分考虑去除杂质问题，将会要花费很大的力气和代价来进行改造。

水是碳氢化合物工业物流中常见的杂质。大规模生产过程中，有许多可能的途径使水"进入"到各个生产设备中。原则上水能从过程流中用传统的生产方法及机械部件除去。但这样做将使成本增加；而机械部件还需要在工厂的建设期间装备好，否则，热交换器流股蒸汽漏，将使一定量的水进入过程物流，导致碳氢氧化物水解，催化剂完全失去活性，或显著改变催化剂的性能。因此，设计工业生产厂之前，必须搞清水和其他类似杂质如果进入系统的后果。

与此相似，小型实验室设备中测定的碳氢化合物-氧-氢混合物的爆炸极限，比工业生产规模设备中的测定值窄一些，因而实验室实验结果表示较为安全，更易于使用。这种表现上较窄的爆炸极限，归因于小型设备具有较高传热速率，特别是通过设备器壁和表面的传导和辐射作用。较高的传热速率降低了温度随时间上升的危险性，达到形成爆炸的条件。再者，小型设备给燃烧热提供大的受热器，能量的吸收也减缓了温度的上升。

按给定的规程，小规模地储存和安全处置易燃物料并不困难。在生产中存储这些材料时，必须从临界质量观点出发进行严格考虑，确保所用设施的散热能力明显地大于潜在的放热速率。一些利用空气氧化过程的工厂中，以及储存硝酸肼、木屑或使用运煤船的工厂中，由于没有认识到小规模存储易燃材料所取数据的局限性，已经发生一系列损失惨重的爆炸和失业事故。

上面的例子说明了实验规模不能充分说明中试规模的热传递问题，而热传递问题正好与热风险和反应失控息息相关。下面重点介绍从实验规模到中试阶段的热传递问题。

小试规模一般来说，反应器壁面结晶的现象不容易出现，但是在工业放大过程中，如果考虑不周，壁面结晶就会大大影响综合传热系数，造成移热速率下降，风险发生的可能性增加。这里必须考虑到工艺放大过程中，热移出能力的增加远不及热生成速率（参见第五章第二节）。从实验室规模按比例放大到生产规模时，反应器的比冷却能力大约差了2个数量级，这对实际应用和工程放大很重要，因为在实验室规模中没有发现放热效应，并不意味着在更大规模的情况下反应是安全的。这也意味着反应热只能通过量热设备（如RC1）测试获得，而不能仅仅根据反应介质和冷却介质的温差来推算得到。

另外，考虑热散失在实验阶段和工业反应器的不同。一般来说，工业反应器都是隔热的，这是出于安全（如设备的热表面）和经济考虑（如设备的热散失），但是，当温度较高的时候，热散失可能无法忽略了（参见第五章第二节）。工业反应器和实验室设备的热散失可能相差2个数量级，在小规模实验中发生不了热效应，而在大规模设备中却可能变得很危险。

第三个例子中，提到了不稳定物料的储存问题，下面详细介绍实验室规模储存和中试阶段的区别及中试阶段应该注意的问题。

首先介绍一下传热受限的概念，在有效冷却与绝热状态两种极端情形之间，还存在这样的情形：慢反应的放热速率小，此时较小的移热速率便可以控制此类反应。这些与有效冷却相比移热量减少的情况，称为热累积或传热受限。

传热受限的情形常出现在反应性物质的储存和运输过程中，但也有可能在生产设备发生故障（如搅拌失效、泵故障）时出现。

固态储存容器（料仓）的传热阻力主要存在于容器内大量堆积的物料中。器壁和器壁外膜的传热阻力相对于堆积物料而言较低。反应物料的热行为及所在容器的尺寸是分析过程中的重要因素。表 6-1 的例子对此进行了说明。表中，选择环境温度时尽量让放热速率相差一个数量级。为简化计算，假设储存容器为球形，从左到右，随着容器尺寸的增大，热累积也增大。

表 6-1 不同规模容器的热行为[19]

放热速率 /(W/kg)	T/℃	质量为 0.5kg	质量为 50kg	质量为 5000kg	绝热
10	129	0.9h 后 191℃	0.9h 后 200℃	0.9h 后 200℃	0.9h 后 200℃
1	100	8h 后 5.8℃	7.4h 后 200℃	7.4h 后 200℃	7.4h 后 200℃
0.1	75	12h 后 0.5℃	64h 后 13.2℃	64h 后 200℃	64h 后 200℃
0.01	53		154h 后 0.7℃	632h 后 165℃	548h 后 200℃

从每一行的数据可以看出，在严重热累积的情况下，体系到达最终温度的时间与绝热状态下达到最大速率的时间 TMR_{ad} 相差不大。因此，严重热累积的情况接近于绝热条件。在最高温度下，即使在小的容器中也会出现失控情形，此时仅有小部分的放热可穿过固体而耗散到环境中，其最终温度为 191℃ 而不是 200℃。对于少量物料，释放的热量仅部分耗散到环境中，这将产生一个稳定的随时间变化的温度曲线。最后必须指出的是，对于存在大量反应物料的情形，达到热量平衡所需的时间很长，这一点在储存和运输中尤为危险。

上面的对反应器和储存物料的传热分析中，事故发生的后果都是由于工程放大过程中，小试规模无法真实反映放大过程中的传热情况，最坏的情况是传热完全受阻——绝热条件。我们知道在进行反应风险评估的时候，不仅要开展正常反应条件下的反应风险研究和风险评估，还要对反应失控情况进行严格的研究和评估。基于最坏情况的考虑，要评估绝热条件下反应失控的风险和后果。

对于特定的化学反应，描述失控反应的特性，需要包含下述相关信息。

（1）为了保证反应的正常进行，防止系统初始失控现象的发生，对于容易发生失控的反应系统，必须清晰地设定温度控制极限值；

（2）在失控情况下，对于失控反应的热产生量以及热产生速率进行必要的研究，得到需要相关的数值；

（3）在失控情况下，对于失控反应的气体产生情况，包括气体产生压力和产生速率进行必要的研究，得到需要相关的研究数值；

（4）在失控情况下，对于在系统密闭时可能产生的压力情况，包括系统密闭时失控反应产生的最大压力进行必要的研究，得到需要相关的研究数值；

（5）在失控情况下，对于滴加物料的间歇操作，对不同的加料速度和不同的加料顺序进行必要的研究，得到需要相关的研究数值。

对于反应来说，发生失控的主要根源在于热不平衡，放热速率大于移热速率，有热累积导致反应体系内的温度不断上升，反应处于失控，当达到一定的温度，就有可能导致二次反应的发生。而导致放热速率大于移热速率的情况在实际情况体现在冷却能力不足或者冷却完全失效。基于最坏情况——绝热条件考虑，因而，有必要进行绝热量热测试。

ARC 作为研究物质和工艺过程发生二次分解反应的主要研究手段，在化工生产中的应用十分广泛。ARC 在安全评估的重要的作用，可以得到二次分解反应的热动力学参数、最大温升速率的到达时间 TMR_{ad}，用来进行工艺安全和工艺过程开发。

在第四章提到了风险评估包括场景辨识、可能性分析和后果分析。各种危险辨识、可能性分析和后果分析都是基于对化学物质的热化学特性有深入了解的基础上开展的。通过加速度量热仪测试获得数据，可以获得化学物质反应或发生二次反应的动力学数据。动力学数据是进行反应风险评估的理论基础。从温升速率和温度曲线可以得到放热反应的初始放热分解温度和绝热温升等信息。绝热温升是进行后果严重度评估的一个重要的静态参数。

TMR_{ad}可以用作事故发生可能性进行评估的参数。利用最大温升速率到达时间 TMR_{ad}可以设定最危险情况的报警时间，便于在失控情况发生时，有足够的时间及时采取相应的补救措施降低风险或者强制疏散，达到最大限度地避免爆炸等灾难性事故发生的目的，保证化工生产安全。需要注意的是，活化能数值的很小偏差足以使 TMR_{ad}计算结果带来很大的误差，因此，该计算值并不精确，在使用时需要特别小心。

在采用 ARC 测试给出的温升速率随着温度变化的曲线上，当最大温升速率确定以后，每一个温度节点到达最大温升速率的温度条件都有一个特定的时间，因此，可以做出温度和最大温升速率时间的关系曲线。从温度和最大温升速率时间关系曲线上可以直接读出最大的安全温度。

大多数化学物质都具有一定的反应活性，在活性化学物质的生产制造、运输、储存等过程中，常常由于活性反应的发生而出现放热现象，如果热量不能及时交换或者疏散，就会导致系统自热的发生，引发二次分解反应的发生，进一步引发火灾或者导致爆炸事故。目前，国际上普遍采用的评估物质热危险性的方法是自加热分解温度 T_{SADT}方法。

自加热分解温度 T_{SADT}指的是在实际包装化学品的过程中，具有自反应性的化学物质，在 7 日内可以发生自加速分解反应的最低环境温度。

自加热分解反应的热量产生速率遵循 Arrhenius 公式，自加热分解反应热随温度呈指数变化，而热量的散失则随温度呈线性变化。在特定的冷却情况下，当放热曲线和散热曲线相切时，散热曲线与温度轴的交点所对应的环境温度即为 T_{SADT}，切点所对应的温度就是不回归温度 T_{NR}（参见第五章第二节）。化学物质的不回归温度 T_{NR} 和自加热分解温度 T_{SADT} 是非常重要的。

不回归温度 T_{NR} 和自加热分解温度 T_{SADT} 之间是相互关联的，它们之间有如下关系：

$$T_{SADT} = T_{NR} - \frac{R(T_{NR} + 273.15)^2}{E_a}$$

如果工艺过程或者工艺牵涉的物质具有非常不好的热稳定性特性，可以根据研究结果及时做出改变合成路线或者工艺过程的建议，避开一些强热敏性反应过程以及强热敏性物质的应用。但是，绝对规避热敏性过程和热敏性物质的应用，在大多数情况下是不可能实现的。需要对热敏性反应的关键步骤实施全程监控，充分保证安全系统的可靠性，这种安全的目的是绝热量热仪设计开发的总体思路和核心内容。对于具有特殊热敏性的物质，可以采用分子蒸馏或者旋转闪蒸的蒸馏方法，实现低温及物料短时间受热的操作模式，保证操作过程的安全。

化学工业生产中常见的硝化反应、聚合反应、磺化反应和水解反应等放热反应都属于容易引发事故的反应。绝热量热测试方法在事故原因调查中能够发挥独特的作用。

ARC 一般是精确测量，其温度范围的选取可以根据 DSC 获取的数据来确定，ARC 由于相对较高的测试灵敏度使其能够更好地反映事故发生的实际状况。此外，随着加速度量热仪技术的不断改进和紧急泄放系统设计技术（Design Institute for Emergency Relief Systems，DIERS）[20-22] 的建立健全，可以采用加速度量热仪数据来计算设计应急释放系统的尺寸大小，在应急释放系统设计领域发挥很好的作用。

总之，开展化学反应风险研究和工艺风险评估，运用 DSC、RC1 以及 ARC 等作为主要研究测试手段，测试化学物质风险和化学反应过程风险，开展反应风险研究，对化学物质的操作使用和工艺反应过程的危险性进行研究和评估，可以获得较为全面的工艺安全数据，并对工艺过程的危险性做出较为准确的评估，对工艺过程的放大以及生产应用提出可行性意见。

第三节　工业化阶段

当工艺完成中试后，下一步是进行进一步的放大，放大到工业化阶段，完成工业化后，就进入运营生产环节，生产过程中必然产生各种工业废物，这些工业废物需要进行合理的处置。在中试放大到工业化阶段这个过程中，小试和中试阶段的安全评估结果和数据可以作为生产规模安全评估的基础，并且仍然需要注意放大效应带来的问题。我们需要指出的是本质安全设计的理念也可以用到这个阶段，本质安全设计的理念可以贯穿从工艺研究到中试再到大试阶段。第四章的风险评估方法都可以用到该阶段，具体的评估方法和范例参见第四章和第七章。

在运用生产环节，人为因素，如误操作有可能导致危险的发生，所以在该阶段 HAZOP 分析可以用于安全评估，评估危险操作引起的风险和后果。需要注意的是 HAZOP 不是做完一次就一劳永逸了，HAZOP 要更新和跟进，每隔几年做一次 HAZOP 分析，对于工艺发生更改的时候，要重新做 HAZOP 分析。

美国环保局制定的资源保护与回收法案（Resource Conservation and Recycle Act，RCRA）是世界上最早一部对危险废弃物管理产生广泛影响的法规，其中对于危险废弃物的定义是"由于数量、浓度或物理的、化学的或传播的特性，可能引起或明显促进死亡数上升和严重的、不可治愈的疾病，或由于不适当地储存、运输、处理或处置而对人体健康和环境构成即刻或潜在危险的固体废物或其混合物"。对于危险废弃物的管理可以阅读卫宏远主编的《化工安全》的第十二章危险废弃物管理。

需要提到的是要想减少废弃物处置阶段的风险，应该从源头减少废弃物的产生，使用清洁生产工艺，从环保和安全角度来看，这既可以减少危险废弃物对环境的影响，又可以保证降低处置的风险。这与本质安全和绿色化学的理念相一致。全生命周期评价起源于环境评价的研究，全生命周期评价既可以用于环境评价和安全评估，在化工过程开发和工艺设计中，环境和安全是经济生产必须满足的两个约束，实际上，化工过程开发和工艺设计是一个多目标规划问题，要满足经济、安全、环境。我们应该在工艺设计之初就要考虑安全、环境，将安全评估和环境评估融入到工艺设计中。

第四节　流程模拟软件在化工设计和安全评估的应用

下面介绍一下基于 Aspen 动态仿真模型的 HAZOP 分析方法[23]（图6-1），该方法也进一步改善了传统的 HAZOP，减少了人工分析中的不确定性，同时还能显著缩短分析时间。在此方法中，控制回路是动态仿真和 HAZOP 分析

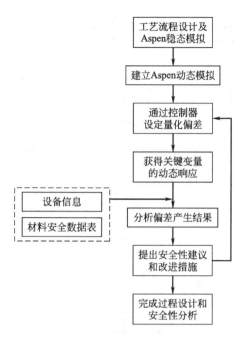

图 6-1　HAZOP 量化分析程序

结合的必要条件，通过更改动态模型参数或控制器设定值来生成偏差。因此与传统方法相比，基于动态模型的 HAZOP 分析能准确地反映偏差的量值，而不是更少（Less）和更多（More）等引导词。同时也对事故后果的描述进行了量化，准确反映其严重程度。

　　通过模拟获得由偏差引起的动态响应，从中可以得出温度、压力等重要变量的瞬态值和变化趋势，并根据定量结果进行危险性的识别和分析，进而提出相关的安全建议和防护措施。此外，还可以观察温度和压力的峰值并且结合化学品安全技术说明书（Material Safety Data Sheet，MSDS）监测其是否处于设备设计和工艺要求的安全阈值之内。对于具有多股循环物流的连续反应-分离化工生产过程，各操作单元之间存在较强的集成效应和相互作用，如雪球效应。通过该方法也可以进一步研究偏差对上下游乃至整个工艺过程的影响，观察到其他工段不同节点处偏差干扰的传播状况，以便于对整体过程进行综合分析。

　　下面介绍基于稳态及动态模拟的工艺过程设计和安全性分析的一般程序，如图 6-2 所示[12]。结合流程模拟软件的稳态及动态仿真，该程序框架可应用于化工过程的工艺设计与改进，动态模拟和控制，经济和安全性评估。另外，该框架可以进一步被编程为通用算法，并且与人工智能深度学习和数据分析等

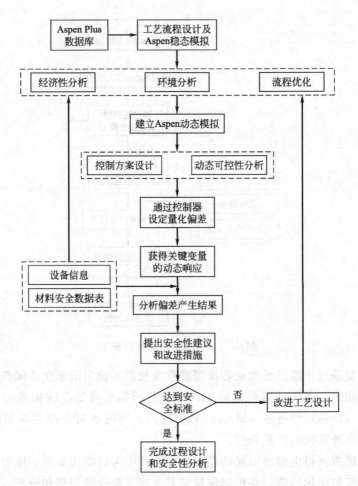

图 6-2　基于 Aspen 稳态及动态模拟的工艺过程设计和安全性分析的一般程序

技术手段结合从而使化工过程的安全性分析更加智能、精准、便捷。具体步骤如下：

（1）收集过程中相关设备的操作信息和所涉及物质特性。其中的物质特性包括理化特性参数、健康和环境危害、安全使用和储存方法等信息可由 MSDS 获得。这些数据信息可以直接导入到仿真模拟平台的数据库中，并应用于后续流程设计与分析的步骤之中。

（2）建立工艺流程的稳态仿真模拟，并基于经济效益进行流程优化，同时系统地分析过程对环境的影响。

（3）基于优化后的稳态过程进行动态过程模拟同时设计工艺的全厂控制方案。通过向系统中引入外加扰动并获得动态响应，进一步分析过程的操作稳定性、可控性以及控制结构的有效性。

（4）对工艺流程进行危险识别和安全性分析。基于上一步骤所提出的控制结构，将动态仿真与 HAZOP 方法相结合应用于安全性分析。通过变更模型参数或控制器的设定值向系统中引入量化偏差。通过运行动态模拟，得到由偏差引起的动态响应，并分析其造成的后果。结合步骤（1）中收集的物质和设备信息数据，提出安全建议并设计安全系统。如果分析的结果较为严重，则需重复步骤（2），改进工艺过程以使其达到安全标准。

参考文献

［1］ Walter K，Birgit G. Life Cycle Assessment（LCA）：A Guide to Best Practice［M］. Weinheim: Wiley-VCH，2014.

［2］ 化学化工实验室安全管理规范：T/CCSAS 005—2019［S］.

［3］ Urben P G，Pitt M. J. Bretherick's Handbook of Reactive Chemical Hazards［M］. 8th ed. Amsterdam: Elsevier, 2017.

［4］ 化学品分类和危险性公示通则：GB 13690—2009［S］.

［5］ 危险化学品目录［Z］. 安全监督总局等［2015］5 号.

［6］ 重点监管的危险化学品名录［Z］. 安监总管三［2011］95 号.

［7］ Zogg A，Stoessel F，Fischer U，et al. Isothermal Reaction Calorimetry as a Tool for Kinetic Analysis［J］. Thermochim Acta，2004，419：1-17.

［8］ Stoessel F. Application of Reaction Calorimetry in Chemical Engineering［J］. Journal of Thermal Analysis，1997，49（3）：1677-1688.

［9］ Singh J. Reliable Scale-up of Thermal Hazards Data Using the Phi-Thc Ⅱ Calorimeter［J］. Thermochimica Acta，1993，226（1-2）：211-220.

［10］ Andreozzi R，Marotta R，Sanchirico R. Thermal Decomposition of Acetic Anhydride-nitric Acid Mixtures［J］. Journal of Hazardous Materials，2002，90（2）：111-121.

［11］ Stoessel F. Thermal Safety of Chemical Processes：Risk Assessment and Process Design［M］. Weinheim: Wiley-VCH，2008.

［12］ Stoessel F. Planning Protection Measures Against Runaway Reactions Using Criticality Classes［J］. Process Safety and Environmental Protection，2009，87（2）：105-112.

［13］ Crowl D A，Louvar J F. Chemical Process Safety，Fundamentals with Applications［M］. 3rd ed. Boston: Pearson Education，2011.

［14］ Saraf S R，Rogers W J，Mannan M S. Prediction of Reactive Hazards Based on Molecular Structure［J］. Journal of Hazardous Materials，2003，98（1-3）：15-29.

［15］ Bornemann H，Scheidt F，Sander W. Thermal Decomposition of 2-Ethylhexyl Nitrate（2-EHN）［J］. International Journal of Chemical Kinetics，2002，34（1）：34-38.

［16］ Lu G B，Yang T，Chen L P，et al. Thermal Decomposition Kinetics of 2-Ethylhexyl Nitrate under Non-isothermal and Isothermal Conditions［J］. Journal of Thermal Analysis and Calorimetry, 2016, 124 (1): 471-478.

[17] Zogg A, Fischer U, Hungerbuehler K. A New Approach for a Combined Evaluation of Calorimetric and Online Infrared Data to Identify Kinetic and Thermodynamic Parameters of a Chemical Reaction [J]. Chemometrics and Intelligent Laboratory Systems, 2004, 71: 165-176.

[18] 比索, 卡贝尔. 化工过程放大——从实验室试验到成功的工业规模设计 [M]. 邓彤译. 北京: 化学工业出版社, 1992.

[19] 弗朗西斯·施特赛尔著. 化工工艺的热安全-风险评估与工艺设计 [M]. 陈网桦等译. 北京: 科学出版社, 2009.

[20] Fauske H K. Revisiting DIERS' Two-phase Methodology for Reactive Systems Twenty Years Later [J]. Process Safety Progress, 2006, 25 (3): 180-188.

[21] Fisher H G, Forrest H S, Grossel S S. Emergency Relief System Design Using DIERS [M]. New York: Wiley-AIChE, 1992.

[22] Etchells J, Wilday J. Workbook for Chemical Reactor Relief System Sizing [M]. Norwich: HSE, 1998.

[23] Zhu J X, Hao L, Bai W S, et al. Design and Plantwide Control and Safety Analysis for Diethyl Oxalate Production via Regeneration-coupling Circulation by Dynamic Simulation [J]. Comp Chem Eng, 2019, 121: 111-129.

第七章

风险评估案例与报告范本

这一章将介绍一些典型的风险评估的案例与参考报告范本[1-8]。本章涉及全书介绍的所有风险评估方法，并尽力做到阐述简洁、条理清晰。其中前五节主要涉及第二章危险辨识方法；第六节到第九节涉及第三章事故后果分析和第四章风险评估的内容；最后一节主要介绍第五章化学反应过程热风险分析与评估案例。

第一节 安全检查表

一个连续流程如图 7-1 所示[1]。在此过程中，磷酸溶液和氨溶液通过流量控制阀提供给搅拌反应器。氨和磷酸反应生成磷酸二铵（DAP），这是一种无害的产品。DAP 从反应器流向一个顶部敞口的储罐。在储罐和反应器上设有安全阀，将排放物排放到封闭的工作区外。

如果向反应器中加入了过多的磷酸（与氨的进给量相比），就会产生不合格的产物，但反应是安全的。如果氨和磷酸的流量都增加，能量释放的速度可能会加快，反应器按设计可能无法处理由此引起的温度和压力的增加。如果太多的氨气进入反应器（与正常的磷酸进料速率相比），未反应的氨气可能会进入 DAP 储罐。DAP 储罐内残留的氨气会释放到封闭的工作区域，造成人员暴露。工作区域设有氨探测器和报警器。

使用公司内部 EHS 开发的安全检查表（SCL）对系统进行检查表分析。分析文档的一个样本包含在表 7-1 中。适当的决策者审查文件并实施纠正措施以消除分析中指出的缺陷。

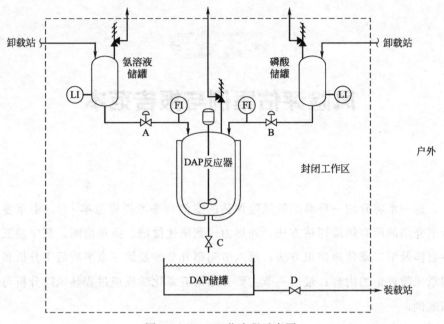

图 7-1　DAP 工艺流程示意图

表 7-1　DAP 工艺流程示例检查表中的样例

材料	
所有原材料是否继续符合原始规格？	不是。氨溶液中氨的浓度增加了，需要购买氨的次数减少了。反应器的相对流量已经根据较高的氨浓度进行了调整。
每一份材料的收据都检查过了吗？	是的。这个供应商在过去被证明是非常可靠的。卡车的标签和司机发票在到货前都经过验证，但没有对材料类型或实际浓度进行抽样。
操作人员是否可以访问 MSDS？	是的。MSDS 每天 24h 在处理地点和安全办公室的行政大楼提供服务。
消防和安全设备是否妥善放置和维护？	不是。消防和安全设备的位置没有改变，但是在加工区新建了一面内墙。由于新的墙体，现有的消防设备无法充分保护加工区的一些地方。现有设备状况良好，每月检测一次
设备	
所有设备都按预定时间检查过了吗？	是的。维修人员已按公司检验标准对加工区域的设备进行了检验。然而，故障数据和维护部门的担忧表明，酸处理设备的检查可能过于频繁。
减压阀是否按预定时间检查？	是的。已经按照检查计划进行了。
是否对安全系统和停机进行了适当的频率测试？	是的。没有偏离检验计划。然而，安全系统的检查和维护以及在加工过程中的关闭是违反公司政策的。
是适当地保养物料（即备件）有吗？	是的。作为一项经济政策，该公司保持低库存的替换零件，尽管预防性维修和短寿命项目随时可用。其他项目，除了主要的设备，通过与当地经销商协议在 4h 内提供

续表

程序	
操作程序是否最新？	是的。6个月前，在对操作步骤做了一些小改动后，书面操作程序得到了更新。
操作人员是否按照操作规程操作？	不是。最近对操作步骤的更改已经缓慢实施。操作员认为其中一项更改可能没有考虑到操作员的人身安全。
重新培训新的操作人员？	是的。已实施了广泛的培训计划，并定期进行审查和测试，所有员工的培训业绩已形成文件。
换班时如何处理通信？	操作员班次重叠30min，以便下一个班次从前一个轮值人员中了解当前进程的运行状态。
工作环境卫生管理可以接受吗？	是的。卫生管理令人满意。
是否使用安全工作许可证？	是的。但是，对于某些活动（例如，测试或维护安全系统组件），它们并不一定需要关闭流程

第二节　故障假设分析

采用两个典型案例介绍故障假设分析（What-if）进行危险辨识的流程和方法。第一个案例仍是本章第一节所示的DAP工艺流程，采用故障假设分析方法；第二个以Mody化学公司氯气管线输送[1]为例，采用故障假设分析和安全检查表联合使用的方法。

一、DAP反应工艺

仍以DAP工艺流程为例，安全小组对反应器部分的操作进行危险辨识。表7-2是在团队会议期间开发的故障假设问题的部分列表。

表7-2　DAP工艺流程案例中的部分假设问题

运送的是错误的原料，而不是磷酸？
磷酸的浓度太低？
磷酸被污染？
阀门B被关闭或被堵住？
供应给反应器的氨的比例太高？
容器搅拌停止？
阀门C被关闭或被堵住？

该小组解决了第一个问题，并考虑哪些其他材料可能与氨混合并产生危

险。如果已知一种或多种这样的材料，那么它们在工厂的可用性就会被记录下来，也有这样一种可能性，供应商提供的标有磷酸的物质实际上是另一种物质。如果不正确的材料组合会危害到工厂员工或社区，它们会被识别出来。该团队还确定了可以防止这些场景的相关硬件或程序保障。建议采取补救措施，防止用错误的材料代替磷酸。团队以这种方式继续解决问题，直到达到了流程的输出量。在这种情况下，团队注意到，该过程位于工厂的一个煤渣建筑处，极端天气可能超出了供暖或空调系统的能力。因此，他们增加了两个额外的问题：

如果外面的温度低于−29℃怎么办？

如果外面的温度大于40℃呢？

当团队进行评估时，对所有假设问题的回答都记录在一个表中。这个文档的示例页面如表7-3所示。

表 7-3　来源于 DAP 流程示例的故障假设分析表的样例

| 工段：DAP 反应器 | | | 分析： | |
| 调查主题：有毒泄漏 | | | 日期： | |
假设	危险	结果	防护	推荐
错误的原料代替磷酸被输送	污染物不相容	磷酸、氨和污染物反应或生产不合格产品有潜在危险	①可靠的供应商②严格的工厂物料运输及处理程序	确保有足够的物料处理和接收程序并且确保标签存在
磷酸的浓度太低	氨具有摄入毒性	将未反应的氨过量输送到 DAP 的储罐中并泄漏到工作区内	①可靠的供应商②设置氨气的监测和报警器	在导入储罐之前确认磷酸浓度
磷酸被污染	污染物不相容	磷酸、氨和污染物反应或生产不合格产品有潜在危险	①可靠的供应商②严格的工厂物料运输及处理程序	确保有足够的物料处理和接收程序并且确保标签存在
阀门 B 被关闭或被堵塞	氨具有摄入毒性	将未反应的氨过量输送到 DAP 的储罐中并泄漏到工作区内	①可靠的供应商②设置氨气的监测和报警器	在导入储罐之前确认磷酸浓度
供应给反应器的氨的比例过高	氨具有摄入毒性	将未反应的氨过量输送到 DAP 的储罐中并泄漏到工作区内	①可靠的供应商②设置氨气的监测和报警器	在导入储罐之前确认磷酸浓度

二、氯气输送过程

氯气进料管线配置如图 7-2 示意。为了增加产量，K. R. Mody 化学公司在其现有的 90t 氯气储罐和反应堆进料罐之间安装了一条新的输送管道。每批开始前，操作人员必须将 1t 氯气导入料槽；新线路可以在 1h 内完成（旧线路需要 3h）。氮气压力可使液氯能够通过 1mile（1mile＝1609.344m，下同）长的非绝缘焊接管道，管道位于驳船码头和工艺装置之间的高架上。储罐和反应器进料罐均在环境温度下工作。

为了转移氯，操作员将 PCV-1 设置为所需的压力，打开 HCV-1，并确认给料池中的液位正在上升。当进料罐内的高液位报警信号显示转移了 1t 氯时，操作员关闭 HCV-1 和 PCV-1。HCV-2 通常在批次之间是开着的，这样液氯不会被困在长管道中。

评估小组对这一过程的修改进行故障假设和安全检查表分析，并开会考虑可能引起关注的事件以及是否有足够的防护措施。会议的假设部分讨论出的问题列于表 7-4 中。随后，团队使用表 7-5 中所示的安全检查表来补充他们的假设问题。表 7-6 列出了研究小组通过检查表发现的其他安全隐患；如果只使用假设分析方法，这些隐患可能会被忽视。

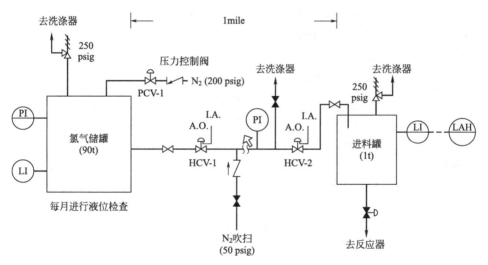

图 7-2　氯气进料管线示例示意图

表 7-4　氯气进料管线的故障假设问题

假设管道里有水分
假设操作人员运输了两批次的氯气
假设 HCV-1 保持关闭状态
如果在夏季管道内充满液氯,管道会不会超压爆炸？
管道的额定温度是否会在 $-20\,^\circ\mathrm{F}\,[t/^\circ\mathrm{C}=\frac{5}{9}(t/^\circ\mathrm{F}-32),$ 下同] 之下？

续表

假设物料从进料罐向储罐倒流
是否氯气泄漏并污染了氮气系统？
如果发生了严重的断裂，如车辆撞击造成的断裂，该如何隔离封头？
洗涤器的设计依据是什么？如果管道需要在紧急情况下快速泄压，它能处理所有的氯气吗？
如果 HCV-2 不小心关闭了怎么办？
如果进料罐的液位指示器报警失败了怎么办？
假设空气进入系统怎么办？它会在反应器中引发事故吗？

表 7-5　氯气进料管线的安全检查表示例

原材料、产物、中间产品的储存	
储罐	设计、分离、惰化、建筑材料
围堰	容积、排放
紧急阀	危险物料远程控制
检查	避雷器、泄放装置
程序	污染的预防、分析
规范	化学、物理、质量、稳定性
限制	温度、时间、数量

材料处理	
泵	释放、反向旋转、识别、建筑材料
导管	防爆、防火、支撑
输送机、工厂	停止设备、滑行、防护
程序	逸出、泄漏、净化
管道	等级、规范、交叉连接、建筑材料

工艺设备、设施、程序	
程序	启动、正常、关机、紧急
一致性	工作审核、捷径、建议
公用工程失效	热公用工程、冷公用工程、空气、惰性气体、搅拌
容器	设计、材料、规范、使用、建筑材料
识别	容器、管道、开关、阀门
泄放装置	反应器、交换器、玻璃器皿
事件审查	工厂、公司、企业
检查、测试	容器、泄放装置、腐蚀
危险	失控、泄漏、爆炸

续表

工艺设备、设施、程序	
电	区域分类、一致性、清洗
过程	描述、测试授权
操作范围	温度、压力、流量、比率、浓度、密度、液位、时间、次序
点火来源	过氧化物、乙炔、摩擦、污垢、压缩机、静电、阀门、加热器
兼容性	加热介质、润滑油、冲洗、包装
安全极限	冷却剂、污染

个体防护	
防护	隔板、个体防护、喷淋、逃生设备
通风	一般、局部、进气口、速率
暴露	其他流程、公共场合、环境
公用工程	隔离：空气、水、惰性气体、蒸汽
危害手册	毒性、易燃性、反应性、腐蚀性、症状、急救
环境	采样、蒸汽、灰尘、噪声、辐射

取样设施	
采样点	易于接近、通风、安装阀门
程序	堵塞、清理
样本	容器、储存、处理
分析	程序、记录、反馈

维护	
清理	溶液、设备、程序
容器开口	大小、障碍物、进入
程序	容器入口、焊接、停工、工作许可

防火	
固定支点	火灾区域、用水需求、分配系统、喷淋系统、灌溉、监视器、检验、测试、程序、充足性
灭火器	类型、位置、培训
防火墙	适当性、状况、门、管道
排水系统	斜率、排泄速率
应急响应	消防队、人员配备、培训、设备

控制与应急装置	
控制	范围、冗余、故障安全
校准、检验	频率、充足性
警报	限制性、火焰、烟气

续表

控制与应急装置	
停车系统	检测、旁路系统
泄放装置	排放口大小、排放、排水、支撑
紧急情况	倾倒、淹溺、抑制、稀释
隔离	截止阀、防火阀、清洗吹扫
仪器	空气质量、时间滞后、清盘复位、建筑材料
废物处理	
沟渠	火焰陷阱、反应、暴露、固体
通风口	放电、散布、迷雾
特征	污泥、残余物、污染材料

表 7-6　通过使用安全检查表发现的其他安全问题

如果管道在维护期间被油污染了怎么办？
如果氮气系统压力调节器失效了怎么办？
氯气储罐是否设定为全真空？
如果管线在夜间运输期间发生泄漏怎么办？
之前工厂内的氯气泄漏事故又被回顾审查吗？
这个设备符合氯研究所的建议吗？
管线的低点是否有取样点或排水点？
这台设备有正确的冶金规定吗？
如果使用惰性材料衬里的管道，如何定期检测其完整性？
有什么紧急通知系统来通知社区？

第三节　危险与可操作性分析

采用三个典型案例介绍危险与可操作性分析（HAZOP）进行危险辨识的流程和方法：DAP 反应工艺流程和正己烷储罐打料工艺是连续操作过程[2,3]，某金属有机化合物制备工艺流程是半间歇操作过程。

一、DAP 反应工艺

对图 7-1 所示的连续操作流程 DAP 反应工艺进行系统的 HAZOP 分析。成立专业的安全分析小组，分析结果见表 7-7。

表 7-7 DAP 反应器磷酸进料线的 HAZOP 分析样例

工艺部分：DAP 反应器的磷酸进料线

设计意图：控制磷酸的进料速率

参数	引导词	原因	后果	已有措施	建议措施
流量	无	(1)磷酸储罐内无饲料 (2)流量指示控制器故障高 (3)操作员设置流量控制器过低 (4)磷酸控制阀 B 故障关闭 (5)管道堵塞 (6)管路泄漏或破裂	(1)反应器内氨过量 (2)DAP 储罐内存在未反应氨 (3)未反应的氨，从 DAP 储罐泄漏到封闭的罐内工作区域，可能有人员受伤 (4)DAP 生产损失	阀门 B 的定期保养	(1)考虑为反应器增加低磷酸流量的系统报警或停车 (2)确保阀门 B 的定期维护和检查是充分的 (3)考虑使用密闭水罐储存 DAP

这个过程是重复与其他组合的引导词和工艺参数的每一部分的设计。对每个过程部分进行评估，并将相关信息记录在 HAZOP 研究表中。由此产生的 HAZOP 分析表，只显示了一些选定的参数和偏差，如表 7-8 所示。

表 7-8 DAP 流程示例中的 HAZOP 分析表中的样例

团队：　　　　　　　　　　　　　图纸编号：

开会时间：　　　　　　　　　　　研究方法：偏差"穷尽"法

1.0 容器——氨水储罐

　　用途——在环境温度和大气压力下，含有 20%氢氧化铵溶液（氨溶液）的库存，相当于一个油箱的 10%～80%的容量

项目	偏差	原因	后果	已有措施	建议措施
1.1	高液位 （>80%）	(1)储罐里没有足够的空间装载氨溶液 (2)氨溶液储罐液位指示器故障	氨蒸气可能泄漏到大气中	(1)氨储罐中安装液位指示装置 (2)储罐上设置安全阀通向大气	(1)检查卸氨程序，确保在卸氨前，罐内有足够的空间 (2)考虑将安全阀泄放物质通给洗涤器 (3)在氨储罐上增加一个独立的高液位报警

2.0 管线——DAP 反应器的氨的进料线

用途——向反应器输送 20％氨溶液

项目	偏差	原因	后果	已有措施	建议措施
2.1	高流量	(1)氨的进料管线的控制阀 A 没打开 (2)流量指示器故障 (3)操作人员将氨流量设置过高	未反应的氨溶液被携带进入了 DAP 的储罐中,泄漏到了工作区域	(1)定期维护控制阀 A (2)安装氨气的监测和报警装置	(1)为反应器增加高氨流量报警或停车装置 (2)保证对阀门 A 进行定期的维护和审查 (3)确保封闭工作区域有足够的通风或使用封闭的 DAP 储罐维护阀门 A
2.9	泄漏	(1)腐蚀 (2)侵蚀 (3)外界影响 (4)垫片和填料失效 (5)维护失误	少量的氨气持续泄漏到封闭的工作区域内	(1)对管线进行阶段性的维护 (2)操作员在 DAP 的工作区域进行定期巡检	确保封闭的工作区域有足够的通风

3.0 容器——磷酸溶液储罐

用途——在环境温度和大气压力下,85％的磷酸进料溶液,其容积在 10％～85％之间

项目	偏差	原因	后果	已有措施	建议措施
3.7	磷酸浓度低 (＜85％)	(1)供应商提供的磷酸溶液为低浓度的 (2)在储罐中加入磷酸时出现故障	携带未反应的氨进入 DAP 储罐中,泄漏到密闭的工作区域	(1)设置严格的卸氨及输送程序 (2)设置氨的监测和报警装置	(1)确保有充足的物料处理和接收程序并贴有标签 (2)在运行程序之前检查储罐中的磷酸溶液的浓度 (3)确保封闭工作区域有足够的通风或使用封闭的 DAP 储罐

4.0　管线——DAP 反应器的磷酸的进料管线

　　用途——向反应器输送 85％的磷酸进料溶液

项目	偏差	原因	后果	已有措施	建议措施
4.2	低或无流量	(1)磷酸储罐中没有进料材料 (2)流量监测器失效 (3)操作人员将磷酸的流率设置得太低 (4)磷酸进料线的阀门 B 因失误关闭 (5)管线堵塞 (6)管线破裂泄漏	携带未反应的氨进入 DAP 储罐中，泄漏到密闭的工作区域	(1)对阀门 B 进行阶段性的维护 (2)设置氨的报警检测装置	(1)为反应器增加低磷酸流量的报警或停车装置 (2)确保阀门 B 有充足的周期性的维护和检查 (3)确保封闭工作区域有足够的通风或使用封闭的 DAP 储罐

5.0　容器——DAP 反应器

　　用途——在某温度和压力下,在搅拌和停留时间的条件下完全反应的磷酸和氨溶液

项目	偏差	原因	后果	已有措施	建议措施
5.10	无搅拌	(1)搅拌发动机损坏 (2)搅拌机械联动故障 (3)操作员未能启动搅拌机	携带未反应的氨进入 DAP 储罐中，泄漏到密闭的工作区域	安装氨的泄漏和报警装置	(1)增加报警或停车装置 (2)确保封闭工作区域有足够的通风或使用封闭的 DAP 储罐

6.0　管线——DAP 反应器到 DAP 储罐的出料管线

　　用途——向储罐输送产品

项目	偏差	原因	后果	已有措施	建议措施
6.3	逆流/错流	无			

7.0　容器——DAP 储罐

　　用途——在常温常压下储存 DAP,储量在容积的 0％～85％

项目	偏差	原因	后果	已有措施	建议措施
7.1	高液位(＞85％)	(1)来自反应器的流量过大 (2)无流量向卸载站	DAP 储罐在封闭区域内超载造成的可操作性问题(DAP 不会对人员造成严重的健康危害)	操作人员观察 DAP 储罐液位	(1)DAP 储罐增加高液位报警 (2)在储罐周围建一个提坝

二、正己烷储罐打料工艺

正己烷从槽车（50000lb）通过泵 3-40 卸载，进入 T-301 储罐，该储罐的容量为 80000lb。周围的防火堤可容纳 120000lb 正己烷。槽车每隔 4 天卸料一次，每年大约卸料 90 次。储罐装有液位指示器（LI-80）和高液位报警器（LAH-80），并在控制室进行显示或报警。通常有两个操作人员参与这项操作，其中一个人在现场与槽车司机一起负责卸载输送工作，另一个人在控制室用计算机界面监控和操作各种过程参数。司机必须监督卸载输送过程。

正己烷储罐打料工艺流程图见 7-3，HAZOP 分析结果记录在表 7-9 中。

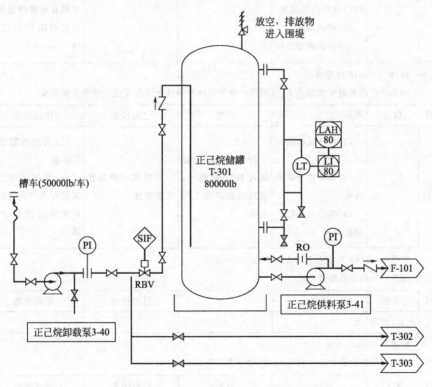

图 7-3　正己烷储罐打料工艺流程图

三、某金属有机化合物制备工艺

采用真空系统对反应器 R1 进行抽真空，并进行氮气置换，重复几次后检测空气浓度，若合格，继续于氮气气氛投入金属锂，开启乙醚加料真空泵和加料管线上的玻璃阀直至溶剂达规定量，开启搅拌，关闭无水乙醚进料阀，关闭真空泵。开启冷却介质液氮阀门，依靠液氮系统的液氮循环维持反应器内温度为−10～0℃。开启卤代烷高位槽进料阀门，缓慢向反应器 R1 内滴加卤代烷和无水乙醚的混合物，达规定加料量后手动切断高位槽进料阀门。在此过程中反应已经启动，需通过调节液氮流量严格控制反应温度在−10～0℃之间，反应 3h 后进行取样检测，若转化率达标则停止搅拌，关闭液氮阀门，并在氮气保护下，转移某金属有机化合物产品进入下一工段。

制备工艺的 P&ID 图见图 7-4。

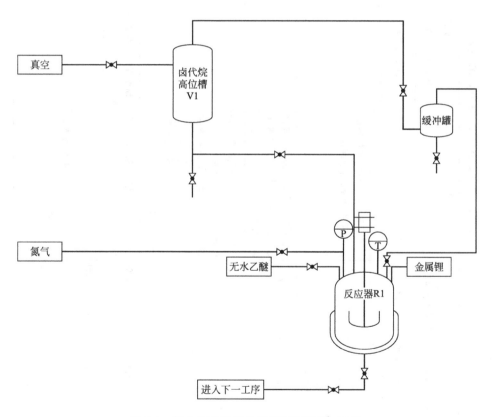

图 7-4　某金属有机化合物制备工艺 P&ID 图

本工艺涉及设备较少，在节点的划分上直接将图 7-4 中某金属有机化合物反应器及其附属设备看作一个节点，HAZOP 分析结果记录在表 7-10 中。

表 7-9　正己烷储罐 T-301 HAZOP 分析

序号	偏差	原因	后果	已有防护措施	建议措施
1	液位高	1)在已经达到储罐的容量时,卸载没有停止 2)库存量控制错误:在需要罐车到达	高压(见5)	1)液位监测,带高液位报警(在整制室报警) 2)正己烷卸载程序检查,包括卸载前检查现场,读取储罐液位	建议安装一个 SIS,在 T-301 液位高时切断进料
2	液位低	上游工艺至正己烷缓冲罐 T-401 管线流量小或无流量	无后果:在下游导致供料罐前,如果不填充,将引起滞留在的过程中断		
3	温度高	没有可信的原因			
4	温度低	低的环境温度,而储罐内有水(见7)	储罐底部或储罐排水线累积的水冻结,导致排水线表线断裂和泄漏		
5	压力高	高液位(见1)	1)正己烷通过安全阀泄放到防火堤内;如果防火堤不能包容泄漏物,可能造成大面积火灾(后果等级4、5) 2)泄漏(如果超压超过储罐额定压力)(见8)		
6	压力低	在蒸汽吹扫之后,冷却之前储罐堵塞	真空下储罐塌陷导致设备破坏	标准程序和容器蒸汽吹扫检查	
7	污染物浓度高	1)在蒸汽吹扫和冲洗后,水没有完全排出 2)高浓度污染物——从槽车通过卸载泵 3-40 至正己烷储罐 T-301	在环境温度低时相同,储罐内的水可能冻结(见4)		

续表

序号	偏差	原因	后果	已有防护措施	建议措施	责任人
8	包容物损失	1) 腐蚀/侵蚀 2) 外部火灾 3) 外部影响 4) 垫片、填料或密封失效 5) 不适当的维护 6) 仪表或仪表线失效 7) 材质缺陷 8) 采样阀泄漏 9) 通风口和排水阀泄漏 10) 低温(见 4) 11) 高压(如果超压值超过储罐额定压力)(见 5)	正己烷泄漏;如果泄漏量超过防火堤的容积,将造成大面积火灾(后果等级 4 或 5)	1) 操作和维护程序,需要时隔离 2) 能手动隔离储罐 3) 按照 API 规范和 ASME 标准进行预防性检测 4) 安全阀,释放到储罐防火堤内 5) 防火堤容积能容纳正己烷 120000lb(1.5 倍储罐能力) 6) 紧急响应程序		

表 7-10　某金属有机化合物合成工段 HAZOP 分析

项目:某金属有机化合物合成工段 HAZOP 分析　　　　　　节点:1　　　　　　页数:22

节点描述:卤代烷与金属有机化合物锂反应,涉及某金属有机化合物反应器 R1、卤代烷高位槽 V1、卤代烷高位槽 V2、事故缓冲罐 V2　　　日期:2020 年 02 月 20 日
及设备连接管线,低温反应,放热量大。

条目	参数	引导词	偏差	原因	后果	现有安全措施	严重度	可能性	风险评级	序号	建议措施	责任人
1.1	加料量	多	卤代烷从原料捅到到高位槽 V1 加料过多	仪表系统故障导致液位整制失效	卤代烷高位槽内物料过多,冒溢,对现场的染作工人健康造成危害;严停滞,卤代烷可能进入真空系统,潜在的燃烧爆炸风险(乙醚爆炸极限 2.8%~6.6%,闪点 23℃)	真空系统之前有 500L 缓冲罐一批次反应有液氮真空系统冷凝	1	1	1	1	对现有卤代烷原料桶进行改造,设计容积为一批次反应所需量的原料桶(100L)	

条目	参数	引导词	偏差	原因	后果	现有安全措施	严重度	可能性	风险评级	序号	建议措施	责任人
										2	严格遵照操作规程,操作人员应该时刻监控整罐液位变化	
										3	进料管线上加装流量计;达到累积量后自动切断进料阀门	
										4	将500L缓冲罐和与其配套的液氮冷凝系统从真空管线改装到排空管线上	
1.2	加料量	少/无	卤代烷从原料桶抽到高位料槽V1加料过少	液位控制失效;接管错误或连接失误,导致排液失控;V1下部排液阀损坏;控制阀过高压差导致高振动导致泄漏	无显著安全影响		1	1	1	1	参见1.1.3;定期检验容器的密封性能	
1.3	加料量	多	无水乙醚从原料桶抽到高位料槽V1加料过多	仪表系统故障,导致液位控制失效;接管错误或失误	卤代烷高位料槽内物料过多,冒罐,对现场的操作工多,健康造成危害;生产暂停;乙醚可能进入真空系统,潜在的燃烧爆炸风险(乙醚燃爆极限2.8%~6.6%,闪点23℃)	真空系统之前有500L缓冲罐,真空系统有液氮冷凝,距离真空总管较近	3	3	9	1	对系统进行改造,将真空泵更改为隔膜泵进料	

续表

条目	参数	引导词	偏差	原因	后果	现有安全措施	严重度	可能性	风险评级	序号	建议措施	责任人
										2	加强真空的冷凝系统，采用多级冷凝	
										3	在操作规程上限定流速(0.5～1m/s)，定期检查接管	
										4	在排空管线上加装阻火器，泄氮阀和氮封阀，防止火灾爆炸事故	
1.4	加料量	少/无	无水乙醚从原料桶抽到高位槽 V1 加料过少	参见1.1原因	卤代烷浓度变大，反应放热加快，不能及时冷却，可能导致反应器 R1 温度过高，压力过高		3	1	3		参见1.1.2建议措施	
1.5	加料量	多	无水乙醚从原料桶抽到某金属有机化合物反应器 R1 加料过多	仪表系统故障	无显著安全影响		1	1	1		在进料管线上安装流量计，流量累积达到240L时关断进料阀门	
1.6	加料量	少/无	无水乙醚从原料桶抽到某金属有机化合物反应器 R1 加料过少	仪表系统故障；管道或阀门泄漏；管道堵塞；操作失误	溶剂变少，绝热温升变高，超压风险增大		3	1	3		在进料管线上安装流量计，设乙醚进料管线低流量报警，并用流量传感器增加乙醚进料阀门的开度；流量累积进料达到240L时关断进料阀门	

续表

条目	参数	引导词	偏差	原因	后果	现有安全措施	严重度	可能性	风险评级	序号	建议措施	责任人
1.7	加料量	多	某金属锂投入有机物合反应器R1加料过多	称量错误	金属锂根本来就过量,安全无显著显示,但会影响搅拌,对搅拌间关键要单独考虑	双人称量	1	1	1		参见1.1.2建议措施	
1.8	加料量	少/无	某金属锂投入有机化合物合反应器R1加料过少	称量错误	影响生产,无显著安全影响		1	1	1		参见1.1.2建议措施	
1.9	加料量	多	卤代烷从高位槽V1到某金属有机化合物反应器R1加料过多	卤代烷V1内物料过多;仪表系统故障;阀门故障	影响生产,若卤代烷有剩余,会对后续操作产生影响		1	1	1	1	参见1.1.2建议措施	
										2	参见1.1.3建议措施	
1.10	加料量	少/无	卤代烷从高位槽V1到某金属有机化合物反应器R1加料过少	卤代烷V1内物料过少;进料管线堵塞,进或阀门门泄漏	影响生产,无显著安全影响		1	1	1	1	参见1.1.2建议措施	
2.1	流量	高	卤代烷从原料桶抽到高位槽V1流量过高	管道内流体流速过高;进料高;从原料桶抽到高位槽V1阀门开度过大	卤代烷流速过大,容易产生静电,潜在的火灾和爆炸危险	金属管道;接地	3	1	3	1	系统改造时,考虑静电因素;采用氮气保护;采用隔膜泵采料	

续表

条目	参数	引导词	偏差	原因	后果	现有安全措施	严重度	可能性	风险评级	序号	建议措施	责任人
2.2	流量	低/无	卤代烷从原料桶抽到高位槽 V1 流量过低	进料真空度过小；从原料桶到高位槽 V1 阀门开度过小	无显著安全影响		1	1	1		参见 1.1.2 建议措施；检查管道密封性	
2.3	流量	高	无水乙醚从原料桶抽到高位槽 V1 流量过高	进料真空度过大；从原料桶到高位槽 V1 阀门开度过大；仪表系统故障	无水乙醚流速过大，容易产生静电，潜在的火灾和爆炸危险		3	1	3	1	参见 2.1 建议措施；进料管线静电接地；乙醚原料桶接地	
										2	通过流量传感器控制进料管线上阀门的开度，进而调节无水乙醚流速	
2.4	流量	低/无	无水乙醚从原料桶抽到高位槽 V1 流量过低	进料真空度过小；从原料桶到高位槽 V1 阀门开度过小	无显著安全影响		1	1	1	1	参见 1.1.2 建议措施	
				原料不纯混有固体杂质或管道堵塞	杂质有可能对后续反应起催化作用有其他不利影响		2	1	2	2	进料管线上设置人工清洗的过滤网或 Y 形过滤器	
2.5	流量	逆向	从高位槽 V1 到卤代烷、乙醚原料桶的逆流	管道连接处有压差，非操作线或操作时接管导致物流回流	卤代烷 V1 到原料桶作空间，乙醚泄漏到操作工健康造成危害，潜在的火灾和爆炸风险		3	2	6	1	在高位槽 V1 到原料桶的管线上设置截止回阀	

续表

条目	参数	引导词	偏差	原因	后果	现有安全措施	严重度	可能性	风险评级	序号	建议措施	责任人
										2	在上述管线上设置无流量、低流量报警,自动关闭,并设置联锁两个进料阀门	
										3	在槽 V1 所在工作环境加装可燃、有毒气体检测,报警装置(一级报警 163×10^{-6},二级报警 950×10^{-6})	
2.6	流量	高	无水乙醚从原料桶抽到某金属有机化合物反应器 R1 流量过高	进料真空度过大,从原料桶到反应器 R1 阀门开度过大	无水乙醚流速过大,容易产生静电,潜在的火灾和爆炸危险		3	1	3		参见 2.3 建议措施	
2.7	流量	低/无	无水乙醚从原料桶抽到某金属有机化合物反应器 R1 反应流量过低	进料真空度过小,从原料桶到反应器 R1 阀门开度过小;管路、阀门堵塞或泄漏	无显著安全影响		1	1	1		参见 1.1.2 建议措施	
2.8	流量	逆向	从某金属有机化合物反应器 R1 到乙醚原料桶的逆流	操作失误;参见 2.5 原因	乙醚泄漏到操作空间,对操作工人健康造成危害,潜在的火灾和爆炸风险		3	2	6		参见 1.1.2 建议措施和 2.5 建议措施	

续表

条目	参数	引导词	偏差	原因	后果	现有安全措施	严重度	可能性	风险评级	序号	建议措施	责任人
2.9	流量	高	卤代烷从高位槽 V1 到某金属有机化合物反应器 R1 流量过高	从高位槽 V2 至丁基锂反应器 R1 的手动放料阀开度过大或全开,或阀门故障,使得反应物添加过快	反应放热过快时冷却不能及时,引起反应器内温度过高(反应温升,$\Delta T=138℃$),釜内超压,卤代烷高位槽爆破,反应器爆破	进料管道备有进料阀门,在卤代烷高位槽 V1 和某金属有机化合物反应器 R1 之间安装限流装置	3	2	6	1	核对所有连接管线和玻璃高位槽的耐压,统一更换为耐压设备;合理设计和安装爆破片(卤代烷-乙醚混合液最大流量100L/h)	
										2	在高位槽 V1 到 R1 的管线上安装 6mm 限流孔板	
										3	某金属有机化合物反应器 R1 加设高温报警装置	
										4	在 V1 到 R1 的管线上加装流量计,用流量传感器控制进料阀门的开度	
										5	增加某金属有机化合物反应器 R1 高温与液氨管线 V1 进料阀门的联锁,即高温(30℃)停止进料并加大冷却介质进料流量	

续表

条目	参数	引导词	偏差	原因	后果	现有安全措施	严重度	可能性	风险评级	序号	建议措施	责任人
										6	将高位槽 V1 材质由玻璃更换为搪瓷玻璃	
2.10	流量	低/无	卤代烷从某金属有机化合物反应器 R1 到高位槽 V1 流量低		无显著安全影响		1	1	1		参见 1.1.2 建议措施	
2.11	流量	高	某金属有机化合物反应器 R1 夹套内液氨流量过高	液氨阀门全开，或开度过大，阀门失效	某金属有机化合物反应器 R1 冷却温度过低，反应速率过慢，导致卤代烷在反应器 R1 中积累，随后如果大量反应瞬间反应，可能导致大量物料反应，释放大量热量（反应绝热温升 ΔT = 138℃），反应器超压，反应槽爆破，反应器爆破	某金属有机化合物反应器 R1 已安装高温低温报警	3	3	9	1	加设某金属有机化合物反应器 R1 低温与 V1 进料联锁（−20℃），即低温停止进料	
						确保操作人员在反应阶段全程在现场，安排两人				2	合理设置 R1 低温报警值（−15℃）	
										3	定时维护，及时检修液氨管路和阀门	

续表

条目	参数	引导词	偏差	原因	后果	现有安全措施	严重度	可能性	风险评级	序号	建议措施	责任人
										4	参见2.9.6建议措施	
2.12	流量	低/无	某金属有机化合物反应器R1夹套内液氮流量过低	操作失误,阀门关闭,开度过小;阀门失效;管路堵塞或高位槽破;反应器高位槽破裂或夹套破裂泄漏	某金属有机化合物反应器R1不能及时冷却,反应器内温度升高,反应器超压,卤代烷高位槽爆破,可能导致工作环境中氢气浓度升高,产生冻伤或窒息事故		3	3	9	1	设置R1高温报警(25℃),与V1阀门联锁(30℃),即高温切断进料,并增加液氮流量	
										2	在工作环境中设置氢气高浓度报警器(一级报警25%VOL,二级报警50%VOL),配置防护用品	
3.1	温度	高	某金属有机化合物反应器R1温度过高	参见2.9原因,2.11原因,2.12原因;来自V1的进料中含水;外部空气和水蒸气混入R1;液氮系统温度过高,导致冷却失效	参见2.9后果,2.11后果,2.12后果		3	3	9	1	参见措施,2.11.1~2.9.5建议措施,2.11.1~2.12.1建议措施	
										2	在进料管线上安装浓度分析报警仪,当含水量超过0.2%时重新处理原料,直至满足工艺要求	
										3	及时检验R1的密封性	

续表

条目	参数	引导词	偏差	原因	后果	现有安全措施	严重度	可能性	风险评级	序号	建议措施	责任人
3.2	温度	低	某金属有机化合物反应R1温度过低	参见2.11原因	参见2.12后果		3	3	9		参见2.9.4、2.9.5、2.11.1建议措施	
				来套中液氨泄漏至反应器内	反应中止，影响生产，无显著安全影响		1	1	1		参见3.1.3建议措施	
4.1	压力	高	卤代烷从原料桶抽到高位槽V1加料过程中，真空度不够	阀门开度过小，阀门故障，真空系统故障	影响生产，无显著安全影响		1	2	2	1	定期检修真空系统、管线及其阀门	
4.2	压力	低	卤代烷从原料桶抽到高位槽V1加料过程中，真空度过大	阀门开度过大，阀门故障	参见2.1后果，2.3后果，玻璃高位槽受负压，玻璃瓶破裂	高位槽V1钢化玻璃	3	1	3	1	换用隔膜泵进料	
										2	利用密封气体压力控制系统，尽量降低真空度	
										3	参见2.12.2建议措施	
4.3	压力	高	某金属有机化合物反应R1压力过高	2.11原因，3.1原因，2.12原因；反应物进料量过多，反应或者氮气钝化过程中，没有及有关闭氮气时	参见2.9后果，2.11后果，2.12后果	保护氮气经过减压后为2 barg（表压），氮气钝化时不会导致反应器R1超压	3	3	9	1	设计合适的爆破膜片（54mm）	

续表

条目	参数	引导词	偏差	原因	后果	现有安全措施	严重度	可能性	风险评级	序号	建议措施	责任人
				外部着火导致反应失控	反应器物料被急剧加热，容器失效，进一步增加发生飞溅、爆炸或泄漏的可能性		3	1	3	2	建议安装与真空系统分离的排空系统，并在反应过程中保持开启	
										3	当R1压力高于2.25bara时，采取反应器压力高高报警	
4.4	压力	低	某金属有机化合物反应器R1压力过低	抽料时真空度过大	无显著安全影响		3	1	3	4	将内部混合液导流至远端集液槽；自动开启固定消防水喷射及泡沫灭火系统	
4.5	压力	高	某金属有机化合物反应器R1夹套压力过高	N/A			1	1	1		参见2.2.2建议措施	
4.6	压力	高	氩气、液氮系统压力过高				1	1	1		在液氮管线上安装安全阀	
5.1	液位	高	卤代烷玻璃高位槽V1液位过高	参见1.1原因，1.3原因	参见1.1后果，1.3后果	真空系统之前有500L级冲罐，真空系统有液氮冷凝	1	1	1		在氩气和液氮管线上安装安全阀	
5.2	液位	低	卤代烷玻璃高位槽V1液位过低	参见1.2原因	参见1.2后果		1	1	1		为高位槽V1设置高液位提示，报警(80%)	
											参见1.1.2建议措施	

续表

条目	参数	引导词	偏差	原因	后果	现有安全措施	严重度	可能性	风险评级	序号	建议措施	责任人
5.3	液位	高	某金属有机化合物反应器R1液位过高	参见1.5原因	参见1.5后果		1	1	1		为反应器R1液位提供指示,并提供R1液位高位报警(80%)	
5.4	液位	低	某金属有机化合物反应器R1液位过低	参见1.6原因;反应器泄漏	温度传感器不能正确读数,显示温度偏高,操作工人可能增大氮气流量,参见2.11后果		3	3	9	1	检查R1装配图,核实温度计位置是否合理,重新布局	
5.5	液位	高	事故缓冲罐V2液位过高	未及时排放废液,无自动控制仪表	失去缓冲作用,冒罐		1	1	1	2	参见1.1.2建议措施	
5.6	液位	低	事故缓冲罐V2液位过低	未及时关闭废泵导致废液排空	排放泵空转可能导致损坏		1	1	1		安装电容式液位计,高液位报警(80%),联锁;安装电容式液位计,低液位报警(15%),联锁	
6.1	反应	快	某金属有机化合物生成反应,反应速率过快	卤代烷烃加料过快;反应器温度过高,参见2.9原因,2.11原因	参见2.9后果,2.11后果,2.12后果		3	3	9		参见2.9.1~2.9.5,2.11.1~2.12.1建议措施	
6.2	反应	慢	某金属有机化合物生成反应,反应速率过慢	卤代烷烃加料温度过低;反应器温度过低;参见2.10原因,2.11原因	某金属有机化合物反应器R1冷却温度过低,反应速率慢,导致卤代烷烃在反应器R1中积累,随后如果反应物料升高到高温,可能导致大量瞬间反应,释放大量热量(反应绝热温升$\Delta T=138℃$),反应器超压,卤代烷烃高位槽或相邻管线爆破,反应器爆碳/反应器爆破		3	3	9		参见1.1.2建议措施,参见2.9.4,2.9.5,2.11.1建议措施(注:绝热温升$\Delta T=136℃$;爆破片设计时考虑此因素)	

续表

条目	参数	引导词	偏差	原因	后果	现有安全措施	严重度	可能性	风险评级	序号	建议措施	责任人
6.3	反应	伴随	某金属有机化合物生成反应,副反应	温度超过180℃时,产物有剧烈分解反应	当反应温度超过180℃时,有剧烈的分解放热反应,任何补救措施都会无用		3	1	3		严格按照操作规程,将反应温度控制在0~15℃	
6.4	反应	伴随	某金属有机化合物生成反应,副反应	金属锂加料量过少,C₈化合物生成	此副反应放热量未知,需通过计算或实验的方法进行危险性评估		1	1	1		实验或计算放热量	
7.1	搅拌	快	某金属有机反应器R1搅拌过快	仪表系统故障	过快的转速可能引发破裂起电,导致反应混合物的燃烧,甚至反应的爆炸		3	1	3		搅拌电机增设微电流计,用电流的变化间接反馈搅拌轴转速	
7.2	搅拌	慢/无	某金属有机反应器R1搅拌过慢	金属锂放障;搅拌长期磨损;停电	本反应是非均相反应,发生反应的部位在相界面上,搅拌过慢使反应物料混合效果下降,可能会导致反应物料的积累,在搅拌突然重新加剧时,可能突然加剧烈反应,换热能力明显著降低,反应热量得不到及时移出,反应应失控		3	2	6	1	选择合适搅拌转速(300~800r/min),设置搅拌器转速检测系统,慢/无转速(<50r/min)联锁切断卤代烷进料	
										2	经常检查搅拌电机工作情况,桨叶、搅拌轴磨损程度;空转,看轴垂直度,是否有碰壁现象	

续表

条目	参数	引导词	偏差	原因	后果	现有安全措施	严重度	可能性	风险评级	序号	建议措施	责任人
										3	开启备用电机或配置 UPS 不间断电源	
8.1	污染	伴随	水进入某金属有机化合物反应器 R1	进料中物料和管道中含有水	水和金属锂发生剧烈反应，放出大量热量，同时产生大量的氢气，反应器内温度、压力急剧升高，反应器超压，潜在的爆炸风险		3	2	6	1	配备水分仪，检查乙醚和卤代烷管线中的水分含量，将该操作写入操作规程；水含量超过 0.25%时，联锁切断高位槽 V1 进料，待检验合格方能重新进料	
										2	操作规程措施；及时检验反应器密封性能	
										3	与反应器相连的管线、阀门和排空系统应做好外部防护，防止水、空气进入；设计爆破片的时候，也要考虑防止水通过泄放管路回流到爆破片的情况	
8.2	污染	伴随	空气进入某金属有机化合物反应器 R1	反应前某金属有机化合物反应器 R1 密封不佳，氮气保护失效	水蒸气进入反应器，某金属有机化合物和金属锂反应，冷凝成水和金属锂，产生氢气；乙醚易燃易爆，空气存在时，有燃烧和爆炸危险	氮气保护，保持釜内微正压	3	1	3	1	每次反应之前，要检查反应器的气密性	
										2	参见 1.1.2 建议措施	

续表

条目	参数	引导词	偏差	原因	后果	现有安全措施	严重度	可能性	风险评级	序号	建议措施	责任人
8.3	污染	伴随	空气进入岗代烷高位槽V1	乙醚抽料过程中,未及时关闭真空系统,原料桶抽空,空气抽进	乙醚易燃易爆,有潜在的燃烧和爆炸风险		3	2	6	1	改变进料方式(换用隔膜泵从原料桶向高位槽进料)	
										2	采用氮气保护	
										3	进料管线流量计的流量指数与进料泵联锁,即流量过低,进料泵停车	
9.1	公用工程	异常	某金属有机化合物反应器R1夹套氮液冷却失效	参见2.11原因,2.12原因	参见2.11,2.12后果		3	3	9		参见2.11.2~2.12.1建议措施	
9.2	公用工程	异常	停电	停电	所有动设备停止运转,影响生产,可能产生严重的安全后果	双路供电	3	1	3		配备UPS不间断电源	
9.3	公用工程	异常	某金属有机化合物反应器R1氮气保护气失效	氮气保护管路堵塞,阀门故障或错误关闭	空气进入某金属有机化合物反应器中的金属易燃气化水蒸气冷凝成水,锂发生反应,乙醚易燃易爆,空气存在时,有燃烧和爆炸危险		3	2	6		定期检修和维护氮气管路,阀门,操作中及时监测反应器中和氮气管路压力表读数	
10.1	泄放	异常	某金属有机化合物反应器R1爆破片设计不合理或失效	某金属有机化合物反应器R1爆破片原始设计不合理或安全阀腐蚀,堵塞	在反应器超压时,不能及时动作,导致高位反应器或玻璃爆裂;在较低压力时,就开始泄放,影响生产		3	2	6		合理设计和安装爆破片(54mm)	

续表

条目	参数	引导词	偏差	原因	后果	现有安全措施	严重度	可能性	风险评级	序号	建议措施	责任人
10.2	泄放	异常	某金属有机化合物过程R1泄放时,从其他薄弱环节,如高位槽V1处泄放	在反应时,反应器R1和V1是连通的,当反应器超压时,由于高位槽是玻璃的,不能承受压力,导致高位槽爆破卤代烷高位槽	爆破产生的卤代烷可能伤害到操作人员;卤代烷泄漏,对操作人员健康产生危害;卤代烷暴露到空气中,有潜在的燃烧、爆炸风险		3	3	9	1	采用轻质屋顶,保证足够的泄压面积	
										2	泄放时,自动关闭反应器R1到高位槽V1之间的所有阀门	
										3	加强工作场所的通风、排风	
										4	参见2.9.6 建议措施	
11.1	取样	伴随	某金属有机化合物取样过程伴随空气进入或物料蒸气泄漏	打开反应器盖子	空气进入反应器内,有潜在的燃烧和爆炸危险;乙醚物料蒸气从反应器泄漏出来,有潜在的燃烧和爆炸危险;乙醚物料蒸气从反应器泄漏出来,对工人健康造成危害	有局部引风	3	3	9	1	在R1上加装真空自动取样器,同时配装方向罩	
										2	增加取样管,取样器,降低反应系统内物料与外界环境直接产生接触的可能	
										3	及时检修局部引风系统	

续表

条目	参数	引导词	偏差	原因	后果	现有安全措施	严重度	可能性	风险评级	序号	建议措施	责任人
12.1	泄漏/暴露	异常	乙醚的泄漏和暴露	打开乙醚原料桶	操作工人暴露在乙醚蒸气中,对工人健康造成伤害;乙醚蒸气至空气中,有潜在的燃烧和爆炸危险	乙醚原料桶运来时,先在车间冷室(15℃左右)冷却	3	2	6	1	进料位置加装万向罩;工作场所安装乙醚高浓度报警器(一级报警 $163×10^{-6}$,二级报警 $950×10^{-6}$)	
										2	在乙醚原料桶周边设置排液沟	
										3	工作车间局部通风,配喷淋系统和个体防护用具	
										4	为乙醚原料桶设置底部托盘,收集溢出的液体;原料桶加盖,采用隔膜泵从开口抽料	
12.2	泄漏/暴露	异常	卤代烷的泄漏暴露	打开卤代烷原料桶	操作工人暴露在卤代烷蒸气中,对工人健康造成伤害;卤代烷蒸气至空气中,有潜在的燃烧和爆炸危险	车间冷室(15℃左右)冷却	3	2	6	1	参见 12.1.1～12.1.4 建议措施	
12.3	泄漏/暴露	异常	反应器 R1 内物料的泄漏	搅拌轴密封受损或老化	乙醚蒸气泄漏到空气中,有潜在的火灾和爆炸危险		3	2	6	1	采用防爆电机	

续表

条目	参数	引导词	偏差	原因	后果	现有安全措施	严重度	可能性	风险评级	序号	建议措施	责任人
										2	经常检查搅拌轴封的损坏度，检查密封设计	
				反应器或底阀破损						3	及时检修设备和阀门	
12.4	泄漏/暴露	异常	R1取样时泄漏							1	参见11.1建议措施	
12.5	泄漏/暴露	异常	管线、阀门泄漏	破损、老化	跑、冒、滴、漏引起火灾、爆炸事故和人员健康危害		1	3	3	1	建议增加排空系统，与真空系统分开设置；合理设计泄放系统	
										2	定期检修，及时更换	
13.1	静电	伴随	物料流动过程中，在管道中产生静电	乙醚、卤代烷流量过大，参见2.1原因、2.3原因、2.6原因、2.9原因	静电可能引发火灾危险	金属管道、接地	3	1	3	1	限定流体流速（0.5~1m/s），减少静电积聚	
13.2	静电	伴随	乙醚加入某金属有机化合物反应器R1过程中，溅射产生静电		反应器R1内物料易燃，静电容易引燃物料，导致火灾灾爆炸		3	1	3	1	沿反应器R1壁内加料	
13.3	静电	伴随	所有动设备（搅拌）运行过程产生静电		反应器R1内物料易燃，静电容易引燃物料，导致火灾灾爆炸		3	1	3	1	动设备应接地	

续表

条目	参数	引导词	偏差	原因	后果	现有安全措施	严重度	可能性	风险评级	序号	建议措施	责任人
14.1	破碎	异常	卤代烷玻璃高位槽 V1,玻璃连接管线,视镜、视筒及其他玻璃设备破碎	老化或超压	物料泄漏到操作现场和空气中,对现场操作工人的健康造成伤害;容易引发火灾危险		3	2	6		换用强度较高材质的液位计,视镜,视筒	
15.1	清洗/清理	伴随	无水乙醚清洗	清洗过程中,采用压缩空气气从底阀反吹	清洗过程,压缩空气进入反应器,潜在的火灾、爆炸风险		2	3	6	1	采用氮气替压缩空气反应清洗反应器	
										2	提供清洗操作规程,进行安全评估	
										3	完善操作程序,可先用氮气吹扫置换 2～3 次,乙醚浓度检测合格后再改用压缩空气吹干	
16.1	后处理	伴随	乙醚、卤代烷原料桶处理	乙醚、卤代烷料桶在用过后,由于原料桶中有溶剂残留,并且原料桶中有空气	有潜在的火灾和爆炸危险		2	3	6		废置原料桶清洗置换后统一处理	

第四节 安 全 审 查

采用三个典型案例介绍安全审查（SR）进行危险辨识的流程和方法。第一个是光气和苯胺反应生成异氰酸盐和氯化氢的案例，第二个案例是大型石油化工企业某操作单元，这两个案例将采用非正式的安全审查进行分析；第三个案例是甲苯水洗过程，采用正式的安全审查进行分析。

一、异氰酸盐制备工艺

图 7-5 所示是一个实验室反应器系统[4,5]。在该系统中，光气和苯胺反应生成异氰酸盐和氯化氢，反应方程式见图 7-6。异氰酸盐用于生产泡沫和塑料。光气是一种无色气体，沸点为 8.2℃，它通常以液体形式高温（超过其常压沸点）储存在压力容器中。光气的阈限值（TLV）为 0.1×10^{-6}，其能被闻到的阈限值为 $(0.5 \sim 1) \times 10^{-6}$。苯胺为液体，沸点为 184.4℃，其 TLV 为 2×10^{-6}，可被皮肤吸收。光气从容器中通过阀门输送至反应器的球形玻璃容器内，回流冷凝器将苯胺蒸气冷凝，并将其返回反应器中。用碱洗塔吸收释放蒸气中的光气和氯化氢蒸气，剩余蒸气从通风口处排出。整个过程都在通风橱内进行。

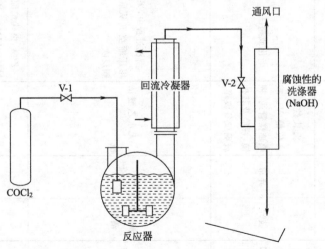

图 7-5　非正式安全审查前光气反应器的初始设计

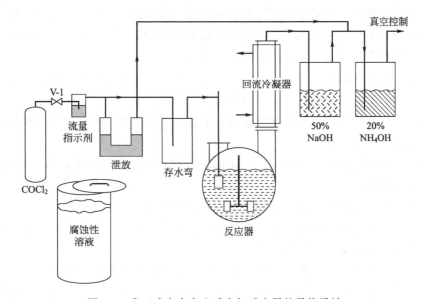

图 7-6　光气反应器的反应方程式

安全审查由 2 人完成，最终的过程设计见图 7-7。对该过程所做的修改和改进如下：

图 7-7　非正式安全审查后光气反应器的最终设计

（1）增加真空装置来降低沸腾温度；

（2）在洗涤器的出口增加泄放系统，防止球形玻璃容器发生阻塞并产生危害；

（3）流量计提供可视的流量显示；

（4）起泡器用于替代洗涤器，因为其更有效；

（5）氢氧化铵起泡器对吸收光气来说更为有效；

（6）增加气液分离器来收集液态光气；

（7）增加 1 桶碱液（当光气容器或阀门泄漏时，将光气容器直接投入碱液桶中，碱液将吸收光气）。

除此之外，审查人员还提出下列建议：

（1）将光气试纸悬挂在通风橱、房间和操作区域的周围（试纸通常是白色的，但当暴露在 0.1×10^{-6} 的光气中时会变成褐色）；

（2）每天在操作开始之前使用安全检查表；

（3）在工艺过程附近张贴最新的工艺过程草图。

二、大型石油化工企业某操作单元

在一个大型石油化工企业，其中一个操作单位大约有 30 年的历史[1]。一项业务评价表明，如果能够维持安全，这个单位可以继续经济地运作 15～20 年。已委托进行一项安全审查研究对该装置进行评估。工厂维护良好，作为安全审查的一部分进行的工厂检查表明，设备可以再使用 15 年。但是，审查小组确定了若干需要进一步评价的问题，包括：

（1）机组的能力已经通过大量的改进和去瓶颈项目得到了提高，但是机组的安全阀和火炬头的尺寸从来没有被重新评估过。

（2）原来的气动控制仍然在运行，但仪表保护系统从来没有重新评估或提高到目前的公司标准。

（3）自机组最初建造以来，公司的设备间距标准已经改变，基于新标准，有许多违反规定的间距。

公司接受了审查小组的建议并采取了改善措施，包括：

（1）对减压阀和火炬头进行全面的设计审查。根据评估结果，安装了额外的安全泄压阀和一个新的火炬头。

（2）考虑仪器和控制系统的设计评审。建议使用调制解调器控制系统，并对安装的仪表保护系统进行识别和评估。这个系统不仅更可靠，而且还提供了原来不存在的安全仪表功能。

（3）设备间距的评审。这些问题较难纠正，某些间距要求不能满足现有的单位和邻近的设施（火炬、炉和控制室），所以在这个单元安装一个热动力的洒水系统以解决发生火灾的可能性。作为控制系统计算机化的一部分，间距也是后来决定在离这个单位较远的地方建造一个新的综合控制室时所考虑的因素。

三、甲苯水洗过程

图 7-8 所示是甲苯水洗过程[4,5]。该过程用于清洗甲苯中的水溶性杂质。根据密度的差别，分离由离心分离机或锥形分离器（POD）完成。轻相（含杂质的甲苯）注入离心分离机的外围，并移动至中心；重相（水）注入中心，并与甲苯逆向移动至离心分离机的外围。两相在离心分离机中既混合又分离，

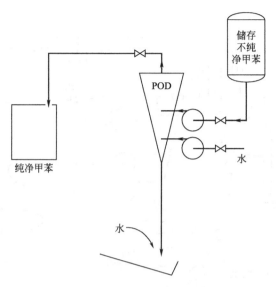

图 7-8　正式安全审查前的甲苯水洗过程

萃取在 190℉下完成。含杂质的甲苯由储罐输送至离心分离机。重液体（含杂质的水）被输送至废水处理单元，轻液体（纯净甲苯）收集在 55gal 的桶中。

对该过程进行正式安全审查。完整的安全审查报告如下。

1. 概述

（1）总结　图 7-9 所示为安全审查完成后改进的水洗过程。审查后所做的重要改进或额外的改造如下：

① 为所有的收集容器、储存桶和过程容器增加接地和连接；

② 惰性和净化所有的桶；

③ 在所有的桶上增加象鼻管，以提供通风；

④ 在所有的桶内准备浸没管，以预防由于溶剂的自由下落，导致的静电荷产生和积聚；

⑤ 增加防静电装置，并进行接地、连接、惰化和通风；

⑥ 为装料提供一个连接受污染的甲苯储罐的真空连接；

⑦ 在受污染甲苯的储罐上增加一个安全阀；

⑧ 在所有的流动出口处增加热交换器，将排出的溶剂冷却至其闪点以下（必须包括温度表，以确保操作正确）；

⑨ 提供废水收集桶收集所有的废水，这些废水可能会在不正常的情况下含有大量的甲苯。

在操作和紧急情况时，也做了一些额外的改造：

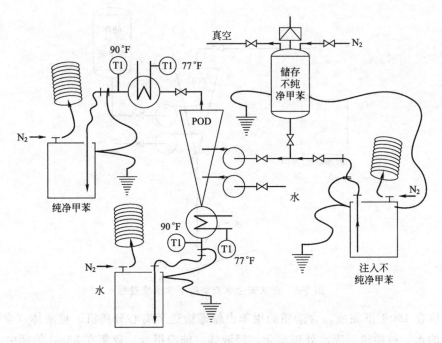

图 7-9　正式安全审查后的甲苯水洗过程

① 定期用比色管，检查房间中的空气，以确定是否有甲苯蒸气。

② 对溢出情况下的紧急程序做变动，包括：

a. 在溢出发生时进行报警；

b. 增大通风速率；

c. 关闭下水道隔离开关，以防止溶剂进入主要的下水道管线。

（2）过程描述　利用以下程序来清洗所提供的设备中的甲苯。

① 适量的溶液从溶液储存罐中转移至乳剂储罐中；

② 向溶液中加入水形成乳状液；

③ 加热乳状液至 190℉；

④ 乳状液在离心分离机（POD）中分离，产生含有可溶于水的混合物的蒸气，以及清洗过的溶剂的蒸气。

（3）化学反应和化学计量　未发生反应。至于所关注的化学计量，典型情况下，一份水加入一份溶剂中。向离心分离机中流动的溶剂的流率为 1L/min。

（4）工程数据　甲苯在 190℉下的蒸气压为 7.7psi。在离心分离器周围的系统操作压力为 40～50psi，泵能够提供 140psi 的压力。系统温度保持在 190～200℉之间。该温度下典型的黏度为 10cP（1cP＝0.001Pa·s，下同）。

2. 原料和产品

甲苯是最频繁使用的溶剂。甲苯在 231℉ 下沸腾，但其与水形成的共沸物在 183℉ 下沸腾。因为该温度低于系统的操作温度，因其可燃性和挥发性而存在着危险。另外，作为致畸剂，甲苯存在着特殊的问题。

为使危险最小化，需要采取以下的防范措施：

① 所有装有溶剂的容器都用氮气置换并接地；

②所有潜在的溶剂暴露点要距离用于通风的排放管道很近；

③所有产品的蒸气在排放或取样之前要进行冷却；

④利用比色取样管，来监测周围的空气。

该系统存在使用其他溶剂的可能性。每项安全审查都要根据需要来完成。

3. 设备安装

（1）设备描述（见图 7-10 和图 7-11）

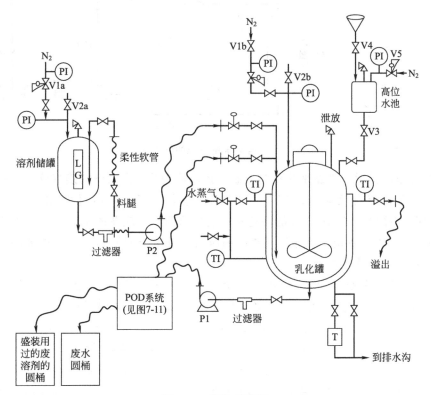

图 7-10 萃取系统[4]

① 乳化罐：乳化罐是由一个置于壳内的、搅拌的、50gal 的、带有玻璃衬里的、充装有氮气的反应器和减压阀组成。应用蒸汽加热乳化液。温度通过容

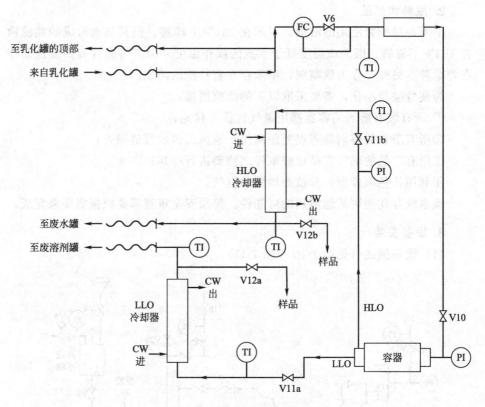

图 7-11　溶剂水洗系统的管道图[4]

器中的温度指示控制器来测量与控制。控制器调节通向器壁的蒸汽管线上的控制阀。乳化液自反应器底部至 POD 系统进行循环，并通过由 2hp（1hp＝735W，下同）、1745r/min 的马达驱动的泵返回至反应器的顶部。气流由该循环流入到 POD 系统。该循环回路中的压力通过位于返回到反应器顶部的管线上的背压控制器来控制。

② 溶剂系统：溶液储罐是一个 75gal 的不锈钢压力容器（70°F 下为112psi），具有完整的观察孔、氮气垫和减压阀。溶液从储罐底部经泵抽吸至乳化罐。泵为 Burks 涡轮泵，由 XP 设定的 3/4hp、3450r/min 的马达驱动。容器中的浸渍管用于消除液体静电，容器的接地和连接是可靠的。

③ POD 系统：POD 系统由 Baker-Perkins 模型 A-1 离心电流接触器（即POD 离心电流接触器）组成，采用不锈钢 316L 制造。各种速度的驱动器能够使该单元的转速达到 10000r/min。正常的操作速度为 8100r/min。

溶剂/水乳状液在其子系统中被加热，并流经质量流量计。乳化液被加入到 POD 中，在这里水与有机相分离开来，通过该接触和分离，杂质被提取到水相中。这导致了相对比较干净的溶液。

④ 溶液水洗系统：溶液水洗罐是一个接地的 55gal 的圆桶。象鼻管位于桶孔的上方，使桶与排气系统相通。加入到桶内的物质，被不锈钢热交换器由 POD 操作温度约 190℉冷却至 80～110℉。

⑤ 废水系统：废水罐也是一个接地的、55gal 的、与排气系统相通的圆桶。来自 POD 系统的重质液体（Heavy Liquid Out，HLO）蒸气在排放入该圆桶之前被不锈钢热交换器冷却。处理依赖于所使用的溶液、其在水中的溶解度和环境的制约。

（2）设备说明书

① 乳化系统

a. 反应器：50gal、玻璃衬里、置于壳内的反应器。

b. 操作压力：反应器，450℉下为 150psi；保护罩，130psi。

c. 安全阀：反应器，60psi；保护罩，125psi。

d. 搅拌器：涡轮，3.6hp，1750r/min，XP 设定的马达，各种速度驱动。

e. 循环泵：Viking 系列 HL124，2hp，1745r/min，XP 规定的马达。

f. 质量流量计：不锈钢 316L，0～80lb/min 质量流动范围，0.4％量程的精度，在非危险区域分别安装 XP 规定的电子单元。

② 溶剂系统

a. 储罐：75gal、不锈钢、设定压力为 ll2psi 的爆破片；

b. 泵：Burks 涡轮，型号 ET6MYSS，3/4hp，3450r/min，XP 规定的马达。

③ POD 系统

a. POD：Baker-Perkins 模型 A-1 离心电流接触器，316SS；最高温度 250℉；最高压力 250psig；最大速度 10000r/min；

b. 驱动器：可变速度的驱动马达，935～3950r/min，3hp，1745r/min 马达，XP 规定。

④ 溶剂水洗系统

a. 储罐：55gal 的圆桶；

b. 排出的轻质液体（Light Liquid Out，LLO）冷却器：美国标准，单向，SS，型号为 5160-03-024-001；最高温度 450℉；最高工作压力 225psig 壳程，150psig 管程。

⑤ 废水系统

a. 储罐：55gal 的圆桶；

b. HLO 冷却器：同 LLO 冷却器。

4. 程序

（1）正常的操作程序

① 氮气通过阀门 V1a 和阀门 V1b 对溶剂和乳化罐进行净化。

② 如果需要，溶剂和乳化罐与象鼻管连接，通过阀门 V2a 和阀门 V2b 通向排气系统。

③ 对溶剂储罐抽真空（15inHg）（1inHg＝3.3864kPa，下同），从适当的圆桶内抽取溶剂充装于储罐中。使用水平玻璃框来检测液位。定期用比色管来检查空气中的甲苯。

④ 中断抽真空，通过阀门 V1a 进行氮气填充。

⑤ 确信由高位水池到乳化罐的阀门 V3 是关闭的。

⑥ 通过阀门 V4 向位于乳化罐上方的高位水池中充装正确量的软化水。

⑦ 关闭阀门 V4，通过阀门 V5 对高位水池进行氮气填充。

⑧ 打开乳化罐搅拌器。

⑨ 将溶剂由溶剂储罐抽吸到乳化罐中：

a. 排列自溶剂储罐经泵 P2 至乳化罐顶部的阀门；

b. 启动泵 P2；

c. 当加入完成时停止泵并关闭阀门。

⑩ 打开阀门 V3，将高位水池中的水加入到乳化罐中。当加入完成时关闭阀门 V3。

⑪ 在乳化系统中建立循环：

a. 关闭质量流量计的输入蒸汽上的阀门 V6；

b. 排列自储罐底部到泵 P1，以及自返回管线到容器顶部的阀门；

c. 开启泵 P1；

d. 打开流向加料储罐的保护罩的蒸汽流；

e. 将乳化液的温度加热至 190℉。

⑫ 打开 LLO 冷却器和 HLO 冷却器的冷却水。

⑬ 排列自 POD 到冷却器，以及到它们各自的废物槽的 HLO 和 LLO 蒸汽上的阀门。

⑭ 打开阀门 V10 填充 POD。

⑮ 开启 POD 的马达并缓慢地提高到所需的转速。

⑯ 打开阀门 V6 使乳化液开始流动。

⑰ 调节流量，在流量计上得到所需的质量流动速度。

⑱ 通过分别调整阀门 V11a 和阀门 V11b，来控制 POD LLO 和 HLO 蒸汽上的背压。

⑲ 通过阀门 V12a 和阀门 V12b，分别得到 LLO 蒸汽和 HLO 蒸汽的样品。

⑳ 在运行完成后关闭 POD：

a. 关闭阀门 V6；

b. 减少 LLO 蒸汽的压力（阀门 V11a）以及缓慢减小回转轴速度；

c. 关闭 POD 马达；

d. 在回转轴停止运行后，关闭阀门 V10；

e. 关闭乳化系统；

f. 关闭蒸汽和冷却水。

（2）安全程序

① 该操作所特别关心的安全问题如下：

a. 所使用的溶剂是易挥发的和可燃的，使用温度超过其正常的环境沸点；

b. 原料都是热的（190℉或更高），能产生热灼伤；

c. 因为甲苯的潜在的健康危害，而存在着特殊的操作难题。

② 为减小与上述有关的风险，还具有以下特殊的程序：

可燃的溶剂：

a. 溶剂仅暴露于空气中，且具有足够的通风；

b. 仅当冷却时溶剂被转移进和转移出该系统；

c. 所有含有溶剂的过程容器采用 N_2 净化，并在氮气衬垫或垫板下保持；

d. 含有溶剂的蒸气仅通向排出管道，不排进有员工的区域；

e. 初始时缓慢地打开样品和产品的阀门以避免闪蒸；

f. 完成向圆桶或自圆桶的所有溶剂蒸气的转移，与所进行的连接和接地是正确一致的；

g. 所有设备都接地。

高温原料：

a. 避免同高温过程管线和容器接触，大多数管线都进行了绝热处理，以保护员工；

b. 当操作潜在的高温设备时要戴手套；

c. 定期检查蒸汽温度和冷却水的流量，以确保冷凝器工作正常。

健康危害（毒性等）：

a. 只能在温度较低和通风充分的条件下才能操作潜在的危险性原料；

b. 定期用比色管检查操作区域是否有泄漏现象；

c. 及时维修任何泄漏。

③ 紧急切断

a. 关闭溶剂储罐底部的阀门（如果阀门处于打开状态）；

b. 关闭溶剂泵 P2（如果该泵正在运转）；

c. 关闭乳化罐底部的阀门；

d. 关闭乳化泵 P1；

e. 关闭通往乳化罐夹套的蒸汽；

f. 关闭 POD 驱动系统。

④ 自动防故障程序

蒸汽失效：无负面影响。

冷却水失效：关闭系统。

a. 流到水洗溶剂桶的 LLO 将闪蒸并被吸入到排放系统；

b. HLO 到废弃的圆桶：一些溶剂可能闪蒸掉并被吸入排放系统。

电气失效：当单元趋于停止时，关闭 LLO 和 HLO 阀门，保护单元。

N₂ 失效：停止任何操作过程。

排气系统失效：关闭系统。

泵失效：关闭系统。

空气失效：所有的蒸汽控制阀失效关闭。所有的冷却水控制阀失效打开。

⑤ 溢出和释放过程　溶剂溢出：伴有如安全手册中概述的危险的溢出反应。

a. 声音报警：如果允许的话进行疏散（例如，大型的圆桶溢出或热溶剂的溢出）；

b. 处于高速状态下的排放系统；

c. 启动隔断阀；

d. 如果能够保证操作安全，可以隔离设备和引燃源，吸收或将溢出的液体围起来；

e. 允许蒸发过剩，采用爆炸性气体浓度测验仪器和比色管检测周围环境区域，不要进入爆炸性环境；

f. 在能够保证操作安全的情况下，将任何能够回收的物质集中收集，以便进行正确的处理；

g. 如果物质被清扫入下水道系统，应该同环境部门商议。

（3）废弃物处置程序　清洗过的溶剂收集在圆桶中进行处理。分析后，含水的蒸汽被直接输送到公众处理工厂（Publicly Owned Treatment Works，POTW）。对于倾倒和圆桶内的废物处理，还没有设置限制。如果正在使用的溶剂是受到控制的物质（如甲苯），HLO 桶的处理可能是唯一可接受的方法。

（4）清洁程序　对于少量的溢出，可以用吸收性物质进行吸收以及在桶内处理。根据需要，设备用热水或冷水进行清洗。

5. 安全检查表

（1）用氮气净化乳化罐，充装和建立氮气衬垫；

（2）用氮气净化溶剂储罐，充装和建立氮气衬垫；

（3）用氮气净化清洗后的溶剂储罐，建立氮气衬垫；

（4）检测两个冷凝器中的冷却水的流动情况；

（5）泄放系统可用；

（6）吸收物质和处理桶的可用性；

（7）密封手套、护目镜/面罩的可用性；

（8）比色管的危险溶剂吸入区域；

（9）空气管线的可用性；

（10）检查所有的桶是否正确地接地。

6. 化学品安全技术说明书

甲苯的安全技术说明书见表 7-11。

表 7-11　甲苯的安全技术说明书

常用化学物质名称	物理状态	气味	
甲苯	无色液体	芳香味、刺激性气味	
别名	分子量	气味临界值	CAS 编号
甲基苯	92.13	$(2\sim4)\times10^{-6}$	08-88-3
化学式	爆炸极限	蒸气压	PEL
C_7H_8	$1.27\%\sim7.0\%$	36.7mmHg(30℃)	100×10^{-6}（皮肤）

1. 中毒特性

眼睛：中度刺激作用。蒸气可能导致眼睛受到刺激。眼睛同液体接触可能导致角膜损坏和持续 48h 的结膜刺激。吸入可能会有刺激性并导致疲乏、头痛、中枢神经系统受到刺激，高浓度下处于昏迷状态。甲苯可通过皮肤吸入。皮肤重复或长时间接触会导致疼痛、脱脂和皮肤发炎。有时，慢性中毒可能会导致贫血、白细胞减少和肝脏变大。部分商业等级的甲苯含有少量的苯。苯是 OSHA 管制的物质。

2. 个体防护

建议使用护目镜、密封手套、防护服和鞋。对于日常的处理，化学过滤式呼吸器已经足够了。在高浓度下，建议采用空气呼吸器或设备齐全的呼吸仪器。

3. 急救

眼睛：用清水冲洗，就医。皮肤：用大量的水清洗。如果仍然感到刺激，进行药物处理。吸入：转移至新鲜空气处。如果需要进行人工呼吸，就医。食入：如果吞下，不要设法呕吐，立即就医。

4. 特殊的预防措施/需要考虑的事

该物质为可燃液体，闪点为 40°F，必须据此进行操作。在运输和储存期间，防止物理破坏。最好在室外储存或分开储存。与氧化类物质分开存放。

第五节　失效模式及影响分析

对图 7-1 所示的 DAP 反应工艺流程进行失效模式及影响分析（FMEA）研究，以分析对工厂人员的安全危害。根据 FMEA 表中记录的相关信息对反应系统的每个组成部分进行评估。磷酸溶液生产线控制阀 B 的 FMEA 表见表 7-12。

表 7-12　来自 DAP 流程示例的 FMEA 表的样页

日期： 工厂：DAP 工厂 系统：反应系统				页码： 参考：图 7-1 分析：		
项目 编号	名称	任务阶段 工作方式	失效模式	失效影响	已有措施	建议措施
4.1	磷酸溶液输送管道上的阀门 B	电动,通常是开启的	开启错误	(1)进入反应器的磷酸的流量过大 (2)如果氨溶液的进料速率也很大的话,反应器会出现高温、高压的情况 (3)可能会导致反应器或 DAP 储罐的液位过高 (4)不合格地生产(例:酸的浓度过高)	(1)在磷酸溶液的输送管线上安装流量指示装置 (2)反应器的安全阀通向大气 (3)操作人员加强对储罐的观察	(1)考虑安装高磷酸流量的报警和停车装置 (2)考虑安装反应器内的高温、高压的报警和停车装置 (3)考虑安装 DAP 内高液位的报警和停车装置
4.2	磷酸溶液输送管道上的阀门 B	电动,通常是开启的	关闭错误	(1)进入反应器的磷酸的流量为零 (2)氨溶液会被过量地携带到 DAP 的储罐中,并有氨气泄漏到封闭的工作环境中	(1)在磷酸溶液的输送管线上安装流量指示装置 (2)安装氨的探测和报警装置	(1)考虑安装低磷酸流量的报警和停车装置 (2)确保封闭工作区域有足够的通风或使用封闭的 DAP 储罐
4.3	磷酸溶液输送管道上的阀门 B	电动,通常是开启的	泄漏（外部）	少量的磷酸泄漏到密闭的工作环境中	(1)定期进行维护 (2)阀门应当适用于酸性环境	确保对这个阀门进行定期的维护和检查
4.4	磷酸溶液输送管道上的阀门 B	电动,通常是开启的	破裂	大量的磷酸泄漏到密闭的工作环境中	(1)定期进行维护 (2)阀门应当适用于酸性环境	确保对这个阀门进行定期的维护和检查

第六节　可能性分析

采用两个案例介绍可能性分析（PA）进行风险评估的流程和方法。

一、流量控制系统失效

化学反应器中，冷却盘管里的水流由图 7-12 所示的系统进行控制[4,5]。流量通过压差（DP）设备测量，控制器给出适当的控制策略后由控制阀调节冷却剂的流量。计算该系统的总失效概率、失效率、总可靠度和 MTBF。假设操作周期为 1 年。

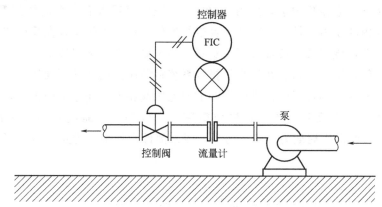

图 7-12　流量控制系统（控制系统的部件是串联在一起的）

这些工艺部件是串联在一起的，因此任意一个部件失效都会使整个系统失效。每个部件的可靠度和失效概率计算结果见表 7-13。

表 7-13　失效率数据

部件	失效率 μ/（次/年）	可靠度 $R(=e^{-\mu})$	失效概率 $P(=1-R)$
控制阀	0.60	0.55	0.45
控制器	0.29	0.75	0.25
DP 单元	1.41	0.24	0.76

部件是串联的，系统的总可靠度由下式计算。结果为：

$$R = \prod_{i=1}^{n} R_i = 0.55 \times 0.75 \times 0.24 = 0.10 \tag{7-1}$$

总失效概率由下式计算：

$$P = 1 - R = 1 - 0.10 = 0.90 \tag{7-2}$$

失效率由可靠度的定义计算：

$$0.10 = e^{-\mu} \tag{7-3}$$

$$\mu = -\ln 0.10 = 2.30 \text{(次/年)} \tag{7-4}$$

MTBF 计算：

$$\text{MTBF} = \frac{1}{\mu} = 0.43 \text{(年)} \tag{7-5}$$

预计该系统平均每 0.43 年失效一次。

二、反应器防护系统失效

某化学反应器防护系统见图 7-13[4,5]。该反应器含有一个高压报警系统，在反应器内的压力比较危险时会报警告知操作人员。报警系统在反应器内有一个压力开关，该开关连接报警灯指示器。为了更安全，又安装了一个高压反应器自动关闭系统。该系统在稍高于报警系统报警压力的情况下动作。系统含有一个压力开关，其与反应器进料管线上的电磁阀相连。在危险压力下，系统会自动停止反应物流动。计算总失效概率、失效率、可靠度和高压情况下的MTBF。假设操作周期为 1 年。另外，根据部件失效率，建立总失效概率的表达式。

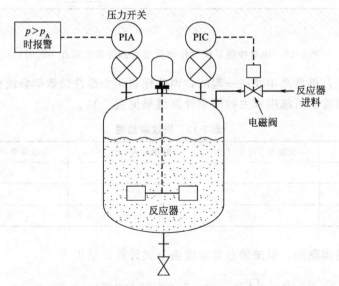

图 7-13　装有报警器和进料电磁阀的化学反应器（报警器与物料关闭系统并联）

失效率数据见表 7-14。每个部件的可靠度和失效概率可由公式计算。

表 7-14　失效率数据

部件	失效率 μ/(次/年)	可靠度 $R(=e^{-\mu})$	失效概率 $P(=1-R)$
压力开关 1	0.14	0.87	0.13
报警指示器	0.044	0.96	0.04
压力开关 2	0.14	0.87	0.13
电磁阀	0.42	0.66	0.34

当报警系统和关闭系统都失效时，反应器才会出现危险的高压情形。这两个系统是并联的。报警系统的部件之间是串联的，有：

$$R = \prod_{i=1}^{2} R_i = 0.87 \times 0.96 = 0.835 \tag{7-6}$$

$$P = 1 - R = 1 - 0.835 = 0.165 \tag{7-7}$$

$$\mu = -\ln R = -\ln 0.835 = 0.180（次/年） \tag{7-8}$$

$$\mathrm{MTBF} = \frac{1}{\mu} = 5.56（年） \tag{7-9}$$

关闭系统的部件之间也是串联的，有：

$$R = \prod_{i=1}^{2} R_i = 0.87 \times 0.66 = 0.574 \tag{7-10}$$

$$P = 1 - R = 1 - 0.574 = 0.426 \tag{7-11}$$

$$\mu = -\ln R = -\ln 0.574 = 0.555（次/年） \tag{7-12}$$

$$\mathrm{MTBF} = \frac{1}{\mu} = 1.80（年） \tag{7-13}$$

两个系统并联，可计算：

$$P = \prod_{i=1}^{2} P_i = 0.165 \times 0.426 = 0.070 \tag{7-14}$$

$$R = 1 - P = 0.930 \tag{7-15}$$

$$\mu = -\ln R = -\ln 0.930 = 0.073（次/年） \tag{7-16}$$

$$\mathrm{MTBF} = \frac{1}{\mu} = 13.7（年） \tag{7-17}$$

单独使用报警系统时，预计每 5.56 年失效一次。类似的，仅使用高压关闭系统的反应器，预计每 1.80 年失效一次。然而两个系统并联后，MTBF 大大提高，预计每 13.7 年失效一次。

总失效概率为：

$$P = P(A)P(S) \tag{7-18}$$

式中，$P(A)$ 为报警系统的失效概率；$P(S)$ 为关闭系统的失效概率；可选择直接来计算。对于报警系统，有：

$$P(A) = P_1 + P_2 - P_1 P_2 \tag{7-19}$$

对于关闭系统，有：

$$P(S) = P_3 + P_4 - P_3 P_4 \tag{7-20}$$

因此，总失效概率为：

$$P = P(A)P(S) = (P_1 + P_2 - P_1 P_2)(P_3 + P_4 - P_3 P_4) \tag{7-21}$$

将数据代入，得到：

$$P = 0.165 \times 0.426 = 0.070 \tag{7-22}$$

与前边的答案是一致的。

如果假设 $P_1 P_2$ 和 $P_3 P_4$ 很小，则有：

$$P(A) = P_1 + P_2 \tag{7-23}$$

$$P(S) = P_3 + P_4 \tag{7-24}$$

$$P = P(A)P(S) = (P_1 + P_2)(P_3 + P_4) = 0.08 \tag{7-25}$$

该答案与前边的答案相差 14.3%。由于该例题中部件的失效概率不是特别小，因此不能假设忽略乘积项。

进一步计算案例 2 中报警和关闭系统的可用性和不可用性。假设维修检查每个月进行一次，维修停工周期可以忽略。

两个系统都属于非显性失效。对于报警系统，失效率 $\mu = 0.180$ 次/年，检查周期为 0.083 年。

不可用性计算：

$$U = 0.5 \mu \tau_i = 0.5 \times 0.180 \times 0.083 = 0.0075 \tag{7-26}$$

$$A = 1 - U = 0.9925 \tag{7-27}$$

报警系统在 99.25% 的时间里是可用的。对于关闭系统，$\mu = 0.555$ 次/年，因此：

$$U = 0.5 \mu \tau_i = 0.5 \times 0.555 \times 0.083 = 0.023 \tag{7-28}$$

$$A = 1 - U = 0.977 \tag{7-29}$$

关闭系统在 97.7% 的时间里是可用的。

对于案例 2 中的反应器，预计每 14 个月出现一次高压事件。计算使高压偏移与紧急关闭设备失效的 MTBC。假设每个月进行一次维修检查。

过程事件发生频率为：

$$\lambda = \frac{1}{14/12} = 0.857 (\text{次/年}) \tag{7-30}$$

不可用性为：

$$U=0.5\mu\tau_i=0.5\times0.555\times0.083=0.023 \qquad (7\text{-}31)$$

危险事件的平均发生概率为：

$$\lambda_d=\lambda U=0.857\times0.023=0.020 \qquad (7\text{-}32)$$

MTBC 为：

$$\mathrm{MTBC}=\frac{1}{\lambda_d}=\frac{1}{0.020}=50(\text{年}) \qquad (7\text{-}33)$$

预计高压事件与紧急关闭设施失效重合的情况为每 50 年 1 次。

如果检查间隔时间为 τ_i 减半，那么 $U=0.0115$，$\lambda_d=0.010$，得到 MTBC 为 100 年，这是一个显著的提升，也表明正确和及时的维修计划的重要性。

第七节　事件树分析

考虑图 7-14 所示的化学反应器系统[4,5]。该反应是放热过程，为此在反应器的夹套内通入冷冻盐水以移走热量。在反应器上安装有温度测量控制系统，并且与冷冻盐水入口阀门联锁，根据温度控制冷冻盐水的流量。为安全起见，安装了高温报警器，以便当反应器内出现高温时向操作人员报警。

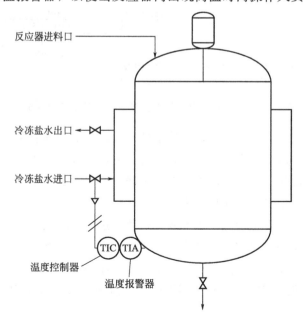

图 7-14　具有反应高温报警和温度控制器的反应器

现以冷冻盐水流量减少作为初始事件进行事件树分析。如图 7-15 所示，确认出四种具有安全功能的元件。这些元件写在了事件树表单的上部。第一个安全功能元件是高温报警器。第二个是在正常检查期间操作员注意较高的反应器温度。第三个是操作者通过及时地纠正问题，恢复冷冻盐水的流量。最后是操作者对反应器进行紧急关闭。

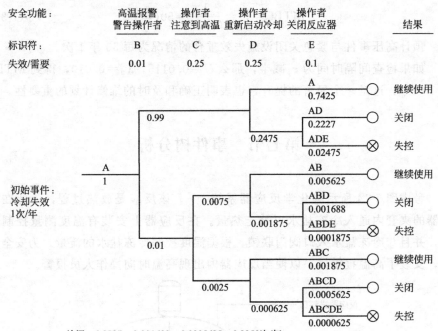

关闭 = 0.2227 + 0.001688 + 0.0005625 = 0.2250次/年
失控 = 0.02475 + 0.0001875 + 0.0000625 = 0.02500次/年

图 7-15 反应器的冷冻盐水流量减少事故的事件树分析

事件树从左向右写。首先将初始事件写在纸张的中间靠左边的位置上。从初始事件开始，向第一个安全功能划直线。在该点处安全功能可能成功，也可能失效。根据惯例，成功的操作向上划直线，而失败的操作向下划直线。从这两种状态向下一个安全功能划水平线。

如果没有应用安全功能，水平线将延续穿过安全功能，没有任何分支。对于该过程，上面的分支继续穿过第二个功能，操作者注意到高温。如果高温报警器工作正确，操作者就能意识到高温情况。序列描述和后果将在事件树的右边做简要的说明。空白的圆，表明了安全情况；圆里面划叉，代表不安全情况。

序列描述栏中的文字符号对于确定详细的事件是有用的。字母表示了安全系统失效的顺序。初始事件通常被包括进来，并作为符号中的首字母。研究中对于以不同的初始事件绘制的事件树，使用不同的字母。对于这里的例子，字母顺序 ADE 代表初始事件 A，接下来是安全功能 D 和 E 的失效。

如果可以得到有关安全功能的失效速率和初始事件的发生率的数据的话，可以定量地使用事件树。对于该过程，假设冷却失效这一事件每年发生一次。首先假设硬件安全功能在需要它们的时间中，有 1% 的时间是处于故障状态的。失效率为 0.01 失效/需要。同时也假设操作人员每 4 次就能发现 3 次反应器处于高温，以及操作者每 4 次能 3 次成功地重新恢复冷却液的流量。这两种情况都说明失效率为每 4 次中失效 1 次，即 0.25 失效/需要。最后，估计操作者每 10 次有 9 次能成功地关闭系统，失效率为 0.1 失效/需要。

安全功能的失效率写在标题栏的下方。初始事件的发生频率写在源自初始事件的直线下方。

每一个连接处所完成的计算顺序如图 7-15 所示。此外，按照惯例，上面的分支代表成功的安全功能，下面的分支代表失效。与下面的分支相联系的频率，通过将安全功能的失效率与进入该分支的频率相乘计算得到。与上面的分支相联系的频率，通过从 1 中减去安全功能的失效率计算（假设给出了安全功能的成功率），然后与进入分支的频率相乘。

与图 7-15 所示的事件树相联系的净频率，是不安全状态频率的总和（圆圈状态和内部有叉的圆圈的状态）。对于该过程，净频率估计为 0.025 次/年（ADE、ABDE 和 ABCDE 失效的总和）。

该事件树分析表明，危险的失控反应平均将会每年发生 0.025 次，或每 40 年发生 1 次。这被认为是十分严重的。一种可能的解决办法是增加一个高温反应器关闭系统。在反应器温度超过某一固定值时，该控制系统将自动关闭反应器。紧急关闭温度要比报警值高，以便给操作者提供恢复冷却液流量的机会。

过程修改后的事件树如图 7-16 所示。额外的安全功能在高温报警器失效，或操作者没能注意到高温的情况下提供支援。现在失控反应的发生频率估计为每年 0.00025 次，或每 400 年发生 1 次。通过增加一个简单的冗余的关闭系统，安全性就能得到显著提高。

事件树对提供可能的失效模式的情形是有效的。如果能得到定量化的数据，就能进行失效率的估算。这已成功地用于为提高安全性而对设计进行修改之中。困难之处在于，对于大多数真实的过程，这种方法可能会非常复杂，导致事件树很巨大。如果试图进行概率计算，那么，对于事件树中的每个安全功能都必须具有可以得到的数据。

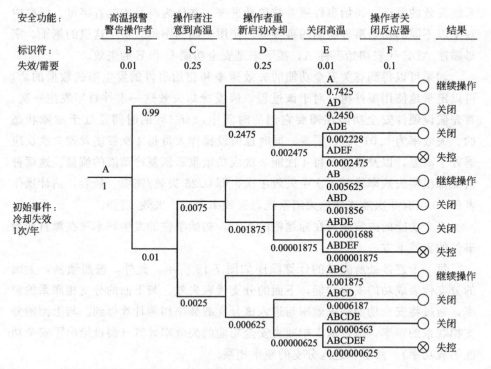

关闭 = 0.2450 + 0.001856 + 0.00001688 + 0.0006187 = 0.2475次/年
失控 = 0.0002475 + 0.000001875 + 0.000000625 = 0.0002500次/年

图 7-16　包括高温关闭系统的事件树分析

　　事件树以特定的失效开始，以一系列的后果结束。如果工程师对于某一结果感兴趣，那么，并不能确定对于所选择的失效，就能得到其所感兴趣的结果。这也许就是事件树的主要不足之处。

第八节　故障树分析

　　以一个反应系统（图 7-17）为例来说明故障树分析[1]。该系统由一个工艺反应器组成，该工艺过程对温度非常敏感。该系统配有用于紧急冷却的水喷淋系统，以防止失控反应。为了防止在温度升高时发生失控反应，必须切断进入反应器的工艺物料，或者必须启动喷淋系统。反应器温度由一个传感器（TI）监控，当检测到温度升高时，通过打开喷淋供水阀门自动启动喷淋系统。同时，TI 传感器在控制室发出警报，提醒操作人员温度升高。当警报响起时，操作人员按下进料阀门关闭按钮，关闭进料阀门，停止向反应器进料。

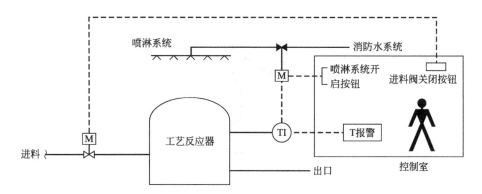

图 7-17　故障树示例的紧急冷却系统原理图

如果控制室内的喷淋系统没有被传感器 TI 激活，操作人员还可以按下控制室内的喷淋系统启动按钮。如果进料阀门关闭或喷淋系统启动，就可以避免由于反应失控导致的系统损坏。

故障树分析的第一步就是定义问题。对于这个例子，问题定义如下：

顶事件——反应釜由于工艺温度过高而损坏；

存在的事件——高温；

不允许的事件——电力故障、按钮故障和线路故障；

物理范围——不考虑反应器上游或下游的工艺组件；

设备结构——进口阀门开启，消防给水阀门关闭；

分析程度——图示中的设备。

该问题定义完整地描述了故障树中要分析的系统和条件。

故障树的构建从顶事件开始，逐层进行，直到所有故障都被追溯到其基本原因为止。要开始故障树，首先确定顶事件的直接、必要和充分原因，并确定定义这些原因与顶事件之间关系的逻辑门。从示例系统描述中，考虑到反应器内存在高温，确定发生顶事件的两个必要条件：

（1）喷淋系统没有正常工作；

（2）反应器的进口阀门保持开启；

由于这两个事件必须同时存在才能产生顶事件，因此顶事件的发展需要一个与逻辑门。反应器内部存在的高温状态如图 7-18 所示，为房型事件。

每一个故障事件都是由确定其直接的、必要的和充分的原因发展起来的。对于事件"喷淋系统没有正常工作"有两个可能原因：消防给水中断、喷淋系统阀门未打开。由于这两种原因中的任何一个都会导致没有水流，所以它们被添加到带有 OR 逻辑门的故障树中，见图 7-19。

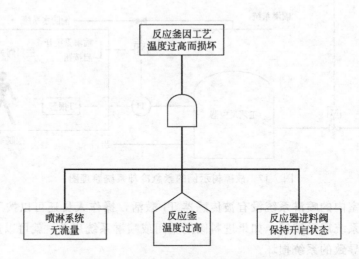

图 7-18　紧急冷却系统示例的顶事件

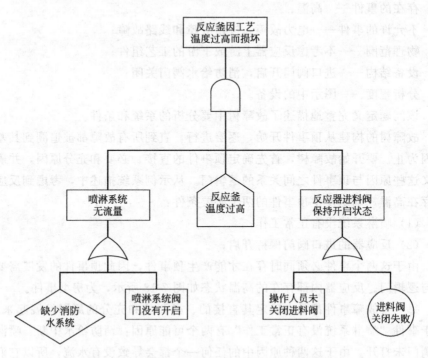

图 7-19　紧急冷却系统示例的两个最初中间事件

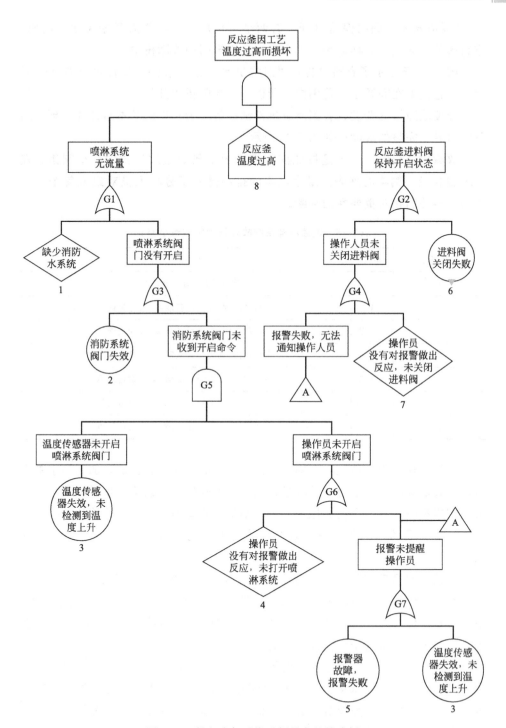

图 7-20　紧急冷却系统示例的完整故障树

"反应器入口阀门保持打开"有两个可能原因：操作人员未关闭进料阀、进料阀关闭失败，同样被添加到带有 OR 逻辑门的故障树中。

图 7-19 还显示了省略事件："消防供水中断"事件。事件可能有几个原因，但它们不在问题定义范围内，所以不在故障树中开发。

继续故障树的开发，直到所有事件都被解决为它们的基本事件或直到达到系统边界。完整的故障树如图 7-20 所示。

故障树分析的下一步是按照前面描述的步骤确定故障树的最小割集。表 7-15 包含最小割集的列表。最小割集的排序是基于分析人员对组成每个最小割集的事件的相对重要性的判断。

表 7-15　紧急冷却系统故障树示例的最小割集

最小割集序号	事件	事件类型
1	8,3	启动原因,动力设备故障
2	8,1,7	启动原因,动力设备故障,人为失误
3	8,2,7	启动原因,动力设备故障,人为失误
4	8,1,5	启动原因,动力设备故障,动力设备故障
5	8,1,6	启动原因,动力设备故障,动力设备故障
6	8,2,5	启动原因,动力设备故障,动力设备故障
7	8,2,6	启动原因,动力设备故障,动力设备故障

如果故障树顶事件是一个损失事件，并且故障树构造正确，那么最小割集可以与其他危险评估过程中的场景以相同的方式使用，以确定场景频率。每个最小割集都应该有一个初始原因。最小割集中的其他事件是预防性防护措施的失败，或者是其他条件。总体场景频率是初始原因频率乘以所有其他事件概率。

初始原因是反应釜因工艺温度过高而损坏（通常会进一步发展），其他的事件都是与保护系统故障相关的基本事件或未发展的事件。第一个最小割集，事件 8 和事件 3，是"反应釜温度过高"和"温度传感器失效，未检测到温度上升"的组合。这两个事件加在一起足以导致第一事件，这是一个会产生相关影响的损失事件。这个最小割集的场景频率将是"反应釜温度过高"事件的频率乘以"温度传感器失效，未能检测到温度上升"的 PFD。反应釜损坏后果的严重程度需要与故障树分析分开评估，并与这个最小割集频率相结合，以获得整个场景的风险估计。

第九节 保护层分析

使用正己烷储罐打料工艺（图 7-3 所示）来说明保护层分析（LOPA）评估方法。

1. 评估后果和严重度

采用前期进行的 HAZOP 分析作为场景信息来源。正己烷储罐 T-301 的 HAZOP 分析结果见表 7-9。根据后果分级，筛选需要进行 LOPA 分析的场景。本案例中正己烷储罐溢流的后果分级较高，作为 LOPA 分析的场景。

假设正己烷的总溢出量为 40000lb，本案例采用两种方法评估后果。

（1）不直接涉及人员损伤的半定量方法（第四章第四节方法 1），参见表 4-3，温度在沸点以下，40000lb 易燃液体的泄漏后果等级属于第 4 级。

（2）条件修正的定性评估人员损伤方法（第四章第四节方法 3），泄漏 40000lb 正己烷可能导致较大范围的池火。由于正己烷的低挥发性，易燃气云预计不会超出液池。此外正己烷工艺温度在闪点以下，发生闪火不太可能。火灾将使附近的人员受到伤害，包括防火堤以外的区域。这一定性的中间后果将综合点火概率、人员在场概率和人员受到伤害的概率。

2. 筛选事故场景

防火堤作为独立保护层存在，有一定的失效概率，可能导致溢出物流出防火堤。因此开发两个事故场景：

场景 a：正己烷储罐溢流，溢流物未被防火堤包容；
场景 b：正己烷储罐溢流，溢流物被防火堤包容。

3. 确定初始事件的频率

对于场景 a 和 b，初始事件均为库存量控制系统失效，槽车到达后向空间不足的储罐泄料。这可能是由于错误采购，或槽车采购后储罐后续单元切断错误。根据来自现场的操作数据，危害评估小组估计初始事件的频率为 $f_{a/b}^{\mathrm{I}} = 1$ 次/年。

当采用条件修正的定性评估人员损伤方法时，需要对初始事件的频率进行修正。

场景 a：

$$f_a^{\mathrm{fire\text{-}injury}} = f_a^{\mathrm{I}} P_{\mathrm{ig,a}} P_{\mathrm{ex,a}} P_{\mathrm{d,a}} = (1\ \text{次/年}) \times 1 \times 0.5 \times 0.5 = 0.25\ \text{次/年}$$

(7-34)

场景 b：

$$f_b^{\text{fire-injury}} = f_a^{\text{I}} P_{\text{ig,b}} P_{\text{ex,b}} P_{\text{d,b}} = (1\ \text{次/年}) \times 0.1 \times 0.1 \times 0.5 = 5 \times 10^{-3}\text{次/年}$$

$$(7\text{-}35)$$

4. 识别独立保护层

对于场景 a，IPL 包括：

（1）操作人员在卸载之前检查储罐 BPCS 的 LIC 显示的液位，以确保储罐有足够空间容纳槽车内的物料，但是不包括其他任务。操作人员检查储罐液位的程序是独立保护层，因为它符合了以下标准：

① 有效性。如果这种检查能正确地执行，可正确地读到液位，如果检测到高液位，操作人员不会进行卸载活动，则溢流将不会发生。

② 独立性。它独立于其他任何行动、操作人员行动或初始时间，因为失效发生在库存订购系统中。

③ 可审查性。仪表和操作人员的执行状况可以被观察、测试和记录。

该独立保护层包括 BPCS 液位测量和显示回路，以及操作人员执行的行动。操作人员没有其他的液位指示。人员响应 BPCS 回路的 PFD 为 1×10^{-1}，因为这个任务很容易执行，而且没有时间限制。

（2）防火堤能够防止溢流物流出防火堤的后果，因此防火堤是独立保护层。防火堤 PFD 为 1×10^{-2}。

因此场景 2a，所有合适的独立保护层总的 $\text{PFD} = 1 \times 10^{-2} \times 1 \times 10^{-1} = 1 \times 10^{-3}$，它表征了后果发生前独立保护层的失效大小。

（3）不是独立保护层的防护措施，BPCS 液位控制回路检测到高液位并报警。它并不独立于第一种防护措施（操作人员在卸载之前执行储罐 BPCS 的 LIC 液位检查），因为它与第一种防护措施使用同样的液位指示传感器和 BPCS 逻辑解算器。人员行动不是对 BPCS 报警的响应，不是该场景的独立保护层。缓冲罐上的安全阀无法防止缓冲罐发生溢流，因此，也不是 IPL。

对于场景 b，IPL 只有场景 a 的（1），场景 a 的（2）和（3）都不是 IPL，因为泄漏发生在防火堤内。

5. 场景频率计算

场景 a：

（1）不直接涉及人员损伤的半定量方法

$$f_a^{\text{C}} = f_a^{\text{I}} \times \text{PFD}_{\text{人员检查}} \times \text{PFD}_{\text{防火堤}} = 1 \times (1 \times 10^{-1}) \times (1 \times 10^{-2}) = 1 \times 10^{-3}$$

$$(7\text{-}36)$$

（2）条件修正的定性评估人员损伤方法

$$f_{\mathrm{a}}^{\mathrm{C}}=f_{\mathrm{a}}^{\text{fire-injury}}\times\mathrm{PFD}_{人员检查}\times\mathrm{PFD}_{防火堤}=0.25\times(1\times10^{-1})\times(1\times10^{-2})=2.5\times10^{-4}$$

$$(7\text{-}37)$$

场景 b：

（1）不直接涉及人员损伤的半定量方法　库存量控制系统失效导致储罐溢流，溢流物被防火堤包容，这种方法不考虑泄漏物被防火堤包容的事件后果。

（2）条件修正的定性评估人员损伤方法

$$f_{\mathrm{b}}^{\mathrm{C}}=f_{\mathrm{b}}^{\text{fire-injury}}\times\mathrm{PFD}_{人员检查}\times\mathrm{PFD}_{防火堤}=(5\times10^{-3})\times(1\times10^{-1})=5\times10^{-4}$$

$$(7\text{-}38)$$

6. 风险评估和决策

风险评估和决策采用了对比计算风险与场景风险容许标准的 3 种方法。

（1）矩阵方法

场景 a：库存量控制系统失效导致储罐溢流，溢流物未被防火堤包容。溢出物接着被点燃。温度在沸点以下的可燃液体 400001b 泄漏的后果等级为 4 级。发生的频率为 1×10^{-3} 次/年。根据后果等级 4 和频率 1×10^{-3} 次/年，查询表 4-10，风险等级为中，可选择采取行动。

分析小组开发了一些可以降低风险的备选方案，并决定安装一个独立的 SIF，其 PFD 为 1×10^{-2}，用于检测和阻止场景 a 的溢流。选择 SIF 是基于风险消减、可行性和成本的考虑。对于场景 a，SIF 将泄漏事件的频率从 1×10^{-3} 次/年降低到 1×10^{-5} 次/年，对于后果等级 4，风险等级降为低，不需要采取行动。

场景 b：库存量控制系统失效导致储罐溢流，溢流物被防火堤包容，这种方法不考虑泄漏物被防火堤包容的事件后果，不需要采取行动。

（2）数值标准

场景 a：库存量控制系统失效导致储罐溢流，溢流物未被防火堤包容，溢出物接着被点燃。该场景导致人员受伤或死亡的频率为 2.5×10^{-4} 次/年。

场景 b：库存量控制系统失效导致储罐溢流，溢流物被防火堤包容。该场景导致人员受伤或死亡的频率为 5×10^{-4} 次/年。

假设公司人员受伤或死亡的最大容许标准为 1×10^{-5} 次/年。将 2 个场景的已有风险和风险标准进行对比，2 个场景均不满足人员受伤或死亡风险容许标准。因此，对 2 个场景均要求增加减缓措施。分别增加一个 PFD 为 1×10^{-2} 的 IPL。可以采用一个 PFD 为 1×10^{-2} 的 SIF 设计。

（3）IPL 信用数

场景 a：库存量控制系统失效导致储罐溢流，溢流物未被防火堤包容，溢出物接着被点燃。这个场景初始事件频率（1次/年）乘以修正因子产生最终的修正后的初始事件频率为 2×10^{-1} 次/年。

场景 b：库存量控制系统失效导致储罐溢流，溢流物被防火堤包容，溢出物接着被点燃。这个场景初始事件频率（1次/年）乘以修正因子产生最终的修正后的初始事件频率为 5×10^{-3} 次/年。

对比修正后的初始事件频率与表4-12，场景a需要2个IPL信用数，场景b需要1.5个IPL信用数。场景a已有的独立保护层，防火堤和操作程序，为1.5个IPL信用数，场景b的操作程序，为0.5个IPL信用数。因此，场景a还需要0.5个IPL信用数，场景b还需要1个IPL信用数。考虑所有这些因素，分析小组建议对场景a和场景b安装一个PFD为 1×10^{-2} 的SIF。

本案例的LOPA总结表清单见表7-16。不同后果分级方法和风险评估方法的LOPA分析表见表7-17～表7-22。

表 7-16　案例 LOPA 总结表清单

序号	案例	后果分级方法	风险评估方法
表 7-17	a	不直接涉及人员损伤的半定量方法(方法1)	风险矩阵
表 7-18	b	不直接涉及人员损伤的半定量方法(方法1)	风险矩阵
表 7-19	a	条件修正的定性评估人员损伤方法(方法3)	数值标准
表 7-20	b	条件修正的定性评估人员损伤方法(方法3)	数值标准
表 7-21	a	条件修正的定性评估人员损伤方法(方法3)	IPL信用数
表 7-22	b	条件修正的定性评估人员损伤方法(方法3)	IPL信用数

表 7-17　案例 a 总结表：风险矩阵评估方法

场景编号:a	设备编号:	场景:正己烷储罐溢流,溢流物未被防火堤包容	
日期:	描述	概率	频率/(次/年)
后果描述/等级	泄漏正己烷(1000～10000lb),由于溢流和防火堤失效,正己烷流出防火堤 后果等级4		
风险容许标准(等级或频率)	要求采取行动		$>1\times10^{-3}$
	容许		$<1\times10^{-5}$
初始事件(典型频率)	由于库存量控制系统失效,导致槽车向空间不足的储罐卸载,频率基于工厂数据		1

续表

日期：	描述	概率	频率/(次/年)
触发事件或条件		N/A	
条件修正(如果适用)	点火概率	N/A	
	人在影响区内的概率	N/A	
	致死概率	N/A	
	其他	N/A	
减缓前的后果频率			1
独立保护层	卸载前,操作者检查液位(已有)(PFD来自表 4-9)	1×10^{-1}	
	围堤(PFD来自表 4-9)	1×10^{-2}	
	SIF(将要增加,见采取的行动)	1×10^{-2}	
防护措施(非 IPL)	BPCS 液位控制和报警不是 IPL,因为它是 BPCS 系统的一部分,该 BPCS 已作为液位指示,提供给操作者		
所有 IPL 总的 PFD		1×10^{-5}	
减缓后的后果频率			1×10^{-5}
是否满足风险容许标准(是/否):是,通过增加 SIF			
满足风险容许标准所要求采取的行动	增加一个 PFD 为 1×10^{-2} 的 SIF; 负责小组或人员: 检查液位的程序作为维护重点,并作为一个关键行动; 维护防火堤作为一个 IPL(检测、维护等)		
备注	人员行动 PFD 为 1×10^{-1},因为 BPCS 液位指示器是这种 IPL 的一部分; 增加行动到行动跟踪数据库		
参考资料(相关的 PHA,PFD,P&ID 等):			
LOPA 分析小组成员:			

表 7-18 案例 b 总结表:风险矩阵评估方法

场景编号:b	设备编号:		场景:正已烷储罐溢流,溢流物被防火堤包容
日期：	描述	概率	频率/(次/年)
后果描述/等级	储罐溢流,正已烷溢流物在防火堤内。对于防火堤内的溢流,没有点火以及导致破坏或生产损失的可能 无感兴趣的后果		
风险容许标准(等级或频率)	要求采取行动		N/A
	容许		N/A

续表

日期：	描述	概率	频率/(次/年)
初始事件(典型频率)	由于库存量控制系统失效,导致槽车向空间不足的储罐卸载,频率基于工厂数据		1
触发事件或条件	N/A		
条件修正(如果适用)	点火概率	N/A	
	人在影响区内的概率	N/A	
	致死概率	N/A	
	其他	N/A	
减缓前的后果频率			N/A
独立保护层		N/A	
防护措施(非 IPL)			
所有 IPL 总的 PFD		N/A	
减缓后的后果频率			N/A
是否满足风险容许标准(是/否):N/A			
满足风险容许标准所要求采取的行动	没有,对于这种方法,这个场景没有感兴趣的后果见以下备注		
备注	对于这种场景,"没有感兴趣的后果"等级取决于组织接受了防火堤内释放。其他的组织可能不能接受这种风险,经验可能表明这种风险应安装较低成本的额外 IPL 来减缓风险		
参考资料(相关的 PHA,PFD,P&ID 等):			
LOPA 分析小组成员:			

表 7-19　案例 a 总结表：数值标准评估方法

场景编号:a	设备编号:	场景:正己烷储罐溢流,溢流物未被防火堤包容	
日期：	描述	概率	频率/(次/年)
后果描述/等级	由于储罐溢流和防火堤失效,导致泄漏的正己烷流出防火堤,存在点火和致死的可能		
风险容许标准(等级或频率)	人员受伤或死亡的最大容许风险		$<1\times10^{-5}$
初始事件(典型频率)	由于库存量控制系统失效,导致槽车向空间不足的储罐卸载。频率基于工厂数据		1
触发事件或条件		N/A	

续表

日期:	描述	概率	频率/(次/年)
条件修正(如果适用)	点火概率	1	
	人在影响区内的概率	0.5	
	致死概率	0.5	
	其他	N/A	
减缓前的后果频率			0.25
独立保护层	卸载前,操作者检查液位(已有)(PFD来自表4-9)	1×10^{-1}	
	围堤(PFD来自表4-9)	1×10^{-2}	
	SIF(将要增加,见采取的行动)	1×10^{-2}	
防护措施(非IPL)	BPCS液位控制和报警不是IPL,因为它是BPCS系统的一部分,该BPCS已作为液位指示,提供给操作者		
所有IPL总的PFD		1×10^{-5}	
减缓后的后果频率			2.5×10^{-6}
是否满足风险容许标准(是/否):是,通过增加SIF			
满足风险容许标准所要求采取的行动	增加一个PFD为1×10^{-2}的SIF;负责小组或人员:检查液位的程序作为维护重点,并作为一个关键行动;维护防火堤作为一个IPL(检测、维护等)		
备注	人员行动PFD为1×10^{-1},因为BPCS液位指示器是这种IPL的一部分;增加行动到行动跟踪数据库		
参考资料(相关的PHA,PFD,P&ID等):			
LOPA分析小组成员:			

表 7-20 案例 b 总结表:数值标准评估方法

场景编号:b	设备编号:	场景:正己烷储罐溢流,溢流物被防火堤包容	
日期:	描述	概率	频率/(次/年)
后果描述/等级	由于储罐溢流,导致泄漏的正己烷,其在防火堤内,存在点火和致死的可能		
风险容许标准(等级或频率)	人员受伤或死亡的最大容许风险		$<1 \times 10^{-5}$
初始事件(典型频率)	由于库存量控制系统失效,导致槽车向空间不足的储罐卸载,频率基于工厂数据		1
触发事件或条件		N/A	

续表

日期:	描述	概率	频率/(次/年)
条件修正(如果适用)	点火概率	0.1	
	人在影响区内的概率	0.1	
	致死概率	0.5	
	其他	N/A	
减缓前的后果频率			5×10^{-3}
独立保护层	卸载前,操作者检查液位(已有)(PFD来自表4-9)	1×10^{-1}	
	SIF(将要增加,见采取的行动)	1×10^{-2}	
防护措施(非IPL)	BPCS液位控制和报警不是IPL,因为它是BPCS系统的一部分,该BPCS已作为液位指示,提供给操作者		
所有IPL总的PFD		1×10^{-3}	
减缓后的后果频率			5×10^{-6}
是否满足风险容许标准(是/否):是,通过增加SIF			
满足风险容许标准所要求采取的行动	增加一个PFD为1×10^{-2}的SIF; 负责小组或人员: 检查液位的程序作为维护重点,并作为一个关键行动		
备注	人员行动PFD为1×10^{-1},因为BPCS液位指示器是这种IPL的一部分;增加行动到行动跟踪数据库		
参考资料(相关的PHA,PFD,P&ID等):			
LOPA分析小组成员:			

表7-21 案例a总结表:IPL信用数评估方法

场景编号:a	设备编号:	场景:正己烷储罐溢流,溢流物未被防火堤包容	
日期:	描述	概率	频率/(次/年)
后果描述/等级	由于储罐溢流和防火堤失效,导致泄漏的正己烷流出防火堤,存在点火和致死的可能		
风险容许标准(等级或频率)	人员受伤或死亡的最大容许风险		$<1\times10^{-5}$
初始事件(典型频率)	由于库存量控制系统失效,导致槽车向空间不足的储罐卸载,频率基于工厂数据		1
触发事件或条件		N/A	

续表

日期：	描述	概率	频率/(次/年)
条件修正（如果适用）	点火概率	1	
	人在影响区内的概率	0.5	
	致死概率	0.5	
	其他	N/A	
减缓前的后果频率			0.25
独立保护层	卸载前,操作者检查液位(已有)(PFD 来自表 4-9)	1×10^{-1}	
	围堤(已有)(PFD 来自表 4-9)	1×10^{-2}	
	SIF(将要增加到场景 b)	1×10^{-2}	
防护措施(非 IPL)	BPCS 液位控制和报警不是 IPL,因为它是 BPCS 系统的一部分,该 BPCS 已作为液位指示,提供给操作者		
所有 IPL 总的 PFD		1×10^{-5}	
减缓后的后果频率			2.5×10^{-6}
是否满足风险容许标准(是/否)：是,通过增加 SIF			
满足风险容许标准所要求采取的行动	增加一个 PFD 为 1×10^{-2} 的 SIF; 负责小组或人员: 检查液位的程序作为维护重点,并作为一个关键行动; 维护防火堤作为一个 IPL(检测、维护等)		
备注	人员行动 PFD 为 1×10^{-1},因为 BPCS 液位指示器是这种 IPL 的一部分。增加行动到行动跟踪数据库 因为减缓前后果频率 $>1 \times 10^{-2}$,需要 2 个 IPL 信用数(安装 PFD 至少为 1×10^{-4} 的 IPL) 因为已经有 1×10^{-3} PFD,只需要安装 1×10^{-1} PFD 的 IPL,但是这个系统场景 b 确定了 SIF 的设计,它需要一个 1×10^{-2} PFD		
参考资料(相关的 PHA,PFD,P&ID 等)：			
LOPA 分析小组成员：			

表 7-22 案例 b 总结表：IPL 信用数评估方法

场景编号:b	设备编号：	场景:正己烷储罐溢流,溢流物被防火堤包容	
日期：	描述	概率	频率/(次/年)
后果描述/等级	储罐溢流,导致泄漏的正己烷,其在防火堤内,存在点火和致死的可能		
风险容许标准(等级或频率)	人员受伤或死亡的最大容许风险		$<1 \times 10^{-5}$

日期：	描述	概率	频率/(次/年)
初始事件(典型频率)	由于库存量控制系统失效，导致槽车向空间不足的储罐卸载。频率基于工厂数据		1
触发事件或条件		N/A	
条件修正(如果适用)	点火概率	0.1	
	人在影响区内的概率	0.1	
	致死概率	0.5	
	其他	N/A	
减缓前的后果频率			5×10^{-3}
独立保护层	卸载前，操作者检查液位(已有)(PFD 来自表 4-9)	1×10^{-1}	
	SIF(将要增加到场景 b)	1×10^{-2}	
防护措施(非 IPL)	BPCS 液位控制和报警不是 IPL，因为它是 BPCS 系统的一部分，该 BPCS 已作为液位指示，提供给操作者		
所有 IPL 总的 PFD		1×10^{-3}	
减缓后的后果频率			5×10^{-6}
是否满足风险容许标准(是/否)：是，通过增加 SIF			
满足风险容许标准所要求采取的行动	增加一个 PFD 为 1×10^{-2} 的 SIF； 负责小组或人员： 检查液位的程序作为维护重点，并作为一个关键行动		
备注	人员行动 PFD 为 1×10^{-1}，因为 BPCS 液位指示器是这种 IPL 的一部分。增加行动到行动跟踪数据库 　因为 $1 \times 10^{-3}<$ 减缓前后果频率 $<1 \times 10^{-2}$，需要 1.5 个 IPL 信用数(所有 IPL 总的 PFD 至少为 1×10^{-3}) 　因为只有 0.5IPL，因此必须安装 1×10^{-2} PFD 的 IPL，这确定了 SIF 的设计		
参考资料(相关的 PHA，PFD，P&ID 等)：			
LOPA 分析小组成员：			

第十节　化学反应热风险评估

采用两个案例来说明化学反应热风险评估方法：一是某金属有机化合物制备工艺；二是环合反应工艺。

一、某金属有机化合物制备工艺

本工艺操作规程和 P&ID 图参见本章第三节。

1. 目标反应测试

（1）反应方程式

$$Li + RBr \longrightarrow RLi + \frac{1}{2}Br_2$$

（2）实验方案　在氮气保护下，在反应量热仪 Simular 中加入 250mL 无水乙醚和 8g 金属锂，设定反应釜温度恒定为 -5℃，搅拌转速为 300r/min。先手动加入少量的卤代烷，引发反应。然后，采用恒压滴液漏斗手动加入 80g 卤代烷和 40mL 无水乙醚混合液，进料温度为 28.3℃，2h 加完，继续反应 1.5h，此时已无明显放热，取样分析，金属有机化合物浓度为 1.3mol/L，升温到 6℃，反应 1h，取样分析，浓度为 1.51mol/L，满足要求，实验结束。将得到的金属有机化合物的混合液放在试剂瓶中，氮气保护，放置在冰箱冷冻室中保存。

（3）实验照片　见图 7-21。

加入无水乙醚和锂　　　　　滴加卤代烷混合液　　　　　反应结束

图 7-21　金属有机化合物生成反应过程图

（4）实验结果　见图 7-22。

图 7-22 中线 1 是反应体系的温度，线 2 是反应釜夹套冷却剂的温度，℃；线 3 是热功率，W。

金属有机化合物生成过程，表观放热量：

$$Q_1 = 75.32kJ \tag{7-39}$$

由进料带走的热量：

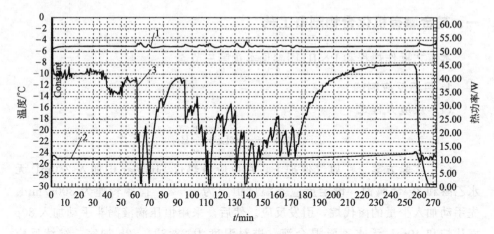

图 7-22　金属有机化合物生成反应过程放热分析

$$Q_2 = (108.4g + 1.5g) \times 1.42J/(g \cdot K) \times (65 - 28.3)K = 5.73kJ \quad (7\text{-}40)$$

总放热量：

$$Q = Q_1 + Q_2 = 81.05kJ \quad (7\text{-}41)$$

卤代烷为关键组分，其物质的量为：

$$n = 80/137.0 = 0.584mol \quad (7\text{-}42)$$

金属有机化合物生成反应的反应热为：

$$-\Delta H_r = Q/n = 81.05kJ/0.584mol = 138.8kJ/mol \quad (7\text{-}43)$$

反应物的热容为：

$$H = \sum_i m_i c_{pi} = 290 \times 0.7134 \times 2.214 + 0.584 \times 64 \times 2 = 532.8 \text{ J/K}$$

$$(7\text{-}44)$$

绝热温升：

$$\Delta T_{ad} = Q/H = 81.05kJ/532.8J/K = 152.1K \quad (7\text{-}45)$$

合成反应的最大温度：

$$MTSR = T_p + X_{ac}\Delta T_{ad} = -5 + 152.1 = 147.1K \quad (7\text{-}46)$$

2. 反应物料稳定性测试

卤代烷的热稳定性可以查询资料（P. G. Urben，M. J. Pitt. Bretherick's Handbook of Reactive Chemical Hazards. 8th. 2017），卤代烷的热稳定性较好，在温度高于 265℃ 可以自燃，高温条件下分解会生成卤化氢气体。

3. 失控反应测试

（1）实验方案　绝热量热实验方案见表 7-23。

表 7-23　绝热量热实验方案表

参数	条件
小球类型	Ti-HCQ
小球质量	7.256g
样品组分	2.9mL 无水乙醚,0.2g 金属锂,0.8g 卤代烷
样品质量	3.149g
温度范围	10~300℃
温度灵敏度	0.02℃/min
温度步长	5℃/min
等待时间	15min

（2）实验结果　加速绝热量热实验结果如图 7-23 和图 7-24。线 1 是温度,℃;线 2 是压力,bar。

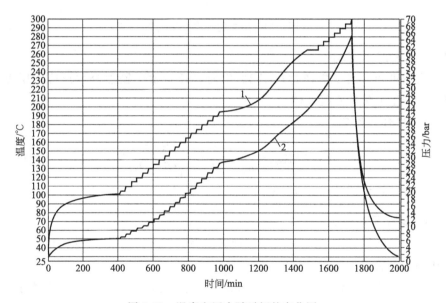

图 7-23　温度和压力随时间的变化图

具体分析如下:

① 热惯量

$$\phi = \frac{m_s c_{p,s} + m_b c_{p,b}}{m_s c_{p,s}} = 1.548 \tag{7-47}$$

② 在室温（10℃）下投料后,开始快速反应,最后系统升温到约 100℃,绝热温升为 90℃,通过热惯量进行校准,绝热温升为 139.5℃,与反应量热结

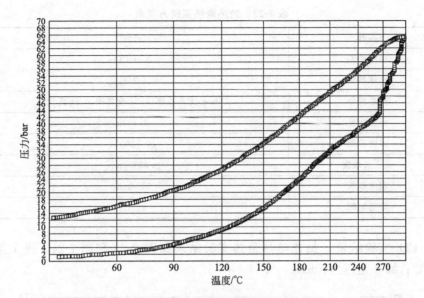

图 7-24　压力随温度的变化图

果（136.8℃）一致。

由图可知，当反应产物达到 195℃时，开始发生剧烈分解反应，压力升高，并产生大量的不凝气体。

③ TMR$_{ad}$和 T_{D24}

$$\text{TMR}_{ad} = \frac{c_p R T^2}{q_r'(T) E} - \frac{c_p R T_m^2}{q_r'(T_m) E} \tag{7-48}$$

拟合计算得到 $T_{D24} = 194℃$。

4. 反应风险评估

（1）严重度评估　$\Delta T_{ad} = 152.1K$，失控反应严重度为中级，有工厂短期破坏的潜在后果。

（2）可能性评估　TMR$_{ad} = 5.38h$，发生可能性为"高的"或"很可能发生的"。需要注意的是，采用上述的时间尺度进行评估，可以从改善生产自动化程度、提高人员操作水平、加强安全管理等层面入手，将失控反应的可能性降至最低。

（3）风险矩阵评估　$\Delta T_{ad} = 152.1K$，TMR$_{ad} = 5.38h$，存在 Ⅱ 级风险。

（4）危险度评估

① $T_p = -5℃$；

② MTSR = 147.1K；

③ $T_{D24} = 194℃$；

④ 此反应体系为密封体系，MTT 为反应容器最大允许工作压力下的温度，该反应器的最高允许工作压力为 2.5barg。

根据 Clausius-Clapeyron 方程，查询 NIST 数据库，估算得到 2.5barg 下某金属有机化合物的平衡温度为 92.3℃，无水乙醚为 74.4℃。对混合物应用 Kay 规则，估算得到 MTT＝77.4℃。

因此，$T_p <$ MTT $<$ MTSR $< T_{D24}$，反应危险度等级为 3 级。反应体系热失控时 MTSR 大于 MTT，小于 T_{D24}。此时，可能引起反应料液沸腾、冲料，也有导致反应器发生超压爆炸的可能性。好在体系温度不会达到 T_{D24}，不大可能引发二次反应。

5. 工程控制建议措施

由于本案例工艺危险度为 3 级，需配置常规 DCS、报警和联锁控制、泄放设施的基础上，还要设置紧急切断、紧急终止反应、紧急冷却降温等控制设施。根据评估建议，考虑设置相应的 SIS。

本反应需要设置的主要控制、报警和联锁，见表 7-24：

表 7-24　反应控制报警、联锁一览表

检测控制点名称	控制、报警和联锁要求
氮气置换；物料进料量、流速；反应釜温度、压力；搅拌速率；反应釜液位；反应釜卸料、清洗等	配置常规 DCS
氮气系统	配置氮封阀和泄氮阀
无水乙醚、卤代烷进料	隔膜泵进料 高液位报警；超高液位联锁切断进料阀门
固体锂进料	密闭真空进料系统
反应釜内的温度、压力	高温高压报警；超高温联锁切断卤代烷进料，紧急增大液氮进料阀门开度 低温报警；超低温联锁切断卤代烷进料 安全阀
搅拌速率	低速率报警；超低速率联锁切断卤代烷进料，紧急开大液氮进料阀门 高速率报警；超高速率联锁紧急停止搅拌
液氮管线压力	高、低压力报警；安全阀
进料组分水分含量	高含量报警；超高含量切断进料
取样	密闭真空取样器
厂房	通风；可燃气体报警；配置灭火器、电器防爆盖；配置自动喷淋和消防系统；配置 PPE

二、环合反应工艺

该环合反应工艺来自真实的化工制药企业。

1. 目标反应测试

（1）实验方案 向环合反应釜内加入一定量的浓硫酸和蒸馏水，在一定搅拌速率下于某温度滴加物料 A，滴加时间 4h，加料结束后搅拌一段时间。开始缓慢滴加物料 B，滴加过程控制温度在一定范围，滴加时间 5h。滴加完毕，于一定温度下搅拌反应 30min，反应结束。

（2）实验结果 图 7-25 中线 1 是反应体系的温度，℃；线 2 是反应釜夹套冷却剂的温度，℃；线 3 是放热速率曲线，W，参见左边坐标轴；线 4 为热量累积曲线，参见右边坐标轴，%。

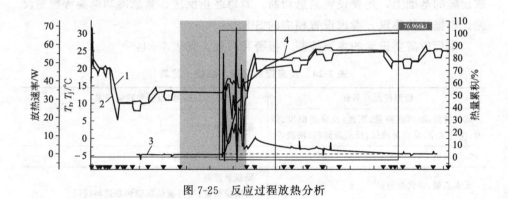

图 7-25 反应过程放热分析

在反应保温过程中总放热量积分得到：

$$Q = 76.97 \text{kJ} \tag{7-49}$$

测得反应体系的比热容为：

$$c_p = 1.59 \text{J/(g·K)} \tag{7-50}$$

物料加入完毕后，体系总热容为：

$$H = \sum_i m_i c_p = (368 + 4.8 + 50 + 64) \times 1.59 = 0.77 \text{ kJ/K} \tag{7-51}$$

加料段绝热温升：

$$\Delta T_{ad} = Q/H = 76.97 \text{kJ}/0.77 \text{kJ/K} = 99.96 \text{K} \tag{7-52}$$

当取最大累积度为 1 时，合成反应的最大温度为：

$$\text{MTSR} = T_p + X_{ac}\Delta T_{ad} = 25 + 99.96 = 124.96 \text{K} \tag{7-53}$$

由实际生产工艺可知，在实际生产中物料为有控制性地加入，几乎不可能达到100%物料累积状态，如果该体系存在温度联锁，当温度失控后自动切断加料，此时实际的未完成反应的物料累积程度计算如下：

由热量累积曲线可以得出当加料完成后，物料的累积度约为0.3，在该情况下：

$$\text{MTSR} = T_p + X_{ac}\Delta T_{ad} = 25 + 99.96 \times 0.3 = 54.99\text{K} \tag{7-54}$$

2. 反应物料稳定性测试

（1）实验方案 见表7-25。

表7-25 差示扫描量热实验方案表

参数	条件
坩埚类型	镀金坩埚
坩埚质量	1141.55mg
样品组分	盐酸某胺
样品质量	4.56mg
扫描区间	25~350℃
扫描速率	5℃/min
氮气吹扫速率	50mL/min

（2）实验结果 见图7-26。

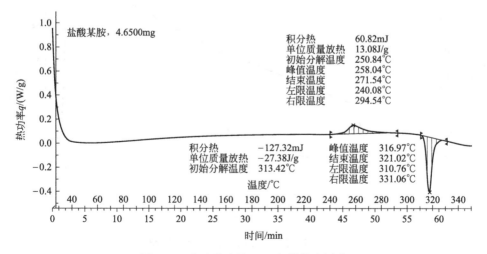

图7-26 盐酸某胺的DSC扫描热流图谱

由盐酸某胺的DSC扫描热流图谱可以看出，物料在240.08~294.54℃之间出现放热峰，放热量 13.08J/g；物料在 240.08～294.54℃之间出现吸热峰，吸热量 27.38J/g。物料具有潜在爆炸危险性。

3. 失控反应测试

（1）实验方案　见表 7-26。

表 7-26　绝热量热实验方案表

参数	条件
小球类型	Hc-LCQ
小球质量	20.85g
样品组分	反应液
样品质量	3.31g
温度范围	30～350℃
温度灵敏度	0.03℃/min
温度步长	5℃/min
等待时间	30min

（2）实验结果　见图 7-27、图 7-28。

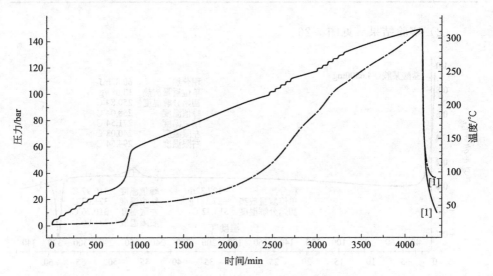

图 7-27　温度、压力随时间的变化图

具体分析如下：

① 热惯量 ϕ[3]

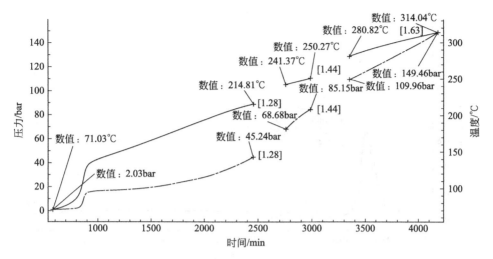

图 7-28　放热段温度、压力随时间的变化图

$$\phi = \frac{m_s c_{p,s} + m_b c_{p,b}}{m_s c_{p,s}} = 2.68 \tag{7-55}$$

② 如图 7-28 物料在放热段的温度、压力变化曲线所示，物料在 71.03～214.81℃；241.37～250.27℃；280.82～314.04℃（由于体系压力过高，达到测试阈值，测量终止）出现放热段。

由于 71.03～214.81℃出现的放热段持续时间长，且伴随着剧烈的温度、压力变化。因此，选取该放热段数据进行反应风险失控研究。在该过程中绝热温升 147.78K，校准后的绝热温升 396.05K。在该过程中体系压力由 2.03bar 快速上升至 45.24bar。

由于测量终止时存在未结束的放热段，因此不对最大放热速率、最大压升速率、最大压力进行分析。

③ TMR_{ad} 和 T_{D24}

$$TMR_{ad} = \frac{c_p R T^2}{q_r'(T)E} - \frac{c_p R T_m^2}{q_r'(T_m)E} \tag{7-56}$$

放热拟合结果如图 7-29、图 7-30。

拟合结果为 $E = 131.747 kJ/mol$，$n = 2.407$，$T_{D24} = 61.45℃$。

4. 反应风险评估

（1）严重度评估　$50K < \Delta T_{ad} < 200K$，失控反应严重度为中级，有工厂短期破坏的潜在后果。

（2）可能性评估　当最大累积度为 1 时，$TMR_{ad} < 1h$，发生可能性为

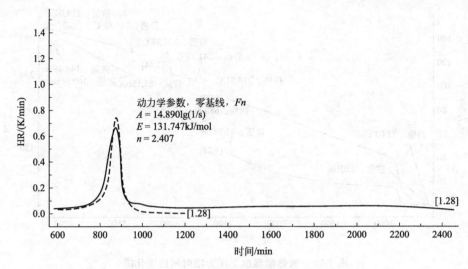

图 7-29　动力学拟合曲线

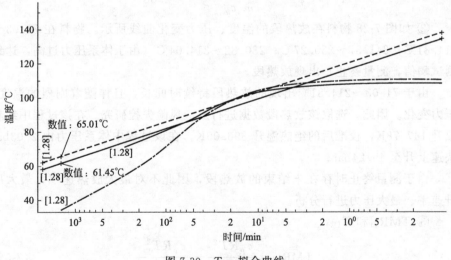

图 7-30　T_{D24} 拟合曲线

"高的"或"频繁发生的"。当最大累积度为 0.3 时，TMR_{ad}＞24h，发生可能性为"低的"。

（3）风险矩阵评估　当最大累积度为 1 时，TMR_{ad}＜1h，50K＜ΔT_{ad}＜200K，风险等级为Ⅲ级，为不可接受风险。应当通过工艺优化，技术路线的改变，工程、管理上的控制措施，降低风险等级，或者采取必要的隔离方式，全面实现自动控制。

当最大累积度为 0.3 时，$TMR_{ad}>24h$，$50K<\Delta T_{ad}<400K$，风险等级为Ⅰ级，为可接受风险。

（4）危险度评估

① $T_p=25℃$；

② $MTSR=124.96℃$（累积度为 1），$MTSR=54.99℃$（累积度为 0.3）；

③ $T_{D24}=61.45℃$；

④ 选取浓硫酸的沸点值作为 $MTT=338℃$。

当累积度为 1 时，$T_p<T_{D24}<MTSR<MTT$，该反应为 5 级危险度情形。对于反应工艺危险度为 5 级的工艺过程，要努力优先开展工艺优化或改变工艺方法降低风险，例如通过微反应、连续流完成反应；要配置常规自动控制系统，对主要反应参数进行集中监控及自动调节；要设置偏离正常值的报警和联锁控制，设置爆破片和安全阀等泄放设施，设置紧急切断、紧急终止反应、紧急冷却等控制设施；还需要进行保护层分析，配置独立的安全仪表系统。对必须实施产业化的项目，在设计时，应设置在防爆墙隔离的独立空间中，并设置完善的超压泄爆设施，实现全面自控，除装置安全技术规程和岗位操作规程中对于进入隔离区有明确规定的，反应过程中操作人员不应进入所限制的空间内。

根据实际工况，当发生冷却失效后，反应体系达到预警温度，触发联锁条件及时切断进料，此时由于反应物不再加入，以物料累积度为 0.3 进行评估。$T_p<MTSR<T_{D24}<MTT$，该反应降为 2 级危险度情形，目标反应失控后，温度不会达到技术极限（$MTT>MTSR$），不会触发分解反应（$MTSR<T_{D24}$）。对于反应工艺危险度为 2 级的工艺过程，在配置常规自动控制系统，对主要反应参数进行集中监控及自动调节（DCS 或 PLC）的基础上，要设置偏离正常值的报警和联锁控制，在非正常条件下有可能超压的反应系统，应设置爆破片和安全阀等泄放设施。根据评估建议，设置相应的安全仪表系统。

因此综合来看，要求设计方必须特殊关注安全措施的设计。保障工艺在可控调状态下进行。必须强调的是，只是累积度的不同，导致 MTSR 和 T_{D24} 的排序不同，反应体系的危险度从 5 级直接降到 2 级，这也从侧面说明了危险度评级方法的局限性和不全面性，在使用时要谨慎小心。

参考文献

[1]　CCPS. Guidelines for Hazard Evaluation Procedures [M]. 3rd ed. New Jersey: John Wiley & Sons, 2008.

［2］ CCPS. Layer of Protection Analysis, Simplified Process Risk Assessment［M］. New York: AIChE, 2001.

［3］ 美国化工过程安全中心. 保护层分析——简化的过程风险评估［M］. 白永忠, 党文义, 于安峰译. 北京: 中国石化出版社, 2010.

［4］ Crowl D A, Louvar J F. Chemical Process Safety, Fundamentals with Applications［M］. 3rd ed. Boston: Pearson Education, 2011.

［5］ ［美］丹尼尔 A. 克劳尔, 约瑟夫 F. 卢瓦尔. 化工过程安全基本原理与应用［M］. 赵东风, 孟亦飞, 刘义等译. 青岛: 中国石油大学出版社, 2018.

［6］ Mannan S. Lees' Loss Prevention in the Process Industries［M］. 3rd ed. Oxford: Elsevier Butterworth-Heinemann, 2005.

［7］ Greenberg H R, Cramer J J. Risk Assessment and Risk Management for the Chemical Process Industry［M］. New York: Van Nostrand Reinhold, 1991.

［8］ CCPS. Guidelines for Chemical Process Quantitative Risk Analysis［M］. New York: American Institute of Chemical Engineers, 1999.

索 引